高等学校计算机基础教育教材

大学计算机
——概念、思维与应用

陈桂林 主编

于春燕 赵生慧 副主编

徐志红 赵玉艳 祁辉 陈以农 邵雪梅 张志勇 编著

U0291142

清华大学出版社
北 京

内 容 简 介

本书获批安徽省高等学校"十三五"省级规划教材和省级一流教材建设项目,是在 2009 年及 2016 年先后出版的《大学计算机基础》第 1 版及第 2 版的基础上重新编写的。在继承和发扬原有特色的同时,结合新一代信息技术发展催生的新变化及新需求,以计算机应用能力培养为目标,以"基本知识与通用操作能力"为主线,对内容和体系作了大幅调整,也体现了计算机技术的最新发展和应用。

全书由 5 部分共 10 章组成:第 1 部分为计算机基本原理部分,包括第 1、2 章,介绍计算机基础知识、基本工作原理及计算机系统的基本概念;第 2 部分为软件篇,由第 3~5 章组成,包括操作系统、常用办公软件及多媒体技术应用等内容;第 3 部分为网络与安全篇,包括第 6~8 章,主要内容涉及计算机网络原理、网络与信息安全和 Internet 应用等;第 4 部分为程序设计篇,由第 9 章组成,讨论问题求解的思路与 VIPLE 图形化编程;第 5 部分为新技术篇,由第 10 章组成,介绍计算机技术及应用的新发展。

本书可作为高等院校计算机基础课程的教材,也适合成人高校、中等专业学校及本科院校举办的二级职业技术学院和民办高校使用。

图书在版编目(CIP)数据

大学计算机:概念、思维与应用/陈桂林主编. —北京:清华大学出版社,2023.2
高等学校计算机基础教育教材
ISBN 978-7-302-61392-3

Ⅰ.①大…　Ⅱ.①陈…　Ⅲ.①电子计算机—高等学校—教材　Ⅳ.①TP3

中国版本图书馆 CIP 数据核字(2022)第 124670 号

责任编辑:袁勤勇　杨　枫
封面设计:常雪影
责任校对:韩天竹
责任印制:朱雨萌

出版发行:清华大学出版社
　　　　网　　　址:http://www.tup.com.cn,http://www.wqbook.com
　　　　地　　　址:北京清华大学学研大厦 A 座　　　　邮　　编:100084
　　　　社 总 机:010-83470000　　　　邮　　购:010-62786544
　　　　投稿与读者服务:010-62776969,c-service@tup.tsinghua.edu.cn
　　　　质量反馈:010-62772015,zhiliang@tup.tsinghua.edu.cn
　　　　课件下载:http://www.tup.com.cn,010-83470236
印 装 者:三河市人民印务有限公司
经　　销:全国新华书店
开　　本:185mm×260mm　　　印　　张:20.75　　　字　　数:481 千字
版　　次:2023 年 3 月第 1 版　　　印　　次:2023 年 3 月第 1 次印刷
定　　价:59.80 元

产品编号:091744-01

前　言

　　大学计算机基础课程已经成为高等学校人才培养体系的重要内容，目的是培养大学生适应时代发展要求的信息素养和信息能力。人工智能及物联网等新一代信息技术的快速发展催生了新一轮工业革命，催生了新的经济与生活形态，导致人才需求的结构性改变。相应地，对信息素养和信息能力的要求也发生了显著改变，由此对大学计算机基础课程提出了新的要求。本书是于 2009 年、2016 年出版的《大学计算机基础》第 1 版和第 2 版的基础上重新编写的全新版本，在继续发扬原有特色和优势的同时，根据新兴信息技术发展导致的人才需求改变，根据新工科、新文科等"四新"专业建设的需要，结合教育部大学计算机课程教学指导委员会提出的"关于进一步加强高校计算机基础教学的几点意见"，重点围绕应用型人才应该具备的基础信息素养与信息能力，在适度讨论计算机基础原理的同时，注重通用方法与应用能力的培养，也考虑高校学生参加国家级和省级计算机水平考试的实际需要。全书共分为 10 章，各章主要内容如下。

　　第 1 章，初识计算机与互联网。介绍了计算机的基本组成、发展、特点、分类及主要应用领域；对用户界面的概念及图形化用户界面的组成进行了简要说明；讨论了 Internet 的初步知识以及访问 Web、使用电子邮件的基本方法；最后，对计算思维的概念及主要内涵等进行了简要说明。

　　第 2 章，认识计算机系统。简要介绍了计算机中的数据表示与编码、各种进位制之间的互相转换、计算机基本工作原理、微型计算机的结构与组成、软件以及软件分类与安装等基本内容；讨论了程序、程序设计语言、SQL 语句等概念以及程序设计和使用 SQL 语句的基本方法。

　　第 3 章，认识操作系统。简要介绍了操作系统的定义、功能、Windows 及 Android 等常见操作系统的基本特征、图形化用户界面、文件及文件系统等基本内容；讨论了文件操作与管理、磁盘管理、计算机配置和性能优化等基本方法。

　　第 4 章，使用办公自动化软件。讨论了文字处理、电子表格和演示文稿制作的基本方法；简要介绍了利用 Word 进行文字处理、利用 Excel 制作电子表格以及利用 PowerPoint 制作演示文稿的操作方法，并对如何美化文档、表格及演示文稿，增加表现力等进行了讨论。

　　第 5 章，多媒体技术与应用。简要介绍了多媒体基本元素、图形、图像、音频等多媒体技术相关的常见基本概念，讨论了基本的图像处理、音频编辑和动画制作的基本方法，以及常用工具软件的基本使用方法。

　　第 6 章，计算机网络。介绍了计算机网络的定义、功能、分类以及网络拓扑、协议等基本内容；讨论了局域网的概念与组成、Internet 基本概念、TCP/IP 协议、IP 地址与域名以及常见 Internet 服务的使用方法。

第 7 章，互联网应用。介绍了 WWW、Web 网站以及常见 Internet 服务等基本内容；讨论了 Web 页面设计与制作、Web 信息发布等基本方法；还讨论了 Web 信息检索和常用 Internet 服务的使用方法。

第 8 章，信息安全。简要介绍了信息安全的基本概念和主要内涵；对常见信息安全问题进行了分析归纳并讨论了其产生的原因；也讨论了安全解决方案的基本内容和设计方法，对数据备份、病毒预防及隐私保护等内容也做了简要介绍。

第 9 章，问题的计算求解与可视化编程。介绍了问题求解、算法及程序设计的基本概念，从培养计算思维的角度介绍了可视化编程的基本方法；讨论了通过可视化程序设计方法编写程序培养计算思维的基本方法。

第 10 章，计算机技术与应用的新发展。介绍了移动计算、云计算、人工智能、区块链以及元宇宙等新兴信息技术的基本概念、特征与技术架构；讨论了基于新兴技术与应用领域深度融合催生的新应用、新模式及新业态。

参加本书编写的人员均为长期从事计算机教育、教学工作的一线教师及专家，有丰富的教学经验及较高的研究水平。本书的主要特点体现在以下 4 个方面。一是理论与实践相结合，既有基本的理论介绍，又注重具体的操作技术。二是突出基本方法，例如，图形化用户界面是 Windows 及其应用程序的基础，在不同的章节中，都将其作为重点讨论。三是将最新的技术进展引入本书，特别是在网络与 Internet 部分，紧密结合了目前的技术现状及应用实际。四是方便教与学，由主教材（本书）、实验指导书（《大学计算机实验教程——概念、思维与应用》）、MOOC 及教学演示文稿等组成了系统的立体化教材。

本书由陈桂林主编并负责第 1 章和第 10 章的编写，第 2 章和第 7 章由于春燕编写，第 3 章由赵玉艳编写，第 4 章和第 5 章由徐志红编写，第 6 章由赵生慧、邵雪梅编写，第 8 章由祁辉、陈桂林编写，第 9 章由陈以农编写，张志勇教授参加了第 10 章部分内容的编写。陈桂林、于春燕、赵生慧设计了本书基本架构，陈桂林负责统稿，于春燕负责本书编写过程中各项工作的协调，设计了部分教学案例并负责部分统稿工作。

本书中的许多图片来自互联网，因为传播广泛已经很难找到其原始出处，特别是一些年代久远的图片，更难以找到其最初的发布者。正是这些图片使得本书的内容更加准确，也更加生动，在此，向这些图片及照片的拍摄者、设计者及发布者表示衷心的感谢！

在本书编写过程中，得到了许多专家及同行的指导与帮助，滁州学院的白雨辰、郝发婷、陆婷等多位老师为本书的撰写提供了部分资料及绘图方面的支持，清华大学出版社的袁勤勇老师、杨枫老师为本书的出版付出了辛勤劳动。因为袁勤勇老师的统筹协调和坚持，本书才得以出版。杨枫老师的细致、认真、严谨和对专业的精深理解使得本书的质量有了明显提升，也对各位作者产生了潜移默化的影响。在此，一并向各位表示我们诚挚的谢意！

限于编者水平，书中难免存在疏漏和不足之处，恳请广大师生及读者批评指正。

编　者

2023 年 1 月

目　录

第 1 章

初识计算机与互联网

当今社会已经进入高度信息化时代，互联网覆盖了全世界几乎所有的国家和地区，物联网、大数据、云计算、人工智能和移动计算等新兴信息技术的普及与广泛应用，增强了人们感知世界、认识世界以及处理各种复杂问题的能力，拓展了人际交往与信息获取的方式和渠道，对人类的学习、工作、生活、娱乐乃至思维等都产生了根本性的影响，通过计算解决现实世界中的各类问题已经成为必然选择。那么，计算机是什么？互联网是什么？计算是什么？它们为什么会有这么广泛的应用呢？

本章主要内容：

- 计算机的特点、组成与发展；
- 计算机应用的主要类型；
- 常见用户界面及其使用；
- 使用 Internet 的初步知识；
- 访问 WWW 与使用搜索引擎；
- 计算思维的基本概念。

本章学习目标：

- 能够简要描述计算机的基本特点及其重要性；
- 能够直观说明计算机的组成及其工作过程；
- 能够概要说明计算机应用及其主要类型；
- 理解用户界面的重要性并熟练使用图形用户界面；
- 能够使用浏览器访问互联网并搜索需要的信息；
- 能够恰当地使用电子邮件进行交流；
- 认识计算思维的重要性并能够直观说明其主要内涵。

1.1　什么是计算机

从用户角度直观地看，计算机能够通过运行程序自动处理各种数据，进而解决各种问题，或者说计算机能够帮助用户处理几乎所有的事务以得到期望的结果。计算机的应用范围非常广泛，从工作、学习到生活、娱乐与社交，计算机几乎无所不在。那么，究竟什么是计算机？它是如何处理各种数据或者解决实际问题的呢？对计算机的定义、特点及组成等基本知识的了解将有助于回答这些问题。

1.1.1 计算机的定义与特点

从本质上讲,计算机是一种计算工具。计算机这一术语的出现要早于现代计算机的正式问世,它最初的定义甚至是"执行计算任务的人"。因此,可以直观地将现代计算机理解为代替人执行计算任务的机器。从机器角度看,需要计算机处理,或者说"计算"的各种事务都是数据。为了完成计算任务,需要明确具体的计算对象,即输入(input);确定计算的方法并按该方法进行处理;将处理结果以用户能够理解的方式呈现给用户,即输出(output)。从用户角度考虑,希望处理过程能够脱离人的干预自动进行。

问世于 20 世纪 40 年代的现代计算机一般指通用数字计算机,是一种电子设备,能够接受以离散形式表示的数据,根据事先确定好的操作步骤自动对这些数据进行处理,并以用户可接受、可理解的方式提供结果。其中的操作步骤是根据需要处理的事务专门设计的,被称为程序,处理过程的自动进行也就是程序的自动执行,如图 1-1 所示。

与完成"任务"相对应的
"具体操作"应该自动执行

处理结果以用户能够理解的形式在显示器上显示或通过打印机打印

通过输入设备"告诉"计算机需要完成的"任务"以及完成"任务"的"具体操作"

"任务"和"具体操作"需要存储起来

也可以使用磁盘等外部存储设备长期存储"任务"及"具体操作"

图 1-1 计算机是存储程序并在程序控制下输入数据、
处理数据、存储数据、产生输出的通用电子设备

当今社会中,计算机已经渗透到了人类活动的每个方面,能够处理的问题也非常广泛,那么,计算机为什么会得到如此广泛的应用呢？

问题 1-1 计算机得到广泛应用的主要原因有哪些？

分析 一项新技术能够得到广泛应用,一般至少有两方面原因:其一,有强烈的现实需求,且其功能与特点能够有效满足这种需求;其二,引导或者激发了潜在需求。计算机能够得到广泛应用的主要原因是它的功能与基本特点,使得计算机能够处理现实世界中的几乎所有问题,满足了现实社会对"计算"的需求;另一方面,激发了大量潜在的对"计算"的需求。计算机基本特点可归结为以下几方面。

1. 自动运行程序

计算机的发明就是为了帮助或者代替"执行计算任务的人",为了让人摆脱烦琐的计算过程的约束。根据现代计算理论,一个实际问题的处理可以在建模的基础上,通过一系列能够在计算机上运行的基本算术与逻辑操作,也就是程序来实现。程序的自动运行因此成为必然要求。为了实现程序的自动运行,需要根据处理事务的实际情况,建立模型、设计算法、编写程序,并将其输入、存储到计算机中,在接到运行命令后自动运行。存储程序及程序自动运行是现代计算机与传统计算设备的本质区别。

2. 通用性

现代计算机都是通用计算机,也就是说,只要有合适的程序,一台计算机能够处理任何事务。更进一步说,只要有正确的指示(合适的程序),一台计算机能够完成任何其他计算机所做的工作(仅仅受限于其存储容量的大小及执行速度)。通用性是计算机被广泛应用的基本前提。

3. 电子化

计算机的主要部件都是由电子元器件组成的,能够通过电子元器件的状态表示并存储数据和程序。从第一代计算机使用的电子管,到第二代计算机使用的晶体管,以及后来的集成电路,都是电子器件。也正因为采用了电子器件,计算机的运算速度特别快,以1500个未知数的一次方程组为例,解这个方程组需要 60 个人用一年的时间,而一台早期的小型计算机只要两小时就可以了。

4. 数字化

根据计算机内部数据表示方式的不同,计算机有模拟与数字两种不同的类型。现代计算机一般都是指数字计算机,也就是说,计算机的处理对象是数据。更进一步地,从数字、字符到其他符号,都是用离散的二进制数表示。

随着计算机技术的快速发展,计算机还具有了速度快、精确度高、方便携带以及良好的连接性等特点。

思考题 从用户角度分析计算机基本特点对其应用的影响,并进一步思考以下问题。

(1)计算机是如何激发与引导用户潜在需求的?

(2)计算机能够得到广泛应用的原因还有哪些?

1.1.2 计算机的基本组成

计算机的组成是由其功能及实现方式决定的。前面提到,早期计算机被定义为计算的人,说明计算机的计算与人工计算有一定的相似性。从人的角度考虑,在执行一个计算任务时,自然会想到的问题是算什么? 怎么算?

问题 1-2 计算机就是计算的人。请发挥自己的想像力,分析一个小学生在老师要求做加法练习题时的思考过程及执行的动作,并以计算"35＋31＝?"为例进行具体分析。

由此进一步分析,如果是计算机做这个题目,可能会有什么样的过程?请写出这个过程。

分析 从小学生角度看,在老师要求做算术题时,很自然的反应是做什么?怎么做?具体到每一个题目,通常要经历以下几个步骤。第一,明确题目是什么,通常是将老师布置的题目记下来,例如,写在作业本上。第二,思考并确定具体计算方法。本题的方法是自己大脑中已知的加法方法。第三,开始计算。第四,写出结果。如果通过计算机计算该题,例题中的老师与学生就分别变为用户与计算机,用户告诉计算机算什么,计算机根据用户的要求完成计算任务。其过程大致应该包括以下几个步骤。

(1) 用户告诉计算机算什么;

(2) 计算机记下题目;

(3) 开始计算;

(4) 写出计算结果。

但是,这里的关键问题是学生在计算加法练习题时,他的大脑中已经有关于这个题目如何计算的方法,而计算机却没有,需要"人"(或者用户)"告诉"计算机问题的解法,因此,可以进一步将计算机的解题过程分解为以下几个步骤。

(1) 人"告诉"计算机算什么以及如何算(计算方法);

(2) 计算机记下题目及计算方法;

(3) 计算机根据得到的指示(计算方法)开始计算;

(4) 计算机"告诉"用户计算结果。

在明确了这个计算过程后,从工程实施的角度考虑,一个很自然的问题是为了完成上述计算任务及过程,计算机应该具有哪些基本部件呢?

问题 1-3 从计算的过程以及需要执行的基本任务角度进行分析,计算机的基本组成部件应该有哪些?

分析 从工程实现的角度考虑,功能需求决定系统组成。根据上述任务处理的 4 个主要步骤,一台计算机大致需要以下部件。

(1) 支持用户"告诉"计算机做什么及如何做的部件:输入部件或者输入设备;

(2) 计算机记录题目及计算方法的部件:存储部件或者存储器;

(3) 执行操作(计算)的部件:运算部件或者运算器;

(4) 计算机"告诉"用户计算结果的部件:输出部件或者输出设备。

分析上述过程还可以发现,运算器要根据事先设计好的计算方法进行计算。由此产生的问题是,运算器如何知道计算方法规定的操作步骤及操作对象?为了保证这一点,一个自然的想法是增加一个控制单元,这就是计算机的"大脑"——控制器。

上述 5 个部件分别被称为输入设备、输出设备、存储器、运算器及控制器,其中输入输出设备又被称为外部设备或者 I/O(Input/Output)设备,简称外设。随着技术的发展,运算器与控制器一般被封装在一起,称为中央处理器(Central Process Unit,CPU)。进一步地,通常将运算器、控制器及存储器统称为主机,如图 1-2 所示。

思考题 请了解当前市场主流微型计算机或者笔记本电脑的配置,结合这些配置说明计算机主要组成部件的技术指标有哪些?进一步思考这些指标对计算机性能的影响。

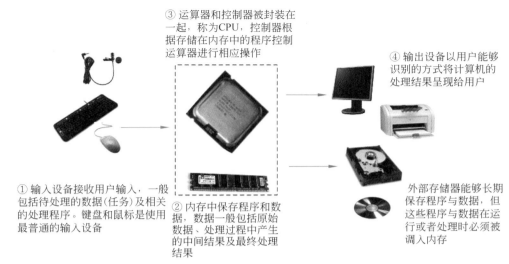

③ 运算器和控制器被封装在一起，称为CPU，控制器根据存储在内存中的程序控制运算器进行相应操作

④ 输出设备以用户能够识别的方式将计算机的处理结果呈现给用户

① 输入设备接收用户输入，一般包括待处理的数据(任务)及相关的处理程序。键盘和鼠标是使用最普通的输入设备

② 内存中保存程序和数据，数据一般包括原始数据、处理过程中产生的中间结果及最终处理结果

外部存储器能够长期保存程序与数据，但这些程序与数据在运行或者处理时必须被调入内存

图 1-2　计算机的主要组成部件及其基本工作过程

1.2　计算机的发展与类型

计算机已经相当普及，类型也是多种多样，从人手一部甚至几部的手机，到支撑国家重大战略的巨型计算设备，都是计算机。计算机是如何发展到今天的状态的？发展的规律是什么？未来还将如何发展？计算机可以分为哪些类型？

1.2.1　计算机的发展

人类对计算工具的需求并不是现代才有。实际上，从原始社会的结绳记事，到中国算盘的问世，都源于人类生产水平提高而导致的对计算工具的需求。在第一次和第二次工业革命发生后，这种需求更加迫切，人们希望计算工具的功能更加强大、操作更加简单，并因此先后研发了多种传统的计算工具，例如 19 世纪 30 年代问世的差分机。

真正意义上的现代计算机问世还是 20 世纪 40 年代的事情。英国数学家、逻辑学家 Alan Mathison Turing(阿兰·图灵)，如图 1-3 所示，于 1936 年提出了一种名为图灵机的抽象计算模型，为现代计算机发展奠定了基础，图灵也因此被称为计算机科学之父。图灵还提出了一种用于判定机器是否具有智能的试验方法，即图灵试验。他也因此被称为人工智能之父。

自现代计算机正式问世以来，随着电子器件及软件技术的快速发展，计算机及相关技术的发展大致经历了如下几个阶段。

图 1-3　阿兰·图灵

1. 电子管时代

电子管时代又被称为电子管计算机时代,计算机的元器件基本上都是电子管(真空管)。一般认为 1946 年 2 月投入运行的 ENIAC(Electronic Numerical Integrator And Computer,电子数字积分和计算机)是人类历史上第一台通用电子计算机,它由 Pennsylvania(宾夕法尼亚)大学的 John William Mauchly 和 John Presper Eckert 等人研制,并被申报为第一个电子计算设备的专利。ENIAC 重 27 吨,由 18000 个左右的电子管组成,耗电近 150 千瓦,占地 167 平方米,运算速度为 5000 次/秒,如图 1-4 所示。

图 1-4　人类历史上第一台通用电子计算机——ENIAC

有观点认为 Atanasoff-Berry 计算机(Atanasoff-Berry Computer,ABC)才是世界上第一台电子数字计算设备,它是由 Iowa(爱荷华)州立大学的 John Vincent Atanasoff 和他的研究生 Clifford E. Berry 于 1940 年前后发明的。ABC 开创性地提出了现代计算机的重要思想,包括二进制运算和电子开关等,如图 1-5 所示。但是,由于其缺乏通用性及存储程序等机制,与现代计算机相比仍然有较大差异。

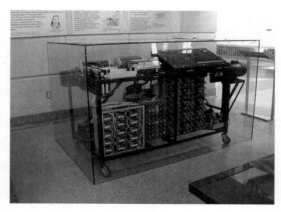

图 1-5　陈列于 Iowa 州立大学的 ABC 计算机的复制品

ENIAC 和 ABC 的第一台计算机之争于 1973 年在法律上得到了解决。这一年的 10

月 19 日,美国明尼苏达地区地方法院宣布裁决,ENIAC 专利是由 John Atanasoff 的发明所衍生的。但是,Mauchly 对 Atanasoff 的思想究竟吸取到什么程度仍然是未知的。在公众领域内,还是普遍将 ENIAC 认定为世界上第一台通用电子计算机。抛开"第一台"之争,ENIAC 和 ABC 在计算机发展历史上都有其重要地位,IEEE(Institute of Electrical and Electronics Engineers)分别于 1987 年及 1990 年将 ENIAC 和 ABC 认定为计算机发展历史上的重要里程碑之一。

这一阶段的软件及应用相对比较单一。没有系统软件,甚至没有软件的概念,编程只能用机器语言和汇编语言,应用方法比较复杂,应用范围相对比较狭窄,一般只能在军事及科学研究等专业性较强的领域中使用。

电子管时代大约持续到 1958 年前后。

问题 1-4 ENIAC 的基本特征是什么?它与 ABC 及现代计算机的区别是什么?

分析 计算机的基本特征一般包括自动运算、通用性、数字化等方面,分析 ENIAC 与 ABC 及现代计算机的区别主要还是从其特征方面进行分析,作为一台自动计算工具,ENIAC 的基本特征如下。

(1)可编程及程序控制。ENIAC 可以运行不同的程序,并通过程序控制计算机的运行,这一思想一直被沿用至今,也是 ENIAC 与 ABC 的重要区别。

(2)人类历史上第一台通用电子计算机。ENIAC 是人类历史上第一台基于冯·诺伊曼(John von Neuman)"存储程序原理"的通用电子计算机。冯·诺伊曼和他提出的诺依曼结构如图 1-6 所示。

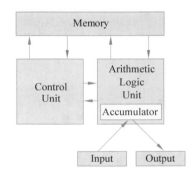

图 1-6　冯·诺依曼和他提出的诺依曼结构

(3)ENIAC 并没有实现真正意义上的存储程序与控制,也就是程序的自动运行,在图 1-4 中,ENIAC 的程序员通过各种连接线及开关控制计算机的运行。

(4)ENIAC 的编程及运行维护工作是由一群女性程序员负责的,她们也是全世界最早的一批程序员。

实际上,计算机程序创始人、世界上第一位程序员是一位女性,她的名字叫 Augusta Ada Byron,一般称为 Ada Lovelace,是著名英国诗人拜伦之女,数学家,如图 1-7 所示。

(5)严格说来,1950 年问世的 EDVAC 才是真正的基于冯·诺依曼思想的存储程序结构计算机。有观点认为,从 1950 年开始,社会才进入真正意义上的现代计算机时代。

根据上述分析可以看出，ENIAC 与 ABC 的主要区别在于通用性及存储程序机制，而 ENIAC 也并不是真正意义上的存储程序，这是它与现代计算机的重要区别。1997年，有人制作了一块边长 8 毫米（0.25 英寸，1 英寸＝2.54厘米）、主频 20MHz 的硅制方形芯片，其功能与 ENIAC 相同但快了许多，当然，与现代微处理器相比还是要慢很多。

图 1-7　Ada

正如上述问题中提及，有观点认为真正的现代意义上的第一台计算机应该是 1951 年问世的 EDVAC。实际上，EDVAC 的基本思想还是来自冯·诺伊曼等人于 1945 年 6 月联名发表的一篇长达 101 页的报告——*First Draft of a Report on the EDVAC*。该报告是现代计算机发展史上里程碑式的文献，明确规定用二进制替代十进制运算、将计算机分成五大组件、存储程序。这是著名的存储程序原理及诺伊曼结构的由来。

冯·诺伊曼是出生于匈牙利的美国籍犹太人数学家，在计算机科学、经济、物理学中的量子力学及绝大多数数学领域都作出了重大贡献，由于在计算机逻辑结构设计上的伟大贡献被誉为"计算机之父"。

2. 晶体管时代

顾名思义，这一代计算机的元器件主要是晶体管。与电子管相比，晶体管的体积明显减小，但性能却提升了很多。相应地，与电子管计算机相比，晶体管计算机的体积进一步减小，但性能及可靠性得到了大幅度提升，运行速度一般能够达到百万次/秒，应用范围扩大到了数据处理等民用行业。晶体管计算机的典型代表是 IBM 700 系列，其主机采用晶体管等半导体器件，以磁鼓和磁盘作为辅助存储器，其中最具代表性的是 IBM 7090/7094，如图 1-8 所示。从其中的控制台可以看出，与当今计算机相比，它的操作与控制仍然很复杂。

图 1-8　IBM 7094

在这一时期，一批高级程序设计语言，如 FORTRAN、COBOL、ALGOL 60 以及以世界上第一位程序员的名字命名的 Ada 等相继问世，为计算机的应用提供了有力的支撑。在这一阶段还出现了早期的操作系统。例如，IBM 为 7094 机配备的操作系统 IBM SYS

等。这一时期在软件技术方面的进步为用户使用计算机提供了更多方便,使得计算机应用从纯粹的军事及科研向企业转向,同时也使得计算机的应用更加高效。

晶体管计算机的使用年代大约是 1958—1964 年。

3. 集成电路计算机

最初的集成电路芯片是一块几平方厘米的硅片,可以集成几十个或者几百个分立的电子元件。集成电路芯片上集成的电子元件的数量被称为集成度,随着技术的进步,集成度不断提高,体积也在逐步缩小,如图 1-9 所示。相应地,采用集成电路的计算机在体积、能源消耗及价格方面均有大幅度降低,其运算速度及可靠性等有了巨大的提高。

图 1-9　各种不同类型的集成电路芯片

1964 年,集成电路被应用到计算机中。早期的集成电路计算机的运算速度一般在几千万次/秒。随着集成电路集成度的提高,计算机的性能也在不断提高。集成电路计算机的早期代表仍然来自 IBM 公司,它就是著名的 System/360,如图 1-10 所示。

图 1-10　IBM System/360

在这一阶段,计算机软件的发展日趋成熟,特别是结构化程序设计思想与软件工程方法的提出,以及操作系统的完善等,极大地促进了软件的发展与计算机的商业应用,使得计算机成为企业管理不可或缺的工具。

在这个时期,另一具有深远意义的技术进展是历史上第一个计算机网络——ARPANet 的问世。ARPA 是美国国防部的一个机构,20 世纪 60 年代后期,提出建立一个网络将美国几所著名大学的计算机联系起来,由此推动了人类历史上第一个计算机网络——ARPANet 的问世,也由此催生了对人类社会产生重要影响的 Internet。

问题 1-5　集成电路的优点有哪些?它的问世给计算机发展带来的促进作用是什么?

解:集成电路(Integrated Circuit, IC)实际上就是电路的小型化,它将原本分立的电子元件(微晶体管)集成到一个小芯片上,降低了成本,提高了性能与可靠性。将集成电路应用于计算机,也同样带来了成本与性能方面的进步。

(1)减少了计算机的体积。由于集成电路本身体积较小,基于它制造的计算机的体积相应变小,并进一步降低了计算机的制造成本。

(2)提升了计算机的性能。与分立的电子元件相比,集成电路的性能及可靠性有了大幅度的提升。

(3)降低了计算机的能耗。同样由于体积的减少,能耗也相应降低。

4. 大规模集成电路计算机

大规模集成电路(Large Scale Integration Circuit,LSIC)于 20 世纪 70 年代问世,有力促进了计算机硬件技术的迅速发展与普及,并带动了软件的发展与应用。随着集成电路集成度的快速提升,具有特别意义的巨型计算机及微型计算机得以问世。

早期的巨型计算机运行速度一般为百亿次/秒浮点运算,它们的使用有力促进了航空航天技术、军事技术以及许多基础性学科的发展,也使得巨型计算机成为影响国家竞争力的战略力量之一。

微型计算机是一个象征性的名称,它的体积相对于那些巨型计算机来说太小了,是微型的。体积小是因为它的运算器与控制器做在一块集成电路芯片上,这块芯片又被称为微处理器。世界上第一台微型计算机于 1971 年 11 月问世,由 Intel 公司的工程师 M. E. Hoff 研制成功。微型计算机的问世使得计算机被广泛应用于日常生活中。

这一阶段的软件技术发展突飞猛进。操作系统越来越完善,桌面数据库技术的问世使得计算机应用向个人应用发展,面向对象技术提高了软件开发的效率。

第四代计算机延续了相当长的时间,直到今天,多数计算机仍然属于第四代。

5. 计算机现状与发展趋势

今天的计算机已经很难用一两句话对其进行准确的描述,根据过去几十年发展的轨迹可以归纳出计算机技术的发展趋势。从硬件方面看,这些趋势主要体现在体积、速度、价格及外围设备等几方面。

(1)体积越来越小。

随着集成电路集成度的提高,一块只有指甲大小的集成电路可以集成几百万、几千万甚至更多的晶体管,从而使得计算机的体积大大减小。笔记本电脑及掌上电脑之类的便携式计算机已经相当普及,而一些更加灵巧轻便的嵌入式设备也在不断涌现,如 MP4 播放器、个人数字助理(Personal Digital Assistant,PDA)以及智能手机等,如图 1-11 所示。实际上,今天的嵌入式智能设备可以嵌入衣服、鞋子甚至人的身体内部,由于这些设备的广泛使用,计算机被赋予了更多的含义,呈现出了更多的形态。

在计算机体积越来越小的同时,底层硬件结构及其复杂性被逐步隐藏起来,从用户角度看到的是一个个体积越来越小、功能越来越强大的模块化组件,即芯片,例如 CPU、内存条等。

(2)速度越来越快。

计算机的速度主要取决于 CPU 的时钟频率。1965 年,Intel 公司创始人之一的摩尔(Gordon Moore)提出单片硅芯片上可容纳的晶体管数目,约每 12 个月(1975 年,摩尔又

图 1-11　笔记本电脑、MP4、PDA 及智能手机

将其修正为 24 个月)便会增加一倍,性能也将提升一倍,这就是著名的摩尔定律。但是,芯片速度的提高产生了高能耗及大发热量等问题,特别是当芯片的主频达到 4GHz 或者更高时,散热几乎成为一个不可能解决的问题。在此背景下,在一个芯片上集成多个微处理器核心的多核技术应运而生,也就是通过增加一块芯片上的微处理器核心的数量(即核的数量)提高芯片的速度。

(3)价格越来越低。

由于集成电路及半导体技术的进步,半导体的价格不断降低,相应的计算机的体积越来越小,制造成本越来越低,价格也越来越便宜。现在一台具有较强功能的个人计算机,一般仅需要几千元人民币。

(4)外围设备越来越人性化。

外围设备是计算机系统的重要组成部分,外围设备的性能及可用性对计算机系统的性能及可用性有重要的影响。由于技术的进步及竞争的加剧,外围设备生产厂家正以越来越快的速度推出性能更高、智能性更强、人机交互界面更加接近于人类使用习惯的各种外围设备。例如,目前广泛使用的手写屏、触摸式输入屏、耳机与传声器等就更加符合人类的自然习惯,也带给用户更多的使用便利。

从软件角度看,其发展趋势表现在开发的高效与可重用性、功能的标准与安全性以及操作的便利性与直观性等方面。软件的供应方式在不断演变之中,通过云以标准化的服务方式提供各种功能成为目前的主流。在软件体系结构与开发技术方面,面向对象编程(OOP)、面向方面编程(AOP)、中间件、面向服务体系结构(SOA)等使得软件开发的效率越来越高,也使得软件的重用成为现实。

从应用角度看,用户获取各种计算及信息资源的途径越来越多,越来越方便;应用的方法也越来越直观与简单,当前普遍使用的图形化界面就大大方便了用户的操作。

思考题　计算机应用的普及对人类传统的工作、学习、生活、娱乐以及交流方式产生了根本性的影响,甚至影响到了人们思考问题与解决问题的方式。请说一说你对这句话的理解。

1.2.2 计算机的分类

在日常生活与应用中,能够见到各种形状各异,大小、功能及使用方法明显不同的计算机。为了区别这些计算机,常规的方法是对其分类。习惯上根据技术、功能及体积的大小将计算机分为 4 类。当然,也有其他的分类标准,例如,可以根据计算机内部的信息处理方式分为模拟计算机与数字计算机。

1. 嵌入式系统

与一般意义上的通用计算机不同,嵌入式系统是为特定应用而设计的专用计算机系统。嵌入式系统以应用为中心、以计算机技术为基础,通过对软件及硬件的定制与裁剪以适应应用系统或者宿主环境对功能、可靠性、成本、体积及功耗等的严格要求。甚至可以嵌入日常用品中,例如手表、眼镜等,如图 1-12 所示。

图 1-12　可穿戴计算设备——典型的嵌入式计算机

嵌入式系统中运行的是特定的软件,提供专门的功能,一般不能随意改变。从外观上看,嵌入式计算机也与传统计算机有根本差异。例如,智能手机、GPS 导航仪以及智能手环等均是典型的消费类嵌入式设备。最近几年来,嵌入式设备发展相当迅速,已经可以将嵌入式设备嵌入人体或者与经常使用的衣服等融为一体,有观点认为"嵌入式的未来代表了计算的未来"。

2. 微型计算机

微型计算机的体积相对较小,比较适合个人使用,一般又被称为个人计算机,简称为微机。传统的微型计算机比较适合放在桌面上,所以又被称为台式机,一般包括键盘鼠标、主机(箱)、显示器等几个主要部分,其外观如图 1-13 所示。随着技术的不断进步,微型计算机的外部形态发生了很大的变化,常见的笔记本电脑及平板电脑等新兴产品其实也属于微型计算机的范畴,只是其体积更小、携带更加方便。

图 1-13　一个典型的微型计算机系统外观

微机对使用环境的要求相对较低,有很强的适应性与实用性。按照目前的技术水平及市场现状,其CPU的运算速度一般以每秒亿次为单位,价格通常是几千元人民币。微型计算机可以独立使用,但随着网络的发展与普及,在更多的情况下可能是通过网络与其他的微型计算机或者更高性能的计算机相连,在一个协同工作或者资源共享的环境中承担一定的角色。

3. 小型计算机

小型计算机系统中一般都包含多颗CPU,其体积比微型计算机要大一些,当前典型小型计算机系统的速度一般能够达到每秒数百亿次或者更高,价格通常在数十万至数百万人民币之间。小型计算机对使用环境,如温度、湿度以及洁净度等有比较严格的要求。一个小型计算机系统一般可以容纳在一个标准机柜中,如图1-14所示。

图1-14 小型计算机

小型计算机一般在具有一定规模的网络中承担服务器的角色,有时被称为主机,以便让多个用户通过终端或者微型计算机来共享它的处理器以及存储在它的存储系统中的数据。终端是一种仅仅起输入与输出作用的外部设备,一般由一个键盘及一个监视器组成,其外形很像微机,但终端本身不具有处理能力。

随着各类应用对计算能力要求的提高,小型计算机的应用越来越广泛,特别是一些对数据安全性要求较高的机构,如金融、保险、航空以及高等学校等。

4. 大型计算机

大型计算机的体积庞大,速度快,价格昂贵,一般都用在数据处理量巨大的应用场景。在大型计算机系统中,一般都会有数百、数千甚至数万个处理器,其运算速度通常能够达到每秒万亿次以上,目前最快的大型计算机,也就是通常所说的巨型计算机或者超级计算机,其运算速度可以超过10亿亿次/秒。

对于一个国家来说,巨型计算机往往具有一定的战略意义,因为它通常用在军事、航空航天等方面。天气预报等商业市场目前也有应用。中国的神威“太湖之光”由10 649 600个处理器(核)组成,峰值速度达到125 436TFlop/s(10亿亿次/秒以上),在2016—2017年度的世界超级计算机排名中都是冠军,2020年位居第4位,如图1-15所示。

对计算机进行分类是一件很困难的工作,因为计算机技术在不断发展,不同类型计算机的技术也在互相渗透,这导致了不同类型的计算机之间的界线非常模糊。对于非专业人员来说,可以从销售商或生产厂商提供的产品资料来获取有关产品分类的信息。

图 1-15　神威"太湖之光"超级计算机和它的 CPU

思考题　嵌入式设备、微型计算机、小型计算机以及巨型计算机的性能差异是什么？它们的应用场景分别是什么？试举例说明。

1.3　计算机的主要应用

随着计算技术的进步，计算机应用不断普及，几乎覆盖了人类学习、工作、生活乃至娱乐等所有领域，本节简要介绍计算机的主要应用及发展历程，并且根据技术发展的特点，将应用划分为传统应用与基于新兴信息技术的新兴应用。

1.3.1　传统应用

早期的计算机应用主要集中在科学计算领域。随着计算机技术的发展，其应用范围越来越广泛，逐渐拓展到数据处理、过程控制、辅助设计及人工智能等多个领域。

1. 科学计算

科学计算又被称为数值计算，指用于完成科学研究和工程技术中提出的复杂数学问题的计算。一个典型的数值计算的例子就是解方程组。其他的应用如计算卫星运行轨迹、模拟核爆炸及气象预报等。

在数值计算方面，通常会涉及复杂的函数及公式，计算方法与过程比较复杂，对数据的有效表示位（精度）有较高的要求，仅仅依赖人工几乎无法完成。

2. 数据处理

今天大量的计算机应用，从桌面上的文字处理到复杂的数据库管理，都与数据处理有关。对于数据处理而言，其计算并不一定很复杂，更多的是大量数据的收集、存储、加工、分类、排序、查询及产生报表等方面的操作。当然数据本身是反映客观世界的状态的，它处在不断地变化与发展之中，这就需要对数据进行维护与管理。

传统的数据处理涉及的数据一般都是基于二维表格的结构化数据，典型的应用包括管理信息系统（MIS）等。管理信息系统涉及企业管理的各个环节，从生产业务处理，到作业管理控制，直至企业管理决策等都可以通过 MIS 来实现，为企业实现科学规范的管理、提高生产效率与效益提供了基础。

随着计算技术的发展及其应用范围的不断扩大,数据处理的含义发生了一定的变化。今天的计算机需要处理的数据不再仅仅是那些传统的表格式的结构化数据,可能涉及图像、语音以及文档等各种非结构化数据。另一方面,数据量也在迅速增加。由此产生了大数据的处理需求以及相关理论与技术。

3. 过程控制

过程控制这一术语有时与自动控制、实时控制并不严格区分,主要是指通过计算机实时采集控制对象的状态数据,按最佳值或者最优选择对控制对象进行自动控制与调节,主要包括工业生产过程控制和运行过程控制。例如,生产流水线自动控制和卫星发射及运行的自动控制等。

传统的过程控制是一个由反映控制对象状态的原始数据采集、分析、制定决策、操作等几个环节组织的闭环系统,是一种集中控制模式。随着移动通信与网络技术的发展普及,以及物联网、云计算、人工智能等新兴信息技术的广泛应用,传统过程控制的闭环系统已经逐步发展为集实时感知、远程传输、自动决策及智能应用于一体的开放系统。德国政府于 2013 年提出的工业 4.0 计划更是提出将制造与销售、工程等全生产周期中的各种要素全面融合,实现从传统工业的大规模标准化生产向更加灵活、更加高效的定制化生产转型,以满足用户个性化需求。

4. 计算机辅助技术

计算机辅助技术通常包括计算机辅助设计(Computer Aided Design,CAD)、计算机辅助制造(Computer Aided Manufacturing,CAM)、计算机集成制造系统(Computer Intergrated Manufacturing System,CIMS)及计算机辅助教学(Computer Assisted Instruction or e-Learning,CAI)等。

一般来说,设计是一项极具创造性的工作。当计算机技术被引入设计领域时,奇迹产生了。设计人员可以在计算机硬件与软件的支撑下,通过对产品的描述、造型、系统分析、优化以及仿真,完成产品的全部设计过程,最后输出满意的设计结果和产品图形。目前在汽车、微电子、建筑、服装以及许多尖端科技领域都有相当广泛的应用。

计算机辅助制造(CAM)技术,指的是利用计算机对生产设备进行控制与管理,实现无图纸的加工等。而计算机集成制造系统则是范围更加广泛的计算机管理与控制,从管理信息系统到生产过程控制,从订单管理到决策支持,几乎包括了企业管理及生产的每一个环节。当前受到广泛重视的智能制造可以认为是 CAM 的最新发展。

计算机辅助教学(CAI)是利用信息技术实现教学过程的一种方法,它可以通过网络及计算机实现教学过程中的每一个环节。更加重要的是,通过 CAI,学习者能够得到一种全新的学习环境,能够根据自己的需要进行个性化的学习,能够充分调动学习者的学习主动性,实现主动学习。当前受到广泛关注的 MOOC(Massive Open Online Course)、智慧学习等可以认为是 CAI 发展的最新形式。

5. 人工智能

传统观点认为计算机与人的最大区别是人能思考,能够自我学习,而计算机只能根据编制好的程序机械地运算,但随着人工智能技术的产生与发展,计算机的功能与作用发生了根本性的改变。

人工智能(Artificial Intelligence,AI),又被称为机器智能,通常指由普通计算机系统实现的智能。人工智能的基本设想是让机器通过学习能够"思考"。为了区分机器是否会"思考"(thinking),有必要给出"智能"(intelligence)的定义。究竟"会思考"到什么程度才叫智能? 或许衡量机器智能程度的最好标准是英国计算机科学家阿伦·图灵的试验。他认为,如果一台计算机能骗过人,使人相信它是人而不是机器,那么它就应当被称作有智能。当然,有观点认为这个标准过于严格。

思考题 请仔细观察在您日常生活中经常遇到的计算机应用,试围绕上述 5 方面的应用各举一例,并对应用场景及主要特点进行分析说明。

1.3.2 新兴应用

由于互联网等技术的快速发展与普及,也由于语音、视频等多媒体技术的不断成熟,还由于计算机设备,特别是各类智能手持设备及便携式设备的普及,计算机的应用变得更加方便,其范围也更加广泛,从科学研究、日常工作管理,到生活、学习及娱乐等几乎无所不在,并因此产生了许多新的应用类型。

1. 电子商务

电子商务是指利用 Internet 从事的商务活动,可以广义地将所有基于网络的商务活动统称为电子商务。对一般消费者而言,电子商务主要包括网上购物或者在线购物、在线支付、网上外卖以及在线旅行预订等形式。在电子商务中交易的"物",可以是具体的产品,也可以是无形的服务。在电子商务环境中,买方与卖方不需要见面,通过浏览器/服务器交流信息,在线提交订单并支付,由第三方物流或者商家自营的物流负责送货上门,如图 1-16 所示。

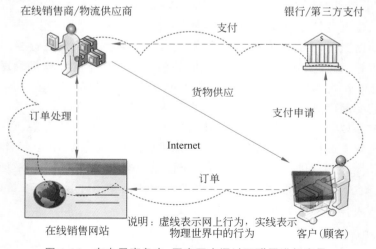

图 1-16　在电子商务中,买卖双方通过互联网进行交易

近十年来,电子商务发展迅速。以网络购物为例,根据中国互联网络发展状况统计报告,2012 年 6 月,全国网络购物用户规模为 2.1 亿,占网民总数的 39%;2021 年 6 月,网络购物用户规模达 8.12 亿,占网民总数的 80.3%。在线购物已经成为大多数人购买商品的主要渠道。

2. 社交网络

社交网络是一种基于 Internet 的网络服务,又被称为社交网络服务或者社交网站,最初的作用是为拥有相同兴趣爱好的人建立在线社区,并为使用者提供多种交流互动的方式,例如聊天、电子邮件、即时消息等。随着社交网络的发展,其应用范围在不断扩大,在政府、商业、教育、医疗保健等领域中都有相当广泛的应用。

社交网络降低了交流成本,扩展了交流空间与渠道,提供了更多的交流方式。互联网及智能手持终端的快速发展打破了人际交流的时空限制,进一步提升了社交网络的影响。今天,一个坐在家中的学生,可以通过社交网络与世界各地的同学(或者从未谋面的网友)讨论学习中遇到的困难。当然,社交网络的广泛应用带来了一系列挑战,如隐私保护等。

国内比较著名的社交网络有微信/QQ、新浪微博、抖音等,国外知名的社交网站有 Facebook、Twitter 等。

3. 视频点播

视频点播(Video on Demand,VOD)是一种让用户在网络上自主选择想要看的内容的技术,它也是互联网及多媒体技术迅速发展的产物。早期的视频点播服务主要通过有线电视网提供,但是,随着互联网的普及,今天的视频点播更多发生在网络上。

思考题 互联网及多媒体技术的进步催生了许多新型应用,并对当代社会的发展产生了重大影响,请从自己身边的事例出发,对这种影响进行分析说明。

1.3.3 使用计算机的基本操作

对于用户来说,使用计算机就是要让计算机帮助用户做点事情。或者说,让计算机帮助用户完成特定的任务。为了实现这一目标,需要完成技术与操作两个层面的工作。

从技术层面考虑,需要设计开发与任务相对应的软件。如果任务是常见、通用的,一般都可以直接购买商品化软件,例如,通常的办公事务处理可以直接购买办公软件。如果任务是特定的,则可能需要委托专业人员专门设计开发相应的软件。作为用户,需要准确把握软件的功能需求,在软件开发并交付使用后要能够熟练使用。

不同的软件可能会有不同的使用方法,但也有一些通用的流程。例如,用户需要打开计算机、通过某种方法告诉计算机要完成的任务、通过计算机的输出设备获取处理结果。在这个过程中,用户需要对计算机进行一些基本的操作。

1. 开机与关机

对用户而言,开机就是按下电源开关,关机也不过是点击几次鼠标。从计算机系统角度考虑,当用户按下电源开关后,计算机将自动运行一系列的程序(关于这些程序的具体功能,将在第 3 章展开进一步讨论),而关机则可能意味着更多的操作或者选择。

例 1-1　如果计算机中安装了 Windows 10 系统,请说明其开机与关机的过程,并通过调整 Windows 10 的配置重新设置登录密码。

分析　打开计算机时,计算机自动完成的一项工作是运行操作系统,并将系统的控制权交给操作系统。操作系统一般都会在开机时要求用户登录,Windows 10 也不例外,但开机的登录与认证可以根据需要调整设置。关机也有多种选择。基本操作方法如下。

(1) 依次打开显示器及主机电源开关。计算机将自动进行系统自检及相关工作。

(2) 在屏幕显示的用户登录界面中(是否显示用户登录界面由操作系统的设置决定),单击相应的用户图标,屏幕将显示口令输入对话框,输入正确的用户口令。

(3) 成功开机后,进入 Windows 桌面。在"开始"菜单中选择"设置"选项,在 Windows 设置窗口中选择"账户"→"登录选项"命令,通过其中的"密码"功能设置新的密码。

(4) 根据需要设置新的开机密码,如果删除密码,开机时就不会要求输入密码。

(5) 单击"开始"菜单,单击"关机"按钮,系统将直接关机,单击"关机"按钮右侧的三角形符号,将显示关机选项,用户可以根据需要进行选择。

说明

根据计算机系统中安装的操作系统的不同,用户可能会见到不同的界面,其操作方式也不完全相同。

2. 用户界面及其操作

计算机能够处理非常复杂的任务,前提是将需要处理的任务及相关的处理程序"告诉"计算机。在处理过程中,用户还需要与计算机进行交流,通常将这种交流称为人机交互,这个任务要由用户与计算机共同完成。

用户通过什么与计算机进行交互呢?用户界面是基本手段,通过它,计算机接收输入,告诉(输出)用户任务的处理结果。事实上,计算机领域的一个重要研究方向就是人机交互及界面研究,其目标是使计算机的操作更加直观、更加自然、更加简单。

用户界面涉及硬件与软件两方面。

硬件决定操作计算机的方式。例如,通过键盘,可以手工输入数据;通过传声器之类的语音输入设备,则可以向计算机"说"信息。在操作过程中,用户接触较多的硬件界面包括指示设备、键盘及显示器等,也就是通常所说的外部设备。

软件界面一般都由操作系统提供,主要有命令行用户界面与图形化用户界面两种类型,如图 1-17 所示的是 MS-DOS 提供的传统的命令行用户界面,在这种环境中,要通过键盘输入由字符组成的命令告诉计算机需要完成的任务。图形化用户界面请见下面的例题。

例 1-2　请结合具体的界面说明图形化用户界面的主要组成元素、特点与基本操作。

分析　图形化用户界面是通称,它包括了许多元素,如图标、窗口、菜单、工具按钮、对话框等。20 世纪 80 年代,Apple 公司率先在计算机系统上安装了图形化界面的操作系统,图形界面由此进入用户视野。今天,主流的操作系统都提供图形界面,Microsoft 的 Windows 系列操作系统提供的也都是图形化界面。图形用户界面一般包括下列基本元

图 1-17　MS-DOS 提供的传统的命令行用户界面

素,如图 1-18 所示。

（1）窗口。

窗口是图形化用户界面中最常见的形式,一个窗口代表一个对象,可以是正在运行的应用程序或者应用程序中的某一项具体功能,也可以是一个物理设备,例如磁盘、打印机或者计算机。Windows 10 的窗口与浏览器保持了一致的风格。如图 1-18 所示的窗口代表了一台计算机,其中包含了菜单或选项卡、各种工具按钮以及下方的左、右窗格。

（2）菜单。

菜单又被称为选项卡,通常由一组命令、选项及其对应的工具按钮组成。用户使用时,可以直接选择其中的某一项。当然,在计算机内部执行的还是与菜单命令对应的处理程序,用户看到的菜单实际上就是命令的直观(或者称为图形化)形式。

（3）位置栏。

在其中输入路径或者位置信息可以快速访问指定位置,也可以输入一个网址以快速访问该网站。如果选择了某一个文件夹,其中显示与该文件夹相关的位置信息。

（4）按钮。

一个按钮代表操作系统能够实现的功能,单击该按钮,操作系统会自动调用与该功能相关的程序。图 1-18 中的（4）所指向的按钮分别是新建项目、关闭当前窗口、调整窗口显示风格。

（5）搜索栏。

为了查找特定文件的位置,可以在搜索栏中输入与该文件相关的关键字。

（6）左窗格。

窗口的一个区域,用于显示当前窗口的总体信息。选中左窗格中的特定位置或者对象后,具体信息会显示在右窗格中,也就是图 1-18 中（8）指向的文件信息所在窗格。

（7）滚动条。

内容较多,不能在一个窗口中显示全部内容时,会自动显示上下、左右的滚动条,通过鼠标拉动滚动条可以转换显示内容。

（8）文件列表。

指定文件夹中的文件列表,可以调整其显示风格。

除了上述窗口组成元素外,常见的还有子菜单和对话框。对话框是一种特殊类型的

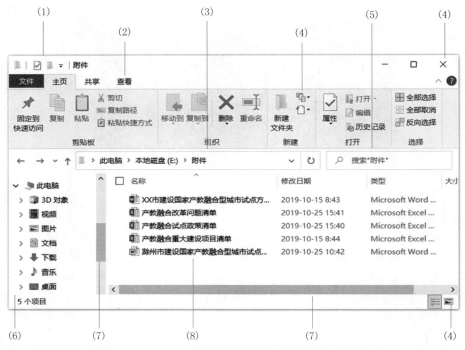

图 1-18　Windows 提供的图形用户界面及其组成元素

窗口,与一般的 Windows 窗口类似,其中包含若干组件,例如组合框、下拉列表、单选按钮或者复选框以及命令按钮等,如图 1-19 所示。

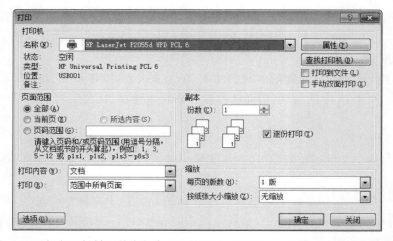

图 1-19　"打印"对话框,其中包含了下拉列表、选项组、组合框以及各种命令按钮

不同的用户界面需要用到不同的物理操作设备,图形化用户界面离不开鼠标,而命令行用户界面则主要由键盘来完成输入。

用户界面一直处于不断发展的过程中,很难用一个标准来衡量用户界面的好坏。一般来说,一个好的用户界面应该比较接近人的自然习惯,并使计算机容易使用、直观且没有理解上的障碍。但实际的状况并不让人满意，有些计算机系统提供的用户界面不太好理解，用起来也比较复杂。用户界面的发展，还应该考虑一些特殊用户群体的需要，例如孩子、某种类型的残障人士等。

思考题 从自己使用计算机的切身体会出发，说明在使用计算机时最大的不方便是什么，再想一想能否提出一些解决方案。

3. 获取帮助

在使用计算机时，总是会遇到各种问题。对于用户来说，在遇到问题时，应该知道如何寻找解决办法。获取帮助的过程就是学习的过程。遇到自己不知道或者无法解决的问题时，知道如何寻求帮助，实际上是一种能力。

一般来说，可以与老师、同学或者同事讨论，也可以通过书本、网络或者其他的媒体资源。Windows 软件还可在联机帮助、在线教程及参考手册等获取帮助。

"联机帮助"指的是在程序运行时得到的帮助信息。大多数图形化用户界面的程序都提供联机帮助信息，通过这些信息，一般都可以解决遇到的问题。在 Windows 中几乎所有的"联机帮助"功能都可以通过"F1"来启动。

例 1-3　通过 Microsoft Word 的帮助与支持中心了解 Word 的主要功能及使用方法。

（1）打开 Word。

（2）按 F1 键后，可以看到 Word 的帮助窗口，其中的内容是常用的帮助主题，如图 1-20 所示。在某些特定的计算机上，可能需要同时按 Fn＋F1 键。

（3）用户可以在搜索文本框中，输入要查找的关键字，例如，"字体"，帮助系统会自动搜索并给出结果。

在线教程一般都是通过网络或者 Internet 提供的。有些软件会提供在线教程，通过这个教程可以循序渐进地了解软件的主要功能，学习其使用方法。当然，也可以通过其他形式的教程来学习。例如，当前受到广泛欢迎的 MOOC 课程或在线公开课。

参考手册是关于硬件或者软件性能及使用的详细描述，是用户资源的重要组成部分。它几乎就是相关硬件或者软件的百科全书，有关于硬件或者软件的所有特征的描述。

当遇到困难时，别忘记了参考手册。

图 1-20　在 Word 窗口中启动的帮助窗口

思考题

（1）Windows 提供了多个不同的关机选项，这些选项有什么区别？

（2）在学习上遇到困难时，一般会通过什么渠道寻求帮助？请考虑可能的获得帮助的渠道有哪些，并尝试使用。

1.4　初识 Internet

　　Internet 已经成为覆盖全球的开放网络,其中蕴藏的信息非常丰富,似乎任何问题都可以从中找到答案。当今社会,人与人之间的交流、个人事务的处理也都离不开互联网。WWW 及电子邮件是 Internet 应用中最普遍的,尽管大多数人都在访问 WWW 并使用电子邮件,但是,仍然有一些需要清晰界定的问题。

1.4.1　访问 WWW

　　WWW(World Wide Web)又叫万维网,其中的信息被称为超文本,它们之间通过链接构成一个整体系统。WWW 是 Internet 提供的服务之一,或者说,是依赖 Internet 运行的一项服务,并不完全等同于 Internet。WWW 中的信息通常以网页的形式组织在一起,这个网页通过网址来识别。一个网站由一组相关的网页组成,用户打开网站后看到的第一个网页叫作主页。用户访问网页(或者网站)时,需要知道网址或者能够找到指向该网页的链接。

　　对 WWW 的访问离不开 Internet 及浏览器。浏览器是一种在计算机上运行的能够帮助用户访问网站及网页的软件,它能够将用户的访问请求(由浏览器中的地址指定)发送到对应的服务器上,再将相应的网页取回并显示。最早出现的浏览器软件是 Mosaic,它是由伊利诺斯(Illinois)大学的国家超级计算应用中心(National Center for Supercomputing Applications,NCSA)开发的。1994 年,该中心在 Mosaic 的基础上开发了 Netscape Navigator Version 1.0 版,它很快就成了最流行、应用最广泛的浏览器软件,但遗憾的是,在与微软的浏览器软件 Internet Explorer 的竞争中最终被淘汰出局。

　　微软(Microsoft)公司浏览器的最新版本是 Microsoft Edge,并将其与 Windows 捆绑在一起。由于 Windows 占据了桌面操作系统的大部分市场,许多人把微软的浏览器当成了浏览器的代名词。实际上,市场上有许多常用的浏览器软件,例如,Google Chrome 等。

　　例 1-4　已知中国科学技术大学的网址是 http://www.ustc.edu.cn,请访问其主页,并了解其计算机专业本科生的教育情况。

　　(1)双击桌面上的 Microsoft Edge 图标,或者使用 Google Chrome。

　　(2)在打开的浏览器的地址栏中输入网址 http://www.ustc.edu.cn,按回车键,屏幕显示如图 1-21 所示的窗口。

　　(3)在主页中单击"本科生教育"链接,浏览接下来打开的网页。

　　在实际应用中,用户可能只大致知道自己希望访问的信息是什么,并不一定知道具体的网址,这时候就需要有一种寻找网址的方法。

　　例 1-5　某单位要了解当前 IT 市场主要产品的价格情况,同时还希望具体了解北京 IT 市场的经营状况,拟分别安排人员在网上和赴北京实地调研。为了顺利完成任务,这

图 1-21　通过 Microsoft Edge 浏览器访问的中国科学技术大学主页

些调研人员应该访问哪些网站？如何找到这些网站？

分析　对于网上调研人员来说，重要的是找到反映 IT 市场信息的门户网站；对于赴北京实地调研的人来说，需要了解如何去北京、有哪些大型的计算机市场、住在什么地方以方便工作。基本操作过程如下。

（1）确定关键字。

Internet 上的信息实在太多了，所以在打开浏览器之前必须明白，你需要从 Internet 上获取什么信息。更进一步地，需要理解与信息相关的关键词是什么。如果需要了解的是 IT 市场主要产品价格，可以将关键词选定为"IT 产品报价"或者"电脑产品报价"。对于赴北京实地调研，可以将关键词选定为"北京酒店""北京交通""北京电脑卖场""北京电脑城"等。

（2）打开一个搜索引擎。

为了找到需要的信息，离不开搜索引擎。搜索引擎能够自动从 Internet 搜集信息，经过一定整理以后，提供给用户进行查询。目前，影响较大，相对搜索效果较好的中文搜索引擎主要是百度。其操作过程如下。

① 打开浏览器。

② 在浏览器的地址栏中输入百度的网址 http://www.baidu.com。

③ 在显示的文本框中输入"电脑产品报价"就可以得到与笔记本电脑价格相关的信息，如图 1-22 所示。请注意有些信息下面标有"广告"字样。

（3）选择需要的网址。

选择需要的网址，直接单击。通过搜索引擎进行查询也是比较复杂的。真正有用的网址或许只有一两个，但搜索引擎会告诉几千个甚至几万个所谓的"相关网址"。因此，对网站内容质量的判断成为必需的工作，一般可以从网站建立者的信誉及权威性、网站的信

图 1-22　通过百度搜索"电脑产品报价"显示的信息

誉与权威性、信息的原始来源等方面对信息质量进行判断。

通过搜索引擎还可以查询更多的内容。例如，如果准备出差去东南大学，但不知道从南京站到东南大学的交通，就可以通过百度地图来查找。又如，如果需要查阅中文学术论文，可以访问中国学术期刊网（http://www.cnki.net），当然前提是有合法的用户名，或者所在的局域网可以直接访问中国学术期刊网。

1.4.2　浏览器基本操作

知道了网址，会使用浏览器，就可以开始 Web 之旅了。浏览器软件通常都会提供一些基本的图形化工具，例如菜单、按钮及地址栏等。通过这些工具，可以直观地访问相应的网页，也可以对需要的信息进行处理，例如打印、保存或者收藏网页。

例 1-6　访问中国互联网络信息中心的主页，通过主页上的超级链接访问并了解中国互联网发展情况，保存相关内容，并将网址收藏起来以便以后的继续访问。

（1）通过搜索引擎（例如百度）搜索中国互联网网络信息中心的网址。

（2）在搜索结果中直接单击相应的链接，进入中国互联网络信息中心网站，仔细观察主页的内容，可以发现有一个互联网发展研究的链接。

（3）在互联网发展研究页面中，可以看到最新的中国互联网络发展状况统计报告，单击其中的第 46 次，浏览器显示具体内容。如果用户对这个网页的内容特别感兴趣，可以将其下载并保存起来。

（4）收藏网址。有些网站可能经常需要访问，为了节省访问时间，避免每次访问时都要手工输入网址，可以将网址保存在收藏夹中。

思考题 互联网上的信息相当丰富,几乎可以搜索到用户想要搜索的任何内容,但是,这些信息的质量及可信度却需要用户仔细辨别。请考虑应该如何辨别。

1.4.3 使用电子邮件

电子邮件是互联网环境中使用最广泛的一种交流手段。通过电子邮件,人与人之间的交流变得更加方便与迅速。

1. 什么是 E-Mail

今天的人们已经很少再通过邮政局发送传统纸质信件了,取而代之的是电子邮件。一份电子邮件是从一个用户经过网络传送到另一个用户的电子文档,这个文档是数字形式的。此外,一个完整的电子邮件中还应该包括用户地址及标题等信息。与传统邮政通信相比,E-Mail 更加高效、方便。

地址是信封上的重要内容。类似地,为了正确地发送与接收电子邮件,发送方和接收方都必须有自己的邮件地址。这个地址由邮件服务器上的账号(或者叫用户名)与服务器名称组合而成,也可以将其理解为一个信箱或者磁盘上的部分空间,其格式是"用户名@主机名.域名"。

例如,中国科学技术大学的域名是"ustc.edu.cn",该校面向学生提供服务的电子邮件服务器名称为 mail,如果某一个学生申请的账号是 stu(同一个服务器中不能有两个同名的账号),那么该学生的电子邮件地址是 stu@mail.ustc.edu.cn.

对电子邮件地址(包括前面提到的网址)的理解,涉及对域名的理解,关于这方面的详细内容,在第 7 章有进一步的讨论。

2. 申请一个邮件账号

在使用电子邮件之前,必须先向 ISP 申请一个电子邮件账号。ISP 是英文 Internet Service Provider 的缩写,意为 Internet 服务提供商。这个 ISP 可以是用户所在单位的网络中心,也可以是电信公司,还可以是一些提供电子邮件服务的网站。例如,网易是目前规模相对较大的电子邮件服务商之一,提供了 163、126 及 yeah.net 三种不同的邮件地址。另外,QQ 信箱也是许多青年人喜欢使用的邮箱。

图 1-23　申请免费邮件的注册界面

例 1-7　请通过网易申请一个免费电子邮件账号。

(1) 直接访问 http://www.126.com,注册网易邮箱,或者在 https://www.163.com 中使用"注册免费邮箱"链接。

(2) 在注册邮箱界面中,输入相应的信息,如图 1-23 所示。

（3）邮箱地址中需要输入用户自己定义的用户名，同一个邮件系统中用户名不能重复，系统会自动进行用户名查重。例如，用户输入了 temple_2016，就注册了一个 temple_2016@126.com 的邮箱地址。

（4）在"密码"一栏输入用户自己设置的密码，从安全角度考虑，密码一般至少有 8 位字符，同时包含字母、数字及其他字符。另外，建议每半年左右换一次密码。

3. 在浏览器中使用电子邮件

当今的大多数邮箱都可以在浏览器中使用，这也就是通常所说的 Web 界面邮箱，其使用方法与浏览器的使用几乎没有区别，通过在浏览器窗口中显示的"收信""写信"等按钮即可以阅读邮件或者建立新的邮件。

例 1-8 请通过刚刚申请的 temple_2016@126.com 邮箱给你的朋友发送一份电子邮件，请注意规范与礼貌。

分析 邮件的规范与礼貌能够显示一个人的良好素养与专业水平，高中毕业的青年学生应该都会使用电子邮件，但是，可能会忽视相应的规范与礼貌，下面给出操作过程及规范礼貌的简要说明。

（1）在 www.126.com 网站提供的登录界面中，输入邮件地址与密码后登录。

（2）在浏览器中显示的邮箱界面中，单击"写信"按钮。在收件人后面的表单中输入收件人邮箱地址，如果邮件需要同时发送给其他人，可以选择添加"抄送"。

（3）认真考虑并为邮件选择一个主题，目的是让收件人一看就知道该邮件来自哪里以及主要内容可能是什么。例如，如果是一位学生向老师请教学习方法问题，可以将主题设置为"某某学生向某某老师请教在大学中如何学习"。

（4）书写邮件正文（主体）。从本质上讲，电子邮件是传统邮件的电子化。因此，在创建电子邮件时，要遵循传统邮件的格式要求。特别是在邮件主体部分，开始时应该有对收信人的尊称及问候语，然后书写信件的正文，信件结束时要有致谢及问候语等，最后要有写信人的姓名及写信日期。

（5）邮件正文内容书写好后，仔细检查并确认无误后选择发送。

需要强调的是，通过当前广泛使用的微信、QQ 等社交媒体发送文档看起来比电子邮件更加方便，但从办公事务处理角度考虑，使用电子邮件更加安全，更加规范，也更加方便管理。另外，使用电子邮件应该养成良好的习惯，一般每天至少看一至两次邮件并及时回复。有些企业会要求工作人员即使在出差期间也应该每天收阅电子邮件。

思考题 电子邮件为人际交流提供了极大的便利，但是，使用电子邮件也会遇到一些困扰或者不便，您遇到过吗？是如何处理的？再仔细想想处理的方式是否恰当。

1.5　计算思维

计算机技术已经应用到了人类社会的每个方面。当今社会，几乎解决所有的问题都需要计算机的支持。由此提出的一个要求是，在遇到问题时应该考虑如何通过计算来解决；进一步地，即使问题不用计算来解决，但一些基本的计算思想与方法仍然适用于问题的解决。由此将计算对人类的影响提升到了思维的高度，这就是计算思维。

1.5.1　计算思维的基本内涵与特点

2006年3月，ACM通信杂志发表了美国卡内基·梅隆大学周以真（Jeannette M. Wing，见图1-24）教授的论文 *Computational Thinking*。在这篇文章中，周以真教授全面阐述了计算思维的基本含义、特点及其对普通人的重要性。

图1-24　周以真教授

周以真教授认为，计算思维不仅属于计算机科学家，而应该是每个人的基本技能。在阅读、写作和算术（英文简称3R）之外，应当将计算思维当作每个孩子的必备能力。正如印刷出版促进了3R的传播，计算和计算机也促进了计算思维的传播。

计算思维是运用计算机科学的基础概念进行问题求解、系统设计以及人类行为理解的一系列思维活动。计算思维涵盖了反映计算机科学之广泛性的一系列思维活动，包括解决问题的困难程度以及把一个看来很困难的问题重新阐述为一个人们知道怎样求解的问题，然后通过计算机科学中一系列的基本方法来战胜这些困难。

具体而言，计算思维会采用计算机科学中最基本的抽象、虚拟化与分解来克服问题的复杂性，通过计算机科学中常用的递归、并行处理、冗余、容错、纠错以及启发式推理来设计问题的解决方案。例如，面对一个复杂的问题，可以通过抽象将其本质特征提取出来，建立相应的模型，以降低其复杂性。

周以真教授将计算思维的特点归纳为以下几方面。

（1）概念化，不是程序化。计算机科学不是计算机编程。像计算机科学家那样去思维意味着远远不止能为计算机编程。它要求能够在抽象的多个层次上进行思维。

（2）基础的，不是机械的技能。基础的技能是每一个人为了在现代社会中发挥职能所必须掌握的。生搬硬套的机械的技能意味着机械重复。

（3）人的，不是计算机的思维。计算思维是人类求解问题的一条途径，但决非试图使人类像计算机那样地思考。计算机枯燥且沉闷；人类聪颖且富有想象力。人类赋予计算机以激情。配置了计算设备，人们就能用自己的智慧去解决那些计算时代之前不敢尝试的问题，就能建造那些其功能仅仅受制于人们想象力的系统。

（4）数学和工程思维的互补与融合。计算机科学在本质上源自数学思维，像所有的科学一样，它的形式化解析基础构筑于数学之上。计算机科学又从本质上源自工程思维，因为人们建造的是能够与实际世界互动的系统。基本计算设备的限制迫使计算机专家必须计算性地思考，不能只是数学性地思考。

（5）是思想，不是人造品。不只是人们生产的软件、硬件、人造品将以物理形式到处呈现并时时刻刻触及人们的生活，更重要的是还将有用以接近和求解问题、管理日常生活、与他人交流和互动的计算性的概念。

（6）面向所有的人，所有地方。当计算思维真正融入人类活动的整体以致不再是一种显式的哲学的时候，它就将成为现实。

1.5.2　计算思维的启发与影响

教育界及学术界的研究进一步强化了计算思维的重要性。如同现代社会要求所有人都必须具备"读、写、算"（简称3R）能力一样，计算思维也是现代人必须具备的思维能力。计算思维无处不在，当计算思维真正融入人类活动的整体时，它作为一个解决问题的有效工具，人人都应掌握，处处都会被使用。

计算思维使得计算机学科成为了一种基础性学科。按照周以真教授的观点，如同数学或者英语一样，一个人可以在主修计算机科学后做各种各样的职业。一个人可以主修计算机科学，接着从事医学、法律、商业、政治，以及任何类型的科学和工程，甚至艺术工作。

实际上，计算思维在其他学科中的影响已经非常明显。例如，机器学习已经改变了统计学。在2014年"五一"放假期间，中央电视台每天都直播全国银行卡刷卡的统计情况，并根据资金流向分析人们的消费方向。如果没有计算机，这种统计分析工作几乎不可能。类似的应用还包括计算化学、生物信息学等。

1.5.3　计算思维的应用

在日常生活及工作中，人们会遇到许多问题，在解决这些问题时，应用计算思维能够促进问题得到更好的解决。

问题 1-6　一个企业的盈利已经连续三年下降，大家一致认为企业的经营方向没有问题，主要是内部管理方面的问题。企业的负责人能够运用计算思维进行分析吗？

分析　这个问题看起来涉及面很广，常识性的做法是找到问题本质所在，这就是计算思维的基本方法——抽象。分析方法与过程如下。

（1）通过分析与抽象可以发现，这个问题的本质是企业经营目标没有能够实现。这个思考的过程就是抽象的过程，也就是计算思维的一种方法。

（2）进一步地，企业经营目标没能实现，通常与各个部门的目标没有实现有关。因此，从计算思维的角度考虑，可以将一个部门抽象为一个功能相对独立的对象。

（3）从计算思维的角度考虑，可以将任务分解到各个模块或者对象。从企业管理角度考虑，一方面，督促部门内部采取切实有效的方法（保证对象方法的正确性）；另一方面，为部门提供符合其要求的输入（基本条件），并要求部门完成指定的任务（输出）。

上述过程完全就是一个基于计算思维中的基本方法——抽象简化复杂问题的过程。

思考题　请认真阅读计算思维的相关文献，结合自己经常遇到的问题，说明如何应用计算思维进行问题求解。

习　题　1

一、单项选择题

1. 一般根据_____将计算机的发展分为四代。
   A. 体积的大小　　　　　　　　　　　B. 速度的快慢
   C. 价格的高低　　　　　　　　　　　D. 使用元器件的不同

2. 关于用户界面,下面的描述中错误的是_____。
   A. 用户界面是用户与计算机之间的接口
   B. 提供用户界面是操作系统的基本功能之一
   C. 用户界面与输入输出设备没有关系
   D. 不同的操作系统提供的用户界面未必相同

3. 把计算机分为大型机、小型机、微型机和嵌入式系统,是按_____来划分的。
   A. 计算机的体积　　　　　　　　　　B. CPU 的集成度
   C. 计算机综合性能指标　　　　　　　D. 计算机的存储容量

4. 指纹识别系统运用的计算机技术属于_____。
   A. 机器翻译　　　B. 自然语言理解　　　C. 过程控制　　　D. 模式识别

5. 用计算机进行资料检索工作在计算机应用中是属于_____。
   A. 科学计算　　　B. 数据处理　　　　　C. 过程控制　　　D. 人工智能

6. 工业上的自动生产线属于_____方面的计算机应用。
   A. 科学计算　　　B. 过程控制　　　　　C. 数据处理　　　D. 辅助设计

7. 人们平常所说的计算机是_____的简称。
   A. 电子数字计算机　　　　　　　　　B. 电子模拟计算机
   C. 电子脉冲计算机　　　　　　　　　D. 数字模拟混合计算机

8. 早期的计算机主要是用来进行_____。
   A. 科学计算　　　B. 系统仿真　　　　　C. 自动控制　　　D. 动画设计

9. 第一代计算机主要是采用_____作为逻辑开关元件。
   A. 电子管　　　　　　　　　　　　　B. 晶体管
   C. 大规模集成电路　　　　　　　　　D. 中小规模集成电路

10. 目前普遍使用的微型计算机采用的逻辑元件是_____。
    A. 电子管　　　　　　　　　　　　　B. 大规模和超大规模集成电路
    C. 晶体管　　　　　　　　　　　　　D. 小规模集成电路

11. 下列叙述中,不是电子计算机特点的是_____。
    A. 运算速度快　　　　　　　　　　　B. 计算精度高
    C. 高度自动化　　　　　　　　　　　D. 逻辑判断能力差

12. 微型计算机的发展是以_____技术为特征标志。
    A. 操作系统　　　B. 微处理器　　　　　C. 磁盘　　　　　D. 软件

二、思考题

1. 充分发挥您的想象力，描述对用户界面的理解。例如，除了图形用户界面及命令行用户界面以外，还可能有哪些用户界面？用户如何通过这些用户界面与计算机交互？

2. 信息素养的主要内涵是什么？结合您自己的实际情况，谈谈信息素养对现代社会的重要性。

3. 计算思维是什么？从您身边的具体问题出发说明计算思维对解决问题的作用。

4. 访问 WWW，以"信息技术对人类生活的影响"为主题搜索相关资料，并对这些资料进行整理加工，形成一篇 800 字左右的短文。

5. 给您的老师发一份电子邮件，将第 4 题完成的短文作为附件。

6. 查找一两个 MOOC 网站，通过 MOOC 学习本章的主要内容。

第2章

认识计算机系统

今天的计算机市场上,既有功能强大、规模与体积也相对庞大的巨型计算机,也有方便轻巧可以随身携带的笔记本电脑、个人数字助理,甚至还有融入眼镜、手环以及汽车、洗衣机等各类日常用品和环境中几乎已经感觉不到其存在的嵌入式计算机。这些计算机形态各异,配置的软件千差万别,功能与性能也各不相同,但本质上都是计算机系统,有基本相同的输入输出、体系结构、工作原理与组成,有共同的处理和存储芯片,也有基本相同或者相似的系统软件配置。本章从系统视角讨论计算机工作原理与组成,介绍硬件与软件的基本知识,主要内容与学习目标如下。

本章主要内容:

* 计算机内部的数据表示、转换及编码系统;
* 计算机基本工作原理与组成部分;
* 微型计算机的特点与组成;
* 计算机软件的概念与主要类型;
* 程序、程序设计及程序设计语言的概念;
* 数据库与数据库管理系统的概念;
* 数据库模式与基础 SQL 指令。

本章学习目标:

* 理解编码的重要性并能够准确说明计算机采用二进制的原因;
* 能够说明冯·诺依曼体系结构对现代计算机的影响;
* 能够兼顾需求与价格选择合适品牌与配置的微型计算机;
* 理解计算机软件的作用及其与硬件的关系;
* 能够理解系统软件和应用软件的差异性并说明其用途;
* 理解程序、程序设计及程序设计语言等概念及其关系;
* 具有运用程序及数据库解决实际问题的意识。

2.1 计算机中的数据表示与编码

计算机处理的对象是数据,其形式有数值、文字、语音、图形图像等多种类型,计算机内部对它们进行处理的方式也各不相同。但无论通过什么方式处理,首先要通过一定形式将信息表示出来。计算机内部表示数据的基本思路与人类计数有一定的相似性。

2.1.1　进位制

　　人类最早的计数方式或许可追溯到石器时代,古人类用石块计数,并逐步进化到在骨头、泥块等物品上刻痕,以及结绳计数。公元 3 世纪左右出现的阿拉伯数字,于 19 世纪传入中国。由于人有两只手共 10 个手指并可以自然弯曲,手指也因此成为自然的计数工具,并逐渐形成了十进制。例如,中国古代就常使用 5 画的"正"字来计数。

　　进位制是一种巧妙的计数方法,让计数变得准确、简单和高效。进位的本质是不同"位"上的数字表示的数值不同,例如,家里养了 125 只羊,其中 1 表示 1 个 100,2 表示 2 个 10,3 表示 5 个 1,显然,这是十进制的例子。目前,十进制是使用最广泛的进位制,也有表示时间的十二进制、六十进制等。理解一种进位制,需要掌握以下要点。

1. 数码及数基

　　任何一种进位制都要通过一些基本的数字来表示数,这些数字就是基本数码。在十进制中,有 0,1,2,…,9 等 10 个数码。进位制中使用的数码个数被称为数基,记为 R,十进制数字的数基为 10,即 R＝10。

　　类似地,二进制中有 0,1 两个数码,其数基为 2,即 R＝2。依此类推,十六进制应该有 16 个数码,即 R＝16。

2. 进位规则

　　十进制数的进位规则是"逢十进一",也就是每到 10 时就进一位,如图 2-1 所示。一般而言,R 进制的进位规则是"逢 R 进一"。依此类推,二进制的进位规则是"逢二进一",十六进制的进位规则是"逢十六进一"。

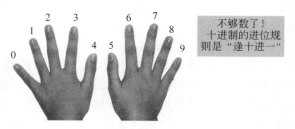

图 2-1　十进制的基本规则为逢十进一

3. 数值位数所代表的意义

　　数字的值与数字所在的位置有关。在十进制中,数字 3 在个位(第 0 位)上时,代表 3 个 10^0,即 3,在十位(第 1 位)上时代表 3 个 10^1,即 30,在百位(第 2 位)上代表的则是 3 个 10^2,即 300,小数点后面第一位代表 3 个 10^{-1},即 0.3,如图 2-2 所示。

　　由此可见,数字在每个位置所代表的值等于该数字与一个常数的积,这个常数就是位权,与位置有关。十进制中从第 0 位到第 n 位的权分别是 10^0、10^1 以及 10^n,二

$$234 = 200 + 30 + 4$$
$$= 2 \times 10^2 + 3 \times 10^1 + 4 \times 10^0$$

图 2-2　数值位数所代表的意义

进制中第 n 位的位权是 2^n，负 m 位的位权是 2^{-m}。

2.1.2　计算机内部采用二进制

问题 2-1　为什么在计算机内部所有数据都以二进制形式存储与处理呢？

分析　计算机作为一种计算设备，需要考虑其工程造价及可靠性等因素，因此，采用何种进位制，需要考虑这种进位制在计算机内部是否容易实现，是否不容易出错。一般来说，二进制具有如下显著优点。

1. 可靠性高

计算机由各种数字电路（板）组成，电路状态只有通电与不通电两种，二进制只有两个数码 0 和 1，通过电路的两种状态，如"开"与"关"或者"高电平"与"低电平"来表示，数字表示、传输和处理都不容易出错，可靠性较高。如果采用八进制则需要设计 8 种电路状态，十进制则需要 10 种状态，两种状态的电路显然更可靠，实现也相对简单，成本自然也相对较低。

2. 运算简单

二进制数码少，运算法则简单，实现运算的电路也相对比较简单，成本相对更低。以加法运算为例，二进制加法只有 4 个规则，如图 2-3 所示。而十进制加法规则显然要复杂得多。

```
  00        00        01        10
+ 00      + 01      + 01      + 01
----      ----      ----      ----
  00        01        10        11
```

图 2-3　二进制的加法规则

3. 逻辑性强

计算机工作原理是建立在逻辑运算基础上的，逻辑代数是逻辑运算的理论依据。二进制只有两个数码，正好代表逻辑代数中的"真"和"假"。

2.1.3　八进制与十六进制

数据在计算机中均以二进制形式表示，由于二进制的一位表示的数值太小，如果要表示一个比较大的数值，这个数就太长了。例如，在程序设计语言中一般用 4 字节（32 位）存放一个整数，如果将十进制数 100 存放在内存中，其二进制数的形式是

$$00000000000000000000000001100100$$

从用户角度来看，这个数太长了，不便于阅读或使用。为了解决这个问题，又引进了八进制和十六进制，用于人们之间的交流。八进制中有 8 个数码，分别是 $0,1,\cdots,7$；其进位规则是"逢八进一"；第 0 位到第 n 位的权是 $8^0,8^1,\cdots,8^n$。而十六进制中有 16 个数字，分别是 $0,1,\cdots,9,A,B,C,D,E,F$，其中 A～F 对应十进制数的 10～15；其进位规则是"逢十六进一"；第 n 位的权是 16^n。

问题 2-2　为什么采用八进制和十六进制，而不是四进制、三十二进制呢？

分析　由于 $8=2^3$，$16=2^4$，即 3 位的二进制数可以被一位八进制的数表示，4 位的二进制数可以被一位十六进制的数表示，从而使二进制数的位数缩短为原来的 1/3 或 1/4，同时转换回二进制非常方便。相应地，四进制和三十二进制能缩短二进制数的位数

为原来的 1/2 和 1/32,但前者缩短得不够,而后者又缩得太多了。

2.1.4　进位制之间的相互转换

同一个数值可以用不同的进位制表示,即不同进位制之间可以相互等值转换。下面介绍的常用转换方法,通过数论的基本理论可以证明它们之间确实是等值的。例如,$(100)_{10}=(1100100)_2=(144)_8=(64)_{16}$,其中数字下标表示进位制,也可以用字母表示,B(Binary)、O(Octal)、H(hexadecimal)分别表示二进制、八进制和十六进制,常用几种进位制之间的数码关系如图 2-4 所示。

十进制	二进制	八进制	十六进制
0	0	0	0
1	1	1	1
2	10	2	2
3	11	3	3
4	100	4	4
5	101	5	5
6	110	6	6
7	111	7	7
8	1000	10	8
9	1001	11	9
10	1010	12	A
11	1011	13	B
12	1100	14	C
13	1101	15	D
14	1110	16	E
15	1111	17	F

图 2-4　十进制数 0~15 对应的其他进制数

1. 二进制数转换为十进制数

例 2-1　将二进制数 $(1011)_2$ 转换成十进制数。

解:将二进制数转换为十进制数的一种很自然的方法是"按权展开,相加求和"。

$$(10111)_2=1\times2^4+0\times2^3+1\times2^2+1\times2^1+1\times2^0=16+4+2+1=(23)_{10}$$

2. 十进制数转换为二进制数

例 2-2　将十进制数 $(50.25)_{10}$ 转换为二进制数。

解:如果十进制数字既有整数部分,又有小数部分,则分别转换整数和小数部分。

(1)整数部分。按权展开式启发我们,不断用 2 除能够得到相应位上的结果,整数部分第一次除以 2 后,得到的余数为二进制数的最低位(第 0 位),得到的商再除以 2,得到的余数为二进制数的第 1 位,如此反复,直到商是 0 为止,如图 2-5 所示。

（2）小数部分。乘 2 取整。小数用 2 乘,取其整数部分为负 1 位,即小数部分最高位;接下来再用 2 乘小数部分取其整数,得到负 2 位,直到小数部分是 0 为止,如果小数部分不能为 0,则精确到小数点后面一定位数即可,如图 2-6 所示。

图 2-5 除以 2 取余数   图 2-6 乘以 2 取整数

因此,$(50.25)_{10}$ 等于 $(110010.01)_2$。

3. 二进制数与八进制数、十六进制数的相互转换

例 2-3 将二进制数 $(10011010110)_2$ 转换为八进制数。

解:从右往左将每 3 位二进制数转换为 1 位八进制数,如图 2-7 所示。

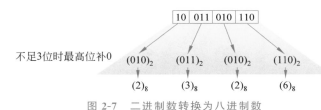

图 2-7 二进制数转换为八进制数

因此,$(10011010110)_2$ 等于 $(2326)_8$,或记为 2326Q,Q 表示八进制数。

例 2-4 将八进制数 $(2326)_8$ 转换为二进制数。

解:将每 1 位八进制数转换为等值对应的 3 位二进制数,如图 2-8 所示。

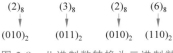

图 2-8 八进制数转换为二进制数

因此,$(2326)_8$ 等于 $(10011010110)_2$,或记为 10011010110B,B 表示二进制数。

例 2-5 将二进制数 $(10011010110)_2$ 转换为十六进制数。

解:从左往右、每 4 位二进制数转换为等值对应的 1 位十六进制数,如图 2-9 所示。

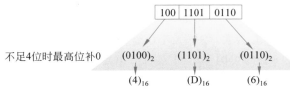

图 2-9 二进制数转换为十六进制数

因此，(10011010110)₂ 等于（4D6)₁₆，或记为 4D6H。此处 H 表示十六进制数。

例 2-6 将十六进制数（3D6)₁₆ 转换为二进制数。

解：将每 1 位十六进制数转换为与之等值对应的 4 位二进制数，如图 2-10 所示。

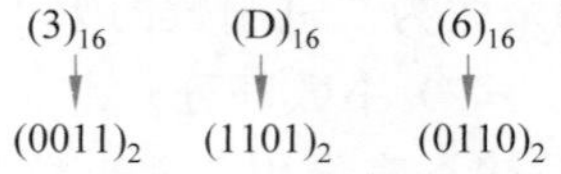

因此，(3D6)₁₆ 等于(1111010110)₂，或记为 1111010110B。

$$(3)_{16} \quad (D)_{16} \quad (6)_{16}$$
$$\downarrow \qquad \downarrow \qquad \downarrow$$
$$(0011)_2 \quad (1101)_2 \quad (0110)_2$$

图 2-10　十六进制数转换
为二进制数

2.1.5　存储和计算单位

无论数值数据还是非数值数据，在计算机内部均表现为二进制形式，都要占用一定的存储空间。描述存储空间大小的计量单位有以下几种。

1. 位

位（bit）一般指二进制位，用小写字母 b 表示，最早由数学家 John Wilder Tukey 提出。二进制的一个 0 或者 1 就是 1 个位（bit），是计算机中计算和存储数据的最小单位。网络传输速率一般用 bps 表示，即"位/秒"，例如，说某一个网络的传输速率是 10Mbps，就是指每秒 10M 位。1bit 非常小，但多个 bit 在一起可以表示足够大的数。本书计算机网络部分介绍的 IPv6 地址采用 64 位二进制表示，地址数为

$$2^{64} = 2^{34} \times 2^{30} \approx 1.8 \times 10^{19}$$

2. 字节

字节（byte）是最常用的存储单位，用大写字母 B 表示，它是计算机内部存储、处理并输出信息的基本单位。一个字节由 8 位组成，即 1B＝8b，可以用来表示 256 个排列组合的符号（$2^8 = 256$）。由 byte 延伸下去的计量单位有 KB（kilobyte）、MB（megabyte）、GB（gigabyte）、TB（terabyte）、PB（petabyte）等。K、M 及 G 分别表示千、百万及十亿，在以二进制为基数的计算机系统中，它们分别为 2^{10}、2^{20}、2^{30}，其对应关系为

$$1B = 8bits$$
$$1KB = 2^{10}B = 1024B$$
$$1MB = 2^{20}B = 2^{10}KB = 1024KB$$
$$1GB = 2^{30}B = 2^{10}MB = 1024MB$$
$$1TB = 2^{40}B = 2^{10}GB = 1024GB$$
$$1PB = 2^{50}B = 2^{10}TB = 1024TB$$
$$1EB = 2^{60}B = 2^{10}PB = 1024PB$$
$$1ZB = 2^{70}B = 2^{10}ZB = 1024EB$$

字节一般用于表示存储空间的容量或文件的大小。例如，一块硬盘的容量是 500GB，是指其容量是 500 吉字节。再如，一张图片大小为 200KB，一个视频文件大小为 100MB 等。随着数据规模的增大，数据大小已经进入了用 TB、PB、EB、ZB 表示的时代。直观地说，1PB 相当于 50% 的美国学术研究图书馆藏书的内容，1EB 相当于至今全世界人类所讲过的话语的五分之一，1ZB 则为全世界海滩上的沙子数量总和，即可以为每一粒沙子分配一个唯一代号。

2.1.6 字符数据编码

除了数字之外,文字、标点符号及特殊符号也是以二进制方式储存的。这就产生了一个问题:如何将键盘输入的字符转换为二进制数呢?解决这个问题的办法是编码,即通过二进制数字来表示这些字符。

1. 西文字符与 ASCII 码

ASCII(American Standard Code for Information Interchange)是美国标准信息交换代码,是国际通用的英文字符编码标准。标准 ASCII 采用 1 字节(即 8 个二进制位)进行编码,其最高位恒为 0,可表示 $2^7=128$ 种字符,包括 10 个数字、34 个控制字符、52 个英文大写和小写字母、32 个标点符号与运算符号,如图 2-11 所示。在计算机系统中,从键盘上输入英文字母 A 时,存入的是其二进制编码 01000001。

编码	000	001	010	011	100	101	110	111
0000	NUL	DLE	SP	0	@	P	`	p
0001	SOH	DC1	!	1	A	Q	a	q
0010	STX	DC2	"	2	B	R	b	r
0011	ETX	DC3	#	3	C	S	c	s
0100	EOT	DC4	$	4	D	T	d	t
0101	ENQ	NAK	%	5	E	U	e	u
0110	ACK	SYN	&	6	F	V	f	v
0111	BEL	ETB	'	7	G	W	g	w
1000	BS	CAN	(	8	H	X	h	x
1001	HT	EM	)	9	I	Y	i	y
1010	LF	SUB	*	:	J	Z	j	z
1011	VT	ESC	+	;	K	[	k	{
1100	FF	FS	,	<	L	\	l		
1101	CR	GS	−	=	M	]	m	}
1110	SO	RS	.	>	N	^	n	~
1111	SI	US	/	?	O	_	o	DEL

100 0001
字母A的编码

图 2-11 ASCII 编码表

观察图 2-11,可以发现 ASCII 码值的大小规律是 z>y>x>…>a>Z>Y>X>…>A>0~9>空格>控制符,根据这一规律,只要知道了一个字母的 ASCII 码,就能推算出其他字母的 ASCII 码。

2. 汉字及其编码

问题 2-3 汉字是如何编码的?

分析 所有英文单词均由 26 个英文字母排列组合形成,通过字母的 ASCII 码即可表示所有英文单词。常用汉字有 7000 多个,如果一字一码,需要 7000 多个码才能区分。显然,汉字编码表比 ASCII 码要复杂得多。汉字另有其特殊性,输入、存储、显示、输出、处理以及信息交换过程中对代码的要求各不相同。因此,汉字编码有多种类型。

（1）汉字输入码。

输入英文时，想输入什么字符就按什么键。汉字则不同，因为在键盘上找不到与汉字直接对应的按键，需要键盘上的英文字符表示汉字，这种汉字编码方式就是汉字的输入码，又称为外码。常用的输入码主要有"音码"与"形码"两类，拼音码与五笔字型码是这两类编码的代表。例如，"安徽"两个字的拼音编码是 anhui，五笔字型编码是 pvtm。

（2）汉字机内码。

用于计算机内部传输、存储、处理的汉字编码称为汉字机内码，常用的有国标码、**GBK** 编码、**ANSII** 编码、**UTF-8** 等。1981 年，我国颁布了"信息交换用汉字编码字符集·基本集"（GB2312-80）。该标准规定每个汉字字符由 2 字节二进制代码组成，包括 6763 个常用简体汉字以及英、俄、日文字母与其他符号 682 个。1995 年，我国颁布了 GBK 编码，仍采用 2 字节进行编码，但增加繁体汉字和日韩语中的汉字。为使计算机支持更多语言，人们使用 80～FF 范围的 2 字节表示 1 个中文、英文或其他语言的字符，称为 ANSI 编码。通常认为，在简体中文操作系统下，ANSI 编码包括了 GBK 编码和 ASCII 编码。汉字字符编码的最新标准是 ISO/IEC10646 和 Unicode，这两个标准涵盖了全人类所有书写字符，包括现在的和古代的。基于这两个标准，简化后的 UTF-16、UTF-8 编码等已经被广泛应用。

为了实现多语言兼容，通常利用字节的最高位来区分某个码值是代表汉字还是 ASCII 码字符。如果最高位为 1 则为汉字字符，为 0 则为 ASCII 字符。所以，汉字机内码是在国标码的基础上，把每个字节的最高位由 0 改为 1 构成的。例如，汉字"大"的国标码为 **0**0110100**0**1110011，与两个 ASCII 码字符 4 和 s 完全相同。因此，为了区分，在内部传输时汉字"大"采用机内码 **1**0110100**1**1110011。

（3）汉字字形码。

字形码又称为字模，是表示汉字字形的数字化代码，用于计算机显示和打印汉字。所有汉字的字形码构成汉字字库。例如，所有汉字的宋体字形码构成了宋体字库文件，通常以".ttf"文件的形式存储在字库中，如图 2-12 所示。理论上，任何人都可以设计特定字体的字形码，可采用字库设计工具提高设计效率。

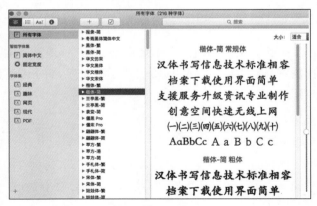

图 2-12　字模信息的存储

汉字字形一般都用点阵方式表示。显示汉字使用 16×16 点阵。打印汉字可以选用 32×32、48×48 等点阵。点数越多,打印的字形越美观,但字库文件的存储空间也越大。图 2-13 表示了一个 16×16 点阵的汉字"大"的字形信息如何存储为二进制信息——有笔画的点用 1 表示,无笔画的点用 0 表示。

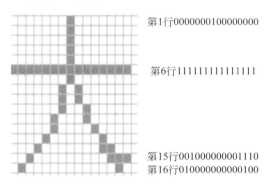

第1行0000000100000000

第6行1111111111111111

第15行001000000001110
第16行010000000000100

图 2-13 计算机中存储的不同字体的字库

例 2-7 64×64 点阵、包含 9840 个汉字的"方正颜真卿楷书"字库文件大小是多少?应该如何计算?

解:一个 64×64 点阵汉字占 64 行,每行 64 个点,每个点的信息存储需要 1 位,因此,一个 64×64 点阵的汉字字库占 64×64/8=492 字节。9840 个汉字则需要 492×9840B=492×9840/1024/1024≈6.4MB。

(4) 汉字编码之间的关系。

无论采用哪一种汉字输入法,当用户向计算机输入汉字时,存入计算机中的总是它的机内码,与所采用的输入法无关。在每一种输入码与机内码之间存在着一一对应的关系,通过"输入法程序"可以把输入码转换为机内码。输出时由汉字系统调用字库中汉字的字形码得到符合需要的显示结果。

3. 图像、音视频的编码

在计算机系统中,图像和音视频也都是用二进制编码表示,也就是所谓的数字化表示,具体方法将在本书多媒体应用一章中介绍。

思考题 计算机内部采用二进制,但为什么用户在使用计算机的过程中似乎感觉不到它的存在。请尝试在计算机中找到一个包含中文的文件,查看其采用哪种中文编码,以及其二进制的数据内容。

2.2 计算机基本工作原理

自从 1946 年第一台电子计算机问世以来,计算机一直处于高速发展之中,但它们的基本组成与体系结构仍然与早期的计算机保持一致,它们的基本工作原理可以追溯到图灵机,也基本上都采用了冯·诺伊曼存储程序原理。

2.2.1 图灵机

图灵机(Turing machine)模型从"理想机器"的角度奠定了现代计算机的理论基础,证明了计算机实现以及利用计算机进行计算的可行性。

图灵机由被誉为"计算机科学之父""人工智能之父"的英国人阿兰·图灵发明。图灵机不是具体的计算机,而是一种计算概念、一种通用的计算模型。1920 年,图灵在名为《论可计算数及其在判定性问题上的应用》论文中,探讨了可计算问题,并围绕以下问题进行了讨论:

- 是否所有的数学问题都有明确答案?
- 如果有明确答案,是否可以通过有限步骤的计算得到答案?
- 对于那些有可能在有限步骤中计算出来的数学问题,是否有一种假想的机械,让它不断运行,最后机器停下来的时候,那个数学答案就计算出来了?

图灵机的基本设计思路是,首先将任务边界限定于可解(存在答案)且能在有限步骤内完成的数学问题,这些问题就是计算机能处理的问题;其次是设计完成计算任务的机器,具有通用、有效、等价的特点,保证可以按照这个方法计算,最后得到答案。

图灵机的基本思想是用机器来模拟人们用纸笔进行人工数学运算的过程,如图 2-14 所示。

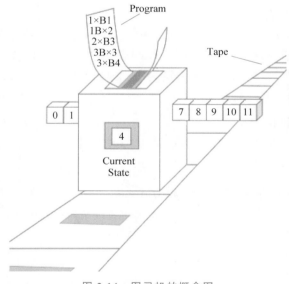

图 2-14　图灵机的概念图

图灵把这样的过程看作下列两种简单的动作:

- 在纸上写上或擦除某个符号;
- 把注意力从纸的一个位置移动到另一个位置;

- 在每个阶段,人要决定下一步的动作,依赖于：此人当前所关注的纸上某个位置的符号以及此人当前思维的状态。

图灵机的每一部分都是有限的,但它有一个潜在的无限长的纸带,因此这种机器只是一个理想的与现代计算机具有相同功能的抽象设备。图灵认为这样的一台机器能模拟人类所能进行的任何计算过程。通常认为能用图灵机解决的问题就是"可计算"的问题。图灵机从理论上说明了哪些问题是可计算的,也就是可以用机器进行自动计算,但并未考虑如何具体实现。

2.2.2 冯·诺依曼原理

1945 年,冯·诺伊曼及其团队为设计一台新式电子计算机——EDVAC,撰写了计算机历史上具有里程碑意义的设计文档 *First Draft of a Report on the EDVAC*,说明了后来被称为冯·诺依曼原理的计算机组成和工作原理,其核心思想如下。

(1)计算机应具有如下功能：能够接收需要处理的程序和数据,具有长期记忆程序、数据、中间结果及最终运算结果的能力,具有完成各种算术、逻辑运算和数据加工处理传输的能力。能够根据需要控制程序走向并能根据指令控制机器的各部件协调操作。能够按照要求将处理结果输出给用户。

(2)为了完成上述功能,计算机必须具有五大基本组成部件,输入设备用于输入数据和程序,存储器用于记忆程序和数据,运算器执行各种算术运算和逻辑运算以处理数据,控制器用于控制程序执行,输出设备用于展示处理结果。

(3)计算机应采用二进制。基于电子元件能够稳定提供两种状态的特点,二进制的运算比十进制简单得多,计算机应采用二进制而不是十进制,采用二进制将大大简化机器的逻辑电路。

(4)为了实现自动处理,需要将程序和数据以二进制代码形式存放在存储器中,存放位置由程序和数据的地址确定。

现代计算机都是基于冯·诺依曼原理设计制造的,有相同的基本工作原理和组成部件,由输入设备、存储器、运算器、控制器、输出设备五大部件组成,也因此被称为冯·诺依曼计算机,如图 2-15 所示。实际的微型计算机中,考虑到价格和工程实现等因素,存储常分为内存储器和外存储器,运算器和控制器也集成为一个整体——中央处理器,如图 2-16 所示。

图 2-15　冯·诺依曼计算机的五大部件

图 2-16　实际微型计算机的五大部件

（1）运算器。又称为算术逻辑单元(Arithmetic Logic Unit，ALU)，根据控制器发出的指令执行基本算术运算和逻辑运算。算术运算包括加、减、乘、除等算术操作；逻辑运算为具有逻辑判断能力的 AND、OR、NOT、XOR 等逻辑操作，这些运算都由对应的电路实现，例如实现加法运算有相应的加法器电路。

（2）控制器。又称为控制单元(Control Unit，CU)，负责联系计算机的各个单元并控制其协同操作完成计算任务，例如，计算 3＋5 的值，控制器在从内存器中取出加法指令后，通知运算器执行加法运算，并具体说明相加的两个数是什么或者在哪里、运算结果存储在哪里。计算任务完成后，控制器会根据程序规定的输出要求通知输出设备，将结果从存储器中取出并按指定方式输出(显示、打印或者存储在外存储器中)。

由于运算器和控制器之间的数据与信息交换非常频繁，被集成为一个整体，又叫作中央处理器(Central Processing Unit，CPU)。

（3）存储器。用于存放程序、数据及程序运行结果。存储器主要有两种类型，一种是内存储器，用于临时存储即将运行的程序指令、即将处理的数据以及运行结果(包括中间结果)；一种是外部存储器，用于长期存储程序与数据，通常所说的存储器主要指内存储器。

（4）输入设备。输入设备是将程序及数据送入计算机内部的部件，是计算机与使用者之间的接口或桥梁，在一定程度上决定了使用计算机的方式。常用的输入设备有触控屏幕、键盘、鼠标、扫描仪、绘图板、传声器等。

（5）输出设备。输出设备将计算机处理结果以图像、声音、纸质、模型等不同形式展示给用户。常用的输出设备包括显示器、音箱(耳机)、纸张打印机、3D 打印机、触摸屏等。输出设备与输入设备合称为输入输出设备，或者外部设备，简称外设。

思考题

（1）冯·诺依曼计算机与图灵机的联系与区别是什么？在冯·诺依曼计算机中运行程序时，程序指令及数据在五大部件之间如何流转？

（2）将存储器划分为内存与外存是基于什么样的工程考虑？它们的基本区别是什么？缓存与内存、外存的关系是什么，为什么需要缓存？

2.3 微型计算机系统的组成

微型计算机又叫作个人计算机(Personal Computer，PC)，"微型"主要体现在体积、功能及架构上。早期的微型计算机都为台式机，随着技术的进步，出现了体积较小方便携带的笔记本电脑以及个人数字助理(Personal Digital Assistant，PDA)等新成员。尽管它们的外观及功能有较大差异，但都有基本相同的组成。

2.3.1 主机箱和电源

从外观上看，一个主机箱、一台显示器以及一个键盘与鼠标就组成了一台微型计算机。主机箱提供了安装电源、硬盘、光驱、主板及有关硬件的物理空间，并将复杂的主板封装在机箱内部，在机箱的正面及背面暴露出各种外部设备接口，如图 2-17 所示。

图 2-17　主机箱的正面、背面及内部结构

台式机的机箱一般有卧式与立式两种，机箱结构有 ATX/MicroATX 等多种类型，主机箱的类型应该与主板类型保持一致，不同类型的主板可能需要不同的机箱支持。主机箱中的电源模块将交流电转换为直流电，为主板、磁盘驱动器、内存及 CPU 等部件供电。

对于笔记本电脑而言，传统台式机的主机箱内容，加上键盘和电池都集成并微型化为薄板，显示器缩小并与主机整合。摄像头、音箱和传声器则"见缝插针"地装配在机箱边缘或夹缝中，鼠标也被触摸板所代替。笔记本配置可充电电池组，蓄满电量后可供电 4～8 小时。

近年来兴起的一体机，将台式机的主机箱缩小到显示器的背面或底部，将主机箱和显示器集成为一个整体，键盘和鼠标单独连接。通过提供的多种接口，一体机还可以连接笔记本电脑、手机等。其他硬件结构与台式机基本相同。

2.3.2　总线与主板

微型计算机需要将各种部件集成到一个体积相对较小的系统单元中，一般均采用总线式结构，主要部件集成在一块称为主板的电路板上，通过总线交换各种信息。

1. 总线

总线是计算机系统中各设备模块之间相互通信、交换数据的通道。微型计算机系统采用一种类似于积木式的总线结构，如图 2-18 所示，这种结构为系统扩展提供了方便。

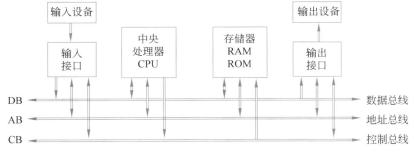

图 2-18　基于总线的微型计算机结构

总线性能直接影响计算机系统的整体性能,反映总线性能的技术指标主要有总线宽度、频率、传输速率等。总线需要符合一定的标准,传统的总线标准有工业标准体系结构(Industrial Standard Architecture,ISA)、扩展工业标准体系结构(Extended ISA,EISA)、外围设备互联(Peripheral Component Interconnect,PCI)等,任何一家工厂生产的 CPU、内存、接口卡或者外部设备,只要符合相关标准,均可以连接到计算机系统中。通常所说的总线指系统总线,也就是 CPU 与内存及外部设备接口之间的数据通道,由地址总线(AB)、数据总线(DB)和控制总线(CB)构成,分别传送控制信号、地址信号和数据信号。地址总线的宽度决定了系统最大的内存容量。

例 2-8 某计算机有 20 位地址线,则它的最大内存容量为多少?如果是 32 位呢?

解:20 位总线,即 20 个二进制位,$2^{20}=1024Kb=1024KB/8=128KB$。

同样,32 位总线的内存最大容量为 $2^{32}=2^2\times2^{30}=4Gb=4096MB/8=500MB$。

2. 主板

主板(mainboard)又称为母板或者底板,从外观上看,主板是一块印制电路板,集成了电路、CPU 插槽、内存插槽、芯片组(chipset)以及各种接口等,如图 2-19 所示。微型计算机采用总线结构,CPU、内存等主要部件均通过主板上的插槽及总线相互连接。

(1)芯片组。它是决定主板性能的主要因素之一,由北桥和南桥组成,北桥一般靠近 CPU,负责与CPU 联系、控制 Cache、内存等,南桥负责输入输出接口和硬盘等外部设备。很多芯片组还提供一些附加功能,如集成显卡和集成声卡等(也称为内置显卡和内置声卡)。随着技术的发展,芯片组的功能在逐步改变和扩展。

图 2-19　主板

(2)CPU 插槽。一块主板上的 CPU 插槽并不能支持所有的 CPU,不同类型的主板可能会提供不同的 CPU 插槽但一般都是方形,主要有 LGA775、LGA1366 以及 SocketAM2/AM2＋等类型,分别支持不同厂商的 CPU。

(3)内存插槽。用于插入内存条,一般都是 DIMM 类型,外观为细长条形。在实际应用中,需要关注内存插槽支持的内存条类型。

(4)输入输出接口。用于连接各种外部设备,包括物理接口及相应的连接电路,常用的输入输出接口有连接硬盘的 SATA 接口、M2 接口,通用串行总线(Universal Serial Bus,USB)接口、串行通信适配器接口 COM1 和 COM2 等。理论上,只要主板上有空闲的插槽,购置符合该插槽类型的接口卡,就可以通过该接口为计算机增加外部设备。

(5)CMOS(Complementary Metal Oxide Semiconductor,互补金属氧化物半导体)存储器用于存储外存储器、内存以及启动顺序等方面的配置信息,是一种只需要极少电量就能够存储数据的芯片。能量消耗较低,可以通过集成在主板上的一个很小的电池(这个电池在计算机系统通电时还能够自动充电)为其供电,所以 CMOS 中保存的信息能够长期保存。如果计算机的配置信息发生了改变,只需要及时更新 CMOS 的配置数据即可。

当然，如果配置信息没有改变，用户也不能随意更新 CMOS 信息。

（6）其他组件。主板上通常有风扇、电源、扬声器等。计算机启动异常的"哔声"就是扬声器发出的，且故障类型不同，声音也不同。例如"哔声"为重复鸣响且每次鸣响间隔较长，表示内存条未插好等。

当前市场上较为常见的主板供应商有 Intel、ADM、VIA 和 SIS 等。自行组装计算机时，挑选主板时可从支持的最大内存容量、扩展槽的数量、支持最大系统外频以及可扩展性等因素进行选择。

2.3.3 中央处理器（CPU）

在计算机的五大部件中，运算器和控制器之间的信息交换最为频繁，随着集成电路技术的发展，通常将运算器和控制器封装为一个整体，称为中央处理器（Central Processing Unit，CPU），微型计算机系统中的 CPU 又被称为微处理器，如图 2-20 所示。

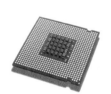 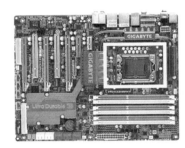

(a) CPU芯片　　　　　　(b) CPU在计算机主板上的位置

图 2-20　CPU 的外观及位置

1. CPU 发展历程

主要的 CPU 生产厂商有 Intel、AMD、IBM 及 Sun 等，其中 AMD 的 CPU 与 Intel 的 CPU 兼容，一般称为 Intel 架构，可以运行 Windows 及 Linux 操作系统。1971 年，Intel 公司发布了第一个单芯片 CPU，型号为 4004，主频为 108KHZ。2021 年推出的 Intel Core(酷睿)i9-9980XE，主频为 3GHZ，运算速度为 4004 的 5400 万倍。当前 Intel 的主流产品有 Intel Core i9、i7 等，AMD 则有 Phenom Ⅱ X4 和 Phenom X4 Quad-Core 等。IBM 的 PowerPC 及 Sun 的 SPARC 等系列 CPU 的体系结构与 Intel 不兼容，通常运行 UNIX 及 Linux 系统，自问世至今已发展到第 10 代。

随着集成电路技术的不断发展，其集成度也越来越高。Intel 公司的创始人之一 Gordon Moore 在研究芯片技术发展时发现，集成电路上集成的芯片每 18～24 个月就会翻一番，这就是著名的摩尔定律。但是，随着芯片主频的不断提升，其功耗也越来越大，导致了很难解决的散热问题，另外，受芯片制造技术的限制，集成度的提升也越来越困难，在一块芯片上集成两个或者更多核心（计算引擎）的多核技术由此应运而生。

我国的 CPU 研发工作起步较晚，但发展迅速，代表性产品有"龙芯"系列和"鲲鹏"系列。基于 2016 年发布的"龙芯三号"CPU 研制的超级计算机，运行速度可达到万亿次/秒。

"鲲鹏"是华为公司推出的产品,目前已经形成了相对较完整的应用生态。

2. CPU 的性能指标

CPU 的性能是影响计算机性能的关键因素,主要指标包括字长、主频及运算速度。

字长:指 CPU 一次可以同时处理的数据位数,也就是数据总线的宽度,它决定了计算机的精度、寻址速度及处理能力,单位为位(bit)。一般来说,字长愈长,计算精度愈高、处理能力愈强。例如,64 位计算机表示其 CPU 的字长为 64 位。

主频:CPU 内部有一个控制分步执行的时钟,主频就是时钟的频率,主频越高代表 CPU 在每一单位时间所能处理的指令数量就越多,运算速度越快。例如,Intel Core i9-11900K 的主频为 3.5GHz,表示每秒可以产生 35 亿个时钟信号。

运算速度:运算速度指 CPU 每秒能执行的指令数,单位用百万条指令/秒(Million Instructions Per Second,MIPS)表示。虽然主频越高运算速度越快,但 CPU 的总体运算和稳定性还取决于 CPU 的体系结构以及其他技术措施。

内核数量:CPU 的主频越高,能耗越大、散热越多,当 CPU 的主频达到近 4GHz 时,散热成为了难以解决的问题。因此,通常采用多核 CPU 来实现更高的运算速度,目前用于 PC 的通常为 8 核或者 16 核,用于服务器的 CPU 包含的内核会更高一些,华为鲲鹏 920s 可以支持 64 核。

问题 2-4　多处理器、多核、并行计算之间是什么关系?

分析　David Wheeler 有一句名言:计算机科学中任何问题都可以通过另一个间接层来解决。也就是说,本层解决不了的问题,设法通过另一层解决。这种思维模式是计算思维中的组合思维。在计算机中,为了达到更高的主频,不是通过单纯地提高单颗 CPU 的主频,更多的是采用多核(一个"核"就是一颗 CPU 芯片)技术,也就是在一块芯片上集成多个核来提高整体主频及运算速度。并行计算是计算机在同一个时间内能同时处理多个事务,多核技术是实现并行计算的一种方式。

除了上述指标外,CPU 的技术参数还包括缓存、前端总线、处理器倍频、总线速度以及 CPU 支持的指令集等。另外,不同的 CPU 可能有不同的接口类型及针脚数目,需要有相应的主板与之配套。

2.3.4　内存储器

在微型计算机系统中,根据数据存储速度等差异,设计了内存储器和外存储器。内存储器简称为内存,又分为随机访问存储器(Random Access Memory,RAM)与只读存储器(Read Only Memory,ROM)等类型。

1. 随机访问存储器

随机访问存储器(RAM)又被称为主存储器,通常说的内存就是指 RAM,用于保存即将运行的程序指令和相关数据。从物理上看,RAM 是一种存储数据的电路,基本元素是电容,通过电容的充电与放电表示数据。充电时表示 1,放电时表示 0。当计算机关闭或重新启动造成断电时,RAM 中所有数据将会消失。为了方便管理,以字节为单位将

RAM空间划分为若干单元,并为每个单元分配一个编号,即内存地址,一般用十六进制表示,如图2-21(a)所示。如果把内存比作大楼,则大楼的每个房间为内存的存储单元,每个房间的编号类似于内存的地址。通过地址,操作系统可以快速找到信息数据存放的位置。

存储器操作包括"读"(read)和写(write)两种类型。从RAM的某一单元中读出数据不会改变原来的数据;但是,如果向RAM中写入数据,原单元中的数据将被新写入的数据覆盖。RAM的容量与读写速度是影响计算机整体性能的重要因素。随着技术的发展,计算机系统的存储容量也在迅速增加。当前,一台PC的内存通常是8GB、16GB或者更大。读写速度通常以纳秒(nanosecond,ns)或者MHz来表示。1ns是十亿分之一秒。读写速度越快,读写数据的时间越短,计算机的性能就越高。

在实际应用中,一般将多个RAM芯片封装成一个内存条,如图2-21(b)所示。如果要增加计算机内存,可以根据主板提供的内存插槽类型及扩展性增加内存条。

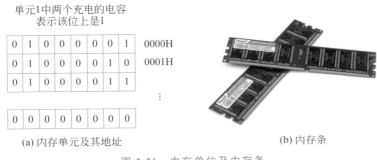

(a) 内存单元及其地址　　　　　　(b) 内存条

图 2-21　内存单位及内存条

常用的内存条是同步动态RAM(Synchronous Dynamic RAM,SDRAM),一些新的技术,例如双数据速率(Double Date Rate,DDR)提高了其速度,但与静态RAM(Static RAM,SRAM)相比还是要慢得多。目前,单根内存条的容量有4G、8G及16G等多种类型。

2. 只读存储器

只读存储器中存放的一般都是计算机启动程序。与RAM不同,ROM中的指令被固化在主板电路里,永久性成为电路的一部分,一般不会丢失。ROM中存储的是被称为基本输入输出系统(basic input/output system)的指令集合,其主要作用是完成对系统的加电自检、各功能模块的初始化、运行基本输入输出驱动程序以及引导操作系统。

当打开计算机后,CPU加电并准备执行指令,但由于刚刚开机,RAM中还是空的、里面没有要执行的指令,CPU运行的是ROM中的各种基本输入输出程序。

3. 高速缓存

与SDRAM相比,CPU的速度相对更快,在它与SDRAM配合工作时需要插入等待状态,CPU的高速度得不到充分发挥,也难以提高整机性能。采用静态存储器SRAM可以解决该问题,但是同等容量的SRAM的价格约为DRAM的4倍,且SRAM体积大、集成度低。为解决这个矛盾，一个自然的想法是在 CPU 与 DRAM 之间增加一个基于 SRAM 的高速缓冲区，这就是 Cache 系统，其工作原理如图 2-22 所示。

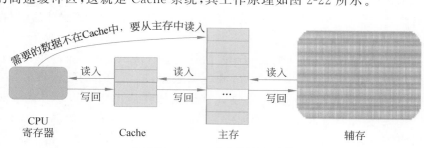

图 2-22　Cache 工作原理示意图

在实际产品中，Cache 与 CPU 集成在一起。由此，Cache 成为了 CPU 的性能指标。Cache 中一般保存主存储器中部分内容的副本，CPU 在读写数据时，首先访问 Cache。由于 Cache 的速度与 CPU 相当，因此 CPU 就能在零等待状态下迅速完成数据读写。只有 Cache 中没有 CPU 需要的数据时，CPU 才去访问内存。此外，在计算机系统中，硬盘、各类接口卡也普遍采用 Cache 以解决各部件之间的速度不匹配问题。

问题 2-5　Cache 在非计算机系统中有使用吗？请通过具体的实例说明。

分析　在现实世界中，Cache 已经成为解决两个系统（或者部件）之间速度不匹配问题的标准解决方案，有着广泛的应用。例如公园入口处，通过增加等候区（Cache）解决快速涌入的参观人流与公园大门只能慢速通过人流的矛盾。

2.3.5　外部存储器

外部存储器简称为外存。与内存相比，外部存储器的价格更低，容量更大。通常有软盘与软盘驱动器、硬盘、光盘驱动器以及 U 盘等多种类型。

1. 软盘驱动器与软盘

软盘是微型计算机系统中最早使用的外部存储介质，最早由 IBM 公司于 1971 年开发。软盘由塑料片基及磁性存储介质组成。初期的软盘直径 8 英寸，容量 81KB，后来逐渐发展出 5.25 英寸、3.5 英寸软盘，每一张软盘分为两个面，每一面又划分为若干磁道，每一道再分为若干扇区，如图 2-23 所示。软盘与计算机系统中内置的软盘驱动器配合使用，软盘是一种存储介质，软盘驱动器是一种读写设备。近十多年来，软盘逐渐退出市场，被体积更小、容量更大、速度更快的 U 盘等多种存储介质取代。尽管软磁盘已经不再使用，但通过划分磁道与扇区进行磁盘存储空间管理的基本思路在硬盘等多种存储介质中得到了延续，目前仍然在广泛应用。

2. 硬盘

硬盘的数据存储方式与软盘相同，片基是硬质铝合金圆盘，一个硬盘中一般有多个盘片，并且将读写磁头、盘片和驱动器密封在一起构成一个相对独立的单元，安装在主机箱内部专用的硬盘托架上，通过相应的接口连接到主板。此外，还有一种体积更小且可以随

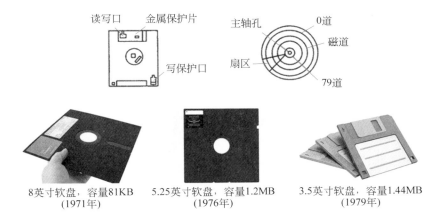

图 2-23　软盘的结构与发展过程

8英寸软盘，容量81KB
(1971年)

5.25英寸软盘，容量1.2MB
(1976年)

3.5英寸软盘，容量1.44MB
(1979年)

身携带的外接式移动硬盘，通常使用 USB 接口与计算机连接。内置硬盘以 3.5 英寸直径的为主，移动硬盘则以 2.5 英寸直径为主，如图 2-24 所示。

　　根据硬盘的工艺技术，还可以分为机械硬盘和固态硬盘(SSD)。前者使用传统硬盘技术，容量常见的有 1TGB、2TB 乃至 6TB 甚至更大。固态硬盘常见容量有 250GB、500GB、1TB 等。实际应用中，高性价比的方案是混合式硬盘，即在机械硬盘的基础上，加上小容量的固态硬盘，如 250GB 固态硬盘＋1TB 机械硬盘。

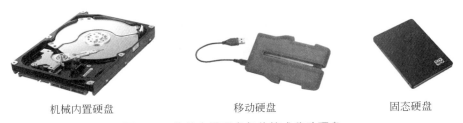

机械内置硬盘

移动硬盘

固态硬盘

图 2-24　传统内置硬盘与外接式移动硬盘

　　硬盘性能在一定程度上影响计算机系统的性能，主要有容量与读写速度两个指标。目前，硬盘容量一般都在 1TB 以上，比较大的已经能够达到 6TB 甚至更大。磁盘的数据容量与磁盘格式，也就是磁道、扇区等的划分有关。这种格式是在磁盘格式化时决定的，格式化的过程就是在磁盘上建立磁道及扇区的过程。传统机械硬盘采取电机驱动技术，电机转速越大，读写速度越快，常见的有 5400 转/分(rp 分)、7200rp 分以及 10000rp 分等。固态硬盘内部没有磁盘片，也没有电动机，因此主要考虑其容量大小。硬盘内置缓存(Cache)的容量和技术类型也是影响其读写速度的重要指标，目前常见的配置是256MB 等。

3. U 盘

　　U 盘，又称为闪盘，如图 2-25 所示，是可以直接插在 USB 接口上进行读写的外存储器，具有容量大、体积小、保存信息可靠、可重复写入、易携带等优点。

图 2-25 多样化的 U 盘

4. 光盘

光盘是一种基于光技术的外存。光盘用 PVC 硬塑料作为片基,再镀上铝箔,上面布满了小坑的地方称为 Dent,没坑的地方叫 Pit。激光头根据它们对光照的不同反应,来判断数据,Pit 代表 0,Dent 则代表 1,如图 2-26(a)所示。光盘可以分为 CD-ROM、DVD-ROM 等多种,相应的光驱则有 CD-ROM 光驱、DVD 光驱、刻录机光驱和 COMBO 等,如图 2-26(b)所示。COMBO 光驱集合了刻录、CD-ROM 和 DVD-ROM 光驱的功能。由于光盘的使用相对较少,微型计算机一般不再内置光驱。

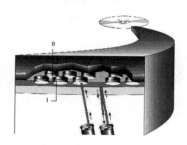

(a) 光盘的数据读取示意图

CD光驱,CD光盘容量为640MB
(1993年)

DVD光驱,DVD光盘容量为4.7GB
(1996年)

蓝光光驱,光盘容量为25GB
(2006年)

(b) 光盘的发展过程

图 2-26　光盘的数据读取原理及光驱的发展过程

思考题　试着从容量、读写速度、接口类型、用途等方面,对比计算机内部的多种存储器。试想如果不考虑成本,计算机内部是否可以全部采用速度更快的存储器?

2.3.6 输入输出设备

输入设备是将信息送入计算机内部的部件。常用的输入设备有触摸屏、键盘、鼠标、扫描仪、轨迹球、传声器等，如图 2-27 所示。

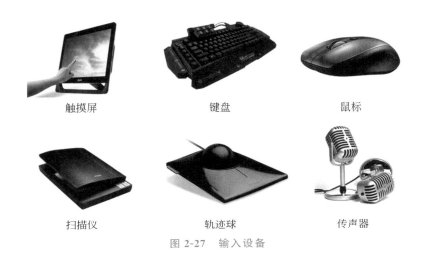

| | | |
触摸屏　　　　　　　　键盘　　　　　　　　鼠标

扫描仪　　　　　　　　轨迹球　　　　　　　传声器

图 2-27　输入设备

输出设备是将计算机的运算结果以使用者能够理解的方式表示出来的设备。常用的输出设备有触摸屏、显示器、音箱、耳机、投影机及打印机等，如图 2-28 所示。

触摸屏　　　显像管显示器　　　液晶管显示器　　　音箱

耳机　　　　　　投影机　　　　　　打印机

图 2-28　输出设备

1. 键盘和鼠标

键盘和鼠标是计算机最基本的输入设备。有线鼠标和键盘的一端通过机箱上的专用接口或者 USB 接口连接到主板，而无线鼠标和无线键盘则通过内置天线将信号发送到无线接收器（通过 USB 接口连接到计算机上）实现操控。

2. 显示器

显示器是计算机系统中使用最普遍的输出设备。目前使用的一般都是液晶显示器 (Liquid Crystal Display, LCD)。如果需要较大的显示范围, 也可以使用投影机、一体机等。显示器作为一种外部设备, 需要通过显示适配器(即显卡)与主机连接。

显示器的性能参数有尺寸和分辨率等。例如, 一款显示器的性能参数为 27 英寸、屏幕比例为 16：9、178°视角、分辨率为 3840×2160、点距为 0.3114(H)×0.3114(V)mm、对比度为 1000：1、色数为 16.7M、亮度为 250cd/m², 其含义如下。

(1) 尺寸。尺寸是指显像管对角尺寸, 单位为英寸。例如, 15 英寸显示器的可视对角尺寸实际为 13.8 英寸。常见液晶显示器有 19 英寸、23 英寸和 27 英寸等。笔记本电脑显示器的尺寸从 11 英寸到 16 英寸不等, 其中, 12~14 英寸最受青睐。

(2) 分辨率。分辨率是指屏幕上可以容纳的像素的个数。分辨率越高, 屏幕上能显示的像素个数也就越多, 图像也越细腻。液晶显示器的分辨率常见的有 1024×768、1440×900、1920×1080、2560×1440 等。分辨率通常与屏幕尺寸相关, 通常尺寸越大、分辨率越高。不同显示设备互联时, 分辨率差异过大可能造成显示异常。例如, 高分辨率计算机画面输出到低分辨率投影机显示时, 画面可能虚化或仅显示部分画面。

(3) 可视角度。可视角愈大愈好。当可视角是左右 80°时, 表示站在始于屏幕法线 80°的位置时仍可清晰看见屏幕图像。由于每个人的视力不同, 因此将对比度作为清晰的标准, 在最大可视角时所量到的对比度愈大愈好。

(4) 点距。点距是屏幕上两个相同颜色的光点间的距离。点距越小意味着单位显示区内可以显示更多的像点, 显示的图像也越清晰。点距一般为 0.26~0.3mm。

3. 打印机和扫描仪

如果需要将计算机处理的文字、图形图像和数据输出到纸上, 通常选用打印机。对于复杂的设计图纸, 则可以选择绘图仪。一般通过主板上的并行打印机接口或 USB 接口与打印机或绘图仪相连接。

打印机主要有针式、喷墨和激光等类型。喷墨与激光打印机还支持彩色打印。激光打印机的输出效果最好, 针式打印机的输出效果较差, 尤其是输出图形图像时差别更明显, 因此常用于消费小票等纯文字的场景。目前, 市场上的新型打印机, 可称为多功能事务机, 不仅具有打印功能, 还集成了扫描、复印和传真等功能。提供扫描功能的打印机, 其实又成为输入设备。

4. 音视频系统

视频摄像头已经成为笔记本电脑的内置输入设备, 台式计算机则可以采用 USB 接口接入外置视频摄像头。音效系统是计算机系统中输入和输出声音的部件, 主要包括声卡、音箱和传声器等。音效系统已经成为各种计算机的基本配置。

5. 其他外部设备

日常生活中, 经常需要将数码相机、摄像机或手机中的照片、视频及其他信息传输到计算机中, 虽然智能手机本身也是计算机, 但在与计算机相连时, 还是被当作外部设备。可以通过连接访问图片等文件, 也可以通过这种连接, 实现充电。

2.3.7 微型计算机购买建议

当决定要买一台计算机时,应该如何选购呢?表 2-1 分别列举了台式机、一体机和笔记本电脑的部分特点,有助于进行比较。

表 2-1　微型计算机特点一览表

考 虑 因 素	台 式 机	一 体 机	笔记本电脑
便携性	差	较差	最好
屏幕尺寸	可大可小,通常较大	可大可小,通常较大	通常较小
质量	最大,约 10KG	偏大,约 7~10KG	较小,约 2~3KG
体积	最大,屏幕和主机分体	较小,屏幕和主机一体	最小
键盘	自由选配,按键大	自由选配,按键大	不可选,按键偏小
性价比	最高	高	较低
电源	需外接交流电	需外接交流电	配有电池
常用联网方式	有线网	无线网	无线网

首先考虑需要随身携带还是在固定地点使用,其次考虑"屏幕尺寸",如果追求方便携带应该选择尺寸相对较小的,如果需要显示内容较多且希望画面看起来比较舒服,则应选择尺寸大的。接下来考虑的因素是"用途",如果只是上网冲浪、写报告,对计算机性能要求不高;若要绘图或进行图像处理、音视频编辑、软件开发或玩网络游戏,则对 CPU、内存、硬盘和显卡要求较高。一般来说,根据计算机技术发展趋势,从使用年限及方便后续维护等角度考虑,建议一些核心部件的性能指标,如 CPU、内存、硬盘、显卡等,尽可能按照最大需求配置高一些。

2.4　计算机软件

计算机系统由硬件系统和软件系统组成,无论硬件的性能多么强大,没有配套的软件,计算机将"一事无成",无法执行任何任务或者完成任何操作。

2.4.1 什么是软件

在计算机发展初期,并没有现代意义上的软件概念。为了执行用户交付的计算任务,编写后在指定计算机上运行的程序,基本上是一任务一程序。随着硬件性能的不断提升,计算机能够处理以及需要计算机处理的任务越来越多,为了提升编程效率,降低计算机操作的复杂性,产生了一次编程多次运行、一个程序能够为多个用户共同使用的应用需求,由此于 1959 年前后产生了软件概念。

软件是计算机程序及有关文档的总称。一个软件中的计算机程序可能是一个独立的、可直接在计算机系统中运行的可执行文件,也可能由多个可以一起工作的独立文件组成。软件中的文档是指用来描述程序的内容、组成、设计、功能规格、开发情况、测试结果及使用方法的文字资料和图表等,如程序设计说明书、流程图以及操作手册或指南等。

传统上,将计算机程序代码存储在磁盘、光盘等存储介质上,在用户购买时,与相关文档一起打包交付给用户,如图 2-29 所示。软件对运行环境有一定要求,即软件的系统要求。为了运行软件,用户需要根据软件的系统要求准备好自己的计算机系统(服务器或者个人计算机),并安装好软件。用户一次性购买软件后获得该软件的无限期使用许可,在使用过程中,除了少量的更新之外,软件的功能及界面一般不会发生改变。

图 2-29　WPS 软件销售包中包含最终用户许可协议、说明手册及原始介质等

随着 Internet 的普及和云计算技术的快速发展,软件的销售、交付、运行与维护方式发生了根本性的改变。通过 Internet,可以实现软件的在线销售与下载以及远程安装与维护。基于云计算技术,可以按照软件即服务(Software as a Service,SaaS)的模式直接购买软件服务。图 2-30 所示的服务为图像处理服务,用户无须安装软件,通过浏览器即可实现常用的图像编辑操作。在 SaaS 模式中,用户通过自己的客户端访问云中的软件服务,相关数据也存储在云平台。只要网络速度有保证,用户不会感觉到使用的是远程云服务,但是,可能会导致安全及数据控制等风险。

图 2-30　基于云计算的 SaaS 软件服务

思考题 与传统软件销售与使用方式相比,SaaS 模式的优点与缺点分别是什么?

2.4.2 软件主要类型

软件种类繁多,甚至可以说是包罗万象,可以根据软件与硬件及其他软件的关系,将其划分为"系统软件"与"应用软件"两种类型,也可以根据是否需要收费、是否开放源代码等细分为"免费软件"与"开源软件"等类型。

1. 系统软件

系统软件一般不对应某个具体的应用,而是负责对计算机系统中的各种资源进行控制与管理,为其他应用程序及用户操作提供支持,使它们调用计算机系统资源更加高效、用户操作更加方便。常见的系统软件有操作系统、设备驱动程序及各种实用程序,有观点认为软件开发工具及数据库管理系统也属于系统软件。

(1)操作系统。

操作系统(Operating System,OS)负责控制和管理计算机系统中所有的硬件、软件及数据资源,是所有计算机及数字设备中必不可少的组成部分。操作系统提供的用户界面决定了用户使用计算机及数字设备的方式。操作系统对 CPU 及内存的管理方式决定了程序运行方式。操作系统为其他应用程序及用户提供了方便。例如,如果需要打开安装在计算机系统中的文字处理软件 Word,直接双击 Word 图标即可。对于一台未安装任何软件的计算机而言,首先需要安装的就是操作系统。关于操作系统的进一步介绍,请参阅第 3 章。

(2)设备驱动程序。

设备驱动程序是一种能够使计算机与设备相互通信并完成数据交换的特殊程序。概括而言,设备驱动程序让计算机系统能够"认识"所安装的键盘、鼠标、打印机以及磁盘等各种外部设备,在用户及应用程序需要调用外部设备时,帮助用户处理相关的调用事务。例如,当一个 U 盘插入 USB 接口后,通过相应的设备驱动程序(系统会自动运行)使得 U盘能够被系统读出,并进行数据交换,如图 2-31 所示。

图 2-31　USB 设备需安装 USB 设备驱动程序才能正常使用

(3)各种实用工具。

一些实用的管理工具软件也被认为是系统软件,例如错误诊断工具、磁盘划分工具、自动调试程序、碎片整理工具等，基于这些工具软件，便于用户管理及维护计算机，并提升计算机的效能。操作系统中包括一些工具软件。

（4）软件开发工具。

软件开发工具能够帮助开发者快速开发及测试软件。例如，Dev C++ 是一套 C 语言开发工具，提供程序设计、开发及测试等功能。

2. 应用软件

应用软件是用于特定应用领域的程序，种类繁多，数以万计。根据其功能，常见应用软件的分类与功能如表 2-2 所示。

表 2-2　应用软件的分类与功能

类　型	主要功能	软件举例
文字处理软件	用于对以文字为主的文档进行编辑、排版、存储、打印等操作	Microsoft Word、金山 WPS 文字等
电子表格软件	对以数据为主的表格进行编辑、计算、存储、打印等操作，数据分析、统计及制图	Microsoft Excel、金山 WPS 表格等
工程制图软件	工程设计相关图形绘制，如房屋设计、工业设备产品设计、网络线路绘制等	AutoCAD、AUTODESK、Google SketchUP 等
多媒体处理软件	图形处理软件、动画制作软件、音频视频处理软件等	Adobe Photoshop、Auto Desk 3D Studio、3D Max 等
Internet 工具软件	基于 Internet 环境的应用软件，Web 浏览器、文件传输工具、视频会议等	Google Chrome、腾讯会议、华为云盘等
移动应用软件（App）	智能手机中的各类应用软件，如导航、购物、支付、社交、相机、时钟、天气预报等	百度地图、12306、学习强国、喜马拉雅、微信等

基于各类应用软件，用户能够处理各种事务，但应用软件需要在操作系统等系统软件的支持下才能正常工作，前面提及的软件的系统要求就包括了对操作系统的要求。一般来说，一个应用软件不可能同时在多个不同的操作系统环境下运行。例如，Windows 环境中的应用软件不能在 iOS 及 Android 环境中运行。应用软件、系统软件及其与硬件之间的关系如图 2-32 所示。

图 2-32　计算机系统由硬件和软件组成

2.4.3　软件版权

软件的版权就是软件著作权,目前大多数国家都将软件作为作品看待,采用著作权法等法律来保护软件。在我国,软件所有者可以通过"中国版权保护中心"在线申请软件著作权,获得版权认证。一般来说,软件版权所有者唯一享有复制、发布、出售及更改软件等各种权利。当用户购买了一个软件时,并没有成为版权的所有者,仅仅获得了这个软件的使用权。也就是说,用户可以在自己的计算机上安装和使用它,但不能为了分发或出售该软件而进行复制。

共享软件与自由软件是经常被提及的两种软件。传统上,共享软件是指那些以"先使用后付费"的方式销售的软件。自由软件则是指用户可以自由地下载、运行、复制及修改的软件,这种软件的源代码一般都是开放的,所以有时候有被称为"开源软件"(open-source software),例如,著名的 Linux 系统就是一个完全的开源软件。

开源软件是一种源代码可以任意取用的计算机软件,此种软件在软件协议的规定下,除了保留部分持有人权利外,也允许使用者进行学习、修改,从而提高软件的质量。与一般软件的最大差别在于,一般的公开软件仅可取得经过编译的可执行文件,通常只有软件的作者或著作权所有者等拥有程序的源代码。

免费软件是指无须购买用户许可证的计算机软件,但在使用上会有限制,例如,禁止反编译软件、禁止修改软件源码等。免费软件是与商业软件相对应的概念;商业软件通常需要收取用户许可证费以盈利,有时基于商业目的,如想扩大市场占有率,而以免费方式提供功能受限的免费软件。

思考题　请列举市面上常见的 3 种不同类型的软件,并分析其盈利模式。

2.5　程序设计语言

程序是软件的核心,软件开发的主要任务也是设计与开发程序。从直观上讲,程序有 3 种基本功能:一是"告诉"计算机需要处理的数据是什么;二是"告诉"计算机处理数据的方法或者过程是什么;三是"告诉"计算机处理的结果如何显示。本节讨论的程序设计语言就是完成这些"告诉"任务的重要工具。

2.5.1　指令与程序

程序总是与某种需要计算机完成的任务联系在一起,关于程序的一种直观描述是"为完成某种特定任务而编写的命令序列"。这个描述也体现了 3 方面的含义:一是程序具有一定的目的性,是围绕着特定的目标而设计的;二是从形式上看,程序是一个命令序列;三是程序应该能够在计算机上正确运行,因为只有正确运行了,才能完成特定任务,换言之,程序必须被计算机理解并执行。

1. 指令

计算机通过执行一系列的基本操作来完成一个复杂的任务。这里的"一系列的基本操作"实际上就是通常所说的程序,而其中的每一个基本操作就是一条计算机指令(instruction),又称为机器指令。

简单来说,一条指令可以视为一个基本的动作,例如:小朋友上厕所、小朋友刷牙、小朋友洗脸,而这些基本的动作(指令),可汇集成为"小朋友早上的盥洗程序",如图 2-33 所示。

图 2-33　小朋友早上的盥洗程序可以看作是一连串的基本动作组成

2. 程序

计算机程序(procedure,program)就如同"小朋友早上的盥洗程序",是由一连串的指令或语句所组成,而这些指令或语句分别完成特定的功能。图 2-34 表示的"平均成绩计算"程序由 5 条指令组成。

指令或语句 1 表示:假设两人的成绩分别存在缓存器 B 与 C 中,将 B 与 C 的成绩相加后除以 2,并将其结果存在缓存器 A 中。

指令或语句 2 与 4 表示:若缓存器 A 的成绩大于或等于 60 分,则执行语句 3;若缓存器 A 的成绩小于 60 分,则执行语句 5。

指令或语句 3 表示:在屏幕上显示"表现不错"。

指令或语句 5 表示:在屏幕上显示"成绩待加强"。

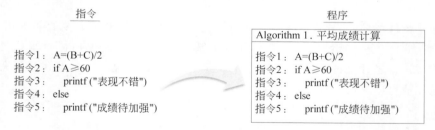

图 2-34　指令的集合可看作一个程序

计算机指令由"操作码"与"对象"所组成,操作码代表该指令执行什么操作,例如加法、减法运算等,而对象则代表这个运算是对谁做,又称为操作数,如图 2-35 所示。

在这条指令中,ADD 是操作码,AX 是第一个操作数储存的地址,9 是第二个操作数;执行这条指令就是将 AX 缓存器位置的数值和 9 相加,再将相加的结果储存在 AX 缓存

图 2-35　指令由操作码与操作数组成

器中。指令与计算机硬件有密切联系,不同类型的计算机有不同的指令系统。

计算机通过执行程序完成特定的任务,一个程序由若干条指令组成。因此,理解了计算机执行指令的过程也就理解了计算机的工作原理。一般而言,计算机执行一条指令的过程包括以下两个步骤。

(1) 取指令和分析指令。

按照程序规定的顺序,从内部存储器中取出当前要执行的指令,将其送到控制器的缓存器中,然后分析该指令的操作码与操作数,确定计算机下一步要执行的操作。

(2) 执行指令。

控制器按照指令分析的结果,发出一系列控制信号,指挥运算器等相关部件完成该指令的操作。

简而言之,计算机的工作过程就是取出指令、分析指令和执行指令的过程。

2.5.2　程序设计语言

问题 2-6　程序设计语言有哪些类型? 有什么作用?

目前,世界上公布的程序设计语言已有上千种。从发展历史上看,首先出现的是机器语言,为使程序设计更贴近人们的习惯,又先后开发出汇编语言和高级语言,如图 2-36 所示。程序设计语言能够帮助人们开发出不同类型的程序或软件,小到一个更新程序,大到一个操作系统,以及各类网络应用程序等。特别是高级语言,与英语比较接近,在一定程度上降低了软件开发的门槛,对软件开发起到了较好的推动作用。

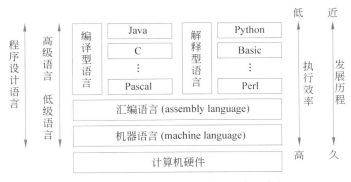

图 2-36　程序设计语言的类型及代码案例

从语言自身的特点来看,高级程序设计语言通常又可以分为面向过程的语言、面向对象的语言、函数式语言、数据流语言等多种类型。其中,较常用的是面向过程的语言和面向对象的语言,面向对象的语言更为常用。

1. 机器语言

机器语言(machine language)是计算机硬件能够直接识别和执行的语言,其表示形式为二进制,即其代码由 0 与 1 组成。在设计计算机的同时,也需要设计出一组能够让该计算机直接执行的指令(由专门的硬件电路实现),这些指令的集合就构成了能够在该计算机上直接运行的机器语言。早期的计算机程序一般都用机器语言编写,其优点是能够直接运行在计算机系统中,效率较高。但缺点也非常明显,因为机器指令是由指定的硬件电路所实现,与具体机型密切相关,不具有通用性;此外,程序都是由二进制代码所组成,难以理解、难以修改、容易出错,编写效率低,门槛高。

2. 汇编语言

由于机器语言在使用上的不便,研究人员便从机器语言中找出规则,以英文字符、数字与符号来重组机器语言,使之成为更易理解的语言,这种语言称为汇编语言(assembly language)。

汇编语言需要转换为机器语言才能运行,转换过程称为汇编(assembling),完成这项工作的工具称为汇编器(assembler),相反地,将机器语言转换为汇编语言的工具称为反汇编器(dissembler)。由于需要先进行汇编,因此,汇编语言执行效率低于机器语言。在图 2-37 中,汇编语言中的英文符号 ADD 与 SUB 分别代表着数学运算符中的"加"与"减",因此,"ADD 3,5"指的是"3 + 5";"SUB 3,5"指的是"3−5"。

图 2-37　通过汇编器,汇编语言程序可以翻译为计算机可理解的机器语言程序

与机器语言相比,汇编语言的可读性提升了很多,但还是与计算机的硬件结构有关,如寄存器、地址等,使得汇编语言还不方便使用。此外,用汇编语言开发的程序仍无法在不同类型与型号的计算机上运行,还是不具备通用性。正因为如此,机器语言与汇编语言又被称为面向机器的语言,或者低级语言。

3. 高级程序语言

高级程序语言(high level language)是以人类的日常语言为基础的一种程序语言,使用易于被人接受的英文单词来表示,编写程序更容易,可读性更高,但执行速度相对较慢。随着计算机硬件性能的快速提升,将高级语言翻译成机器语言的过程已经很短,如一个 1 万行的 C 语言程序,在一台普通家用计算机上编译的时间小于 0.1s,因此,通常可以忽略不计。

高级语言翻译成机器语言有两种方式:"编译"或"解释",最后转成计算机所能够理解的机器语言,才能运行,如图 2-38 所示。其中,A＝3＋5 与 A＝3－5 分别指的就是数学表达式中的"3 加 5"与"3 减 5"。以 C 语言为例,编写好的 C 程序文件需要编译为二进制文件(.obj)文件后运行。

图 2-38　高级语言程序可"编译"或"解释"为计算机可理解的机器语言程序

解释:通过直译器(interpreter)将高级语言翻译成机器语言。特点是逐行翻译为机器语言并直接执行,因此与编译方式相比,所需内存较少。但每次运行,均需要被逐行翻译。解释方式可以看作外语翻译官的口译模式,即说一句外语,翻译一句。

编译:通过编译器(compiler)将高级语言翻译成机器语言的工具。特点是将程序代码及所需的函数库、其他链接程序等全部加载后,再整体地翻译为机器语言。只需编译一次,将其生成机器语言文件,之后便可直接运行该文件。编译方式类似于将一篇已经完成的外语文档翻译成中文。

问题 2-7　程序设计语言类型繁多,应该如何学习和使用程序设计语言呢?

高级语言处在不断发展的过程之中,产生了许多的高级语言,目前流行的有 C、Python、Java、C++、Javascript、R 等。一般而言,非计算机专业的学生更适合学习高级语言,难度小,且更容易和所学的专业相结合。例如,金融类专业的学生学习 Python 或 R 语言可以开展数据分析。机械类专业的学生学习 C 语言可以开展嵌入式编程。学习数据库编程语言对大多数专业的学生都十分有益。学习中应注重理解程序设计的思路,结合大量的案例练习,跟志同道合的学习伙伴一起学习效果更佳。

2.5.3　程序设计

程序设计(programming)是指设计、编制以及调试程序的过程。程序设计强调编程效率、可重用性、直观性等。

1. 程序设计的过程

从传统上看,可以将程序设计的主要过程划分为需求分析、建模、算法设计、编写代码以及调试 5 个阶段。程序设计是软件设计的重要环节。

以"判断一个数是否为质数"的简单程序为例,在需求分析阶段,需要思考该程序最终呈现的效果是什么,对性能有什么要求,有什么容错要求(如输入了一个小数)等。

(1)建模阶段,需要考虑输入什么数据,输出什么数据,如何进行处理。

(2)算法设计阶段,要根据建立的数据处理模型,根据给定的输入数据和预期的输出结果,确定数据结构及具体处理过程。具体而言就是如何计算出质数并输出,方法是用这个数(n)依次除以 2,3,…,n-1,如果余数都为 0,则为质数。

（3）编写代码阶段，需要考虑选择什么程序设计语言。如果要在网页中呈现，常用的是 HTML 语言配合 Javascript 语言。

（4）调试阶段，需要在不同浏览器中测试该网页是否满足要求，即输入不同的数据，均能给出相应的结果。也就是正确的输入能获得正确的结果，错误的输入程序也能识别并做出相应处理。

2. 程序的基本结构

程序的基本结构是顺序结构，即程序总体是从上到下按顺序执行的。具体的程序结构包括循环、分支、迭代等。图 2-39 为一个网页程序，其中包括了一个循环结构和一个分支结构，当单击"计算"按钮时运行函数 isPrime，将结果显示在文本框中。

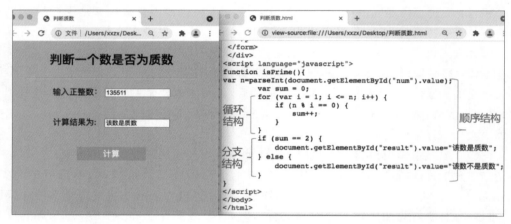

图 2-39　判断质数的网页及网页源文件中的程序代码

3. 程序设计的方法

在实际开发中，一个软件通常包括多个程序文件和相关的文件，这些文件存在紧密的联系，手工管理容易出错。因此，需要通过软件开发工具（IDE）来帮助软件工程师来管理整个软件开发，以"项目"的形式进行工程化管理。

4. 程序设计方法在生活中的应用

洗衣机提供的"毛衣""羽绒服"按钮，可以看作预先写好的洗衣程序，相当于计算机世界中的函数。我们也可以自定义洗衣程序，例如先浸泡 10 分钟、洗涤 8 分钟、漂洗 2 次、甩干转速 500rpm、甩干时长 2 分钟等，这就相当于一个自定义函数。再如，为了高效地安排周末的时间，可以按照程序设计的思路，明确需要什么资源（输入）、能够产生什么成果（输出），先做什么，后做什么，哪些需要重复做，哪些需要满足条件再做。例如，首先需要吃早餐，约友人（友人需要有空），骑共享单车（需要天晴且安装必要的 App）去市区购物（消费不能超过 500 元），然后在网红餐厅就餐（需要提前预约，就餐时无须等待）等。

思考题　请调研市面上常用的软件，分析如金山 WPS、Windows 10 是用何种程序语言撰写的。为何使用这种程序语言？目前的程序设计语言有使用中文来编写的吗？

2.6 数据库管理系统

随着信息技术的快速发展,数据增长速度越来越快,数据管理的复杂性相应增加,需要有专门的软件来对数据进行管理,以降低数据管理和操作的复杂性,提升并最大化数据的利用率与价值。数据库管理系统正是这样一种软件,能够有效管理数据,数据量越多,越能凸显数据库管理系统的重要性。

2.6.1 数据库与数据库管理系统

问题 2-8 大学需要管理数万名学生的信息,包括入学前的基本身份信息,如身份证号、姓名、性别、籍贯、出生日期、入学分数、专业等,还有更多入学后的信息,如每学期上的课程、成绩、学分、任课教师等,以及奖、惩、助学贷,参加社团等活动信息。应该如何管理这些数据呢?

分析 即使没有计算机也需要对各类数据进行管理。针对学生信息管理,传统上,学校会结合管理对象(即学生)的特点及实际管理的需要,设计好各类报表,例如,学生基本情况表、学生成绩表、学生奖惩记录表等。在各报表中,均组织一定的数据项,例如,在学生基本情况表中,包括学号、姓名、性别、出生日期、身份证号、家庭地址、联系电话以及所在院系、专业、班级等信息;又如,学生成绩表中,包括学号、姓名、各门课程的考试成绩等。在实际的管理与应用过程中,可能需要查询报表、对报表中的数据进行必要的更新与维护等。

从上述分析过程可以看出,每一张报表上均按照一定的关系组织了一批数据,或者说,表中的各数据项具有一定的关系,这种利用表保存与管理信息的模式,其实就是"数据库"管理的基本内容。在计算机问世后,对数据进行管理、维护及应用的数据库管理系统很快问世并得到广泛应用。

1. 数据库模式

数据库模式(database model)指的是数据库存放数据所必须遵循的规则与标准,每种数据库都是根据特定的数据库模式所设计。使用最多的是关系(relational)数据库,也有层次数据库和网状数据库。

关系数据库是由一张又一张的"数据表"所构成,而这些数据表间存在着彼此相"关联"的数据。关系数据库中的每一张"数据表"(table)是一个二维表,或者称为二维矩阵,如图 2-40 所示,纵的方向称为"列"(column),横的方向称为"行"(row)。数据表第一行中的每一项(格)称为"字段名"(field name),除了第一行外,表中的其他行皆用来存储数据,称为字段"值"(value),如图 2-40 所示。

对于彼此相"关联"的数据,通常划分为多张表,表与表之间通过相同的字段关联,这些相关联的表可以存在同一个数据库中。

例如"学生表"与"成绩表"两张表通过"学号"字段进行关联,姓名为艾婧文的学生(本书所用学生姓名均为虚构),其相关课程成绩可以通过学号2020210001查询。

学生表

学号	姓名	性别	出生日期	入学年份
2020211476	李雨晨	男	2001-03-31	2020
2020211461	储杰浩	男	2002-03-24	2020
2020211484	杜生月	男	2000-11-12	2020
2020210001	艾婧文	女	2001-12-21	2020
2020211464	丁钧维	男	2000-11-12	2020
⋮	⋮	⋮	⋮	⋮
2020211469	何浩然	男	2002-01-26	2020

成绩表

学号	学年	学期	课程名称	总成绩
2020210111	2020-2021	1	数据库原理	63
2020211471	2020-2021	1	数据库原理	92
2020211482	2020-2021	1	数据库原理	68
2020210001	2020-2021	1	数据库原理	79
2020211475	2020-2021	1	数据库原理	95
⋮	⋮	⋮	⋮	⋮
2020211489	2020-2021	1	数据库原理	72

通过学号字段,使得学生表与成绩表产生关联

图 2-40　关系数据库

2. 数据库与表

"数据库"(database)就像是档案柜。将一群相关"数据表"(data table)所组成的集合体,尽量以不重复的方式存储在一起。

例如,在方便学生选课的网上选课系统中,需要一个选课数据库,该数据库包含多张数据表,包括学生表、课程表、教室表、教师表、选课表等,如图 2-41 所示。

教师表
教室表
课程表
学生表

学号	姓名	性别	出生日期	总学分
2020211476	李雨晨	男	2001-03-31	66
2020211461	储杰浩	男	2002-03-24	59
2020211484	杜生月	男	2000-11-12	63
2020210001	艾婧文	女	2001-12-21	61
2020211464	丁钧维	男	2000-11-12	58
⋮	⋮	⋮	⋮	⋮
2020211472	葛浩树	男	2002-09-26	65

数据库

图 2-41　选课数据库

3. 数据库管理系统

数据库管理系统(Database Management System,DBMS)是用来管理数据库的软件。数据库管理系统能够进行查询、新增、删除或更新等操作,并能够确保数据库的数据完整性、安全性与独立性。常见的数据库管理系统有甲骨文公司出品的 Oracle 和 MySQL(前者为商业版,后者以开源方式运行);Microsoft 公司出品的 SQL Server 和 Access;此外,还有美国 IBM 公司开发的面向金融客户的 IBM DB2,我国达梦公司研发的支持大数据分析的 GBase 等。

2.6.2　结构化数据处理及 SQL 语言

关系数据库中的数据都符合一定的关系,或者说,可以将数据按照一定的结构组织起来,又被称为结构化数据。在人类产生的数据当中,相当大一部分都是结构化数据或者可以转化为结构化数据,数据库中处理结构化数据的常用工具是 SQL 语言。

1. 结构化数据

结构化数据通常以二维表的形式表示存储,其中每一行是一条完整的信息,通常称为一条"记录"(record)。如学生基本信息表中,每一行为一个学生的基本信息。换句话说,如果一个学生基本信息表内有 1000 条记录,就代表收集了 1000 个学生的信息。

2. 非结构化数据

非结构化数据通常指图片、音视频、pdf 文档等,通常为文件形式。一些关系数据库中,可以将这些数据转化为二进制流直接保存在数据表中,但是大多数时候在数据表中存储的是这些文件的地址,例如图 2-42 中学生的人脸照片信息。

学号	姓名	性别	出生日期	总学分	入学年份	照片信息
2020211476	李雨晨	男	2001-03-31	66	2020	033e25f3db4640f59e68fd14949eed0f
2020211461	储杰浩	男	2002-03-24	59	2020	09ac706717114cbcab790b618b6b845a
2020211484	杜生月	男	2000-11-12	63	2020	0b614cbc72d348b28cdeffa2090f7063
2020210001	艾婧文	女	2001-12-21	61	2020	0c177d3894f845dabd20049caeb2fd94
2020211464	丁钧维	男	2000-11-12	58	2020	2fa016185970459994073c3544107a13
⋮	⋮	⋮	⋮	⋮	⋮	⋮
2020211472	葛浩树	男	2002-09-26	65	2020	342ebd48182b4e1c851d12cd967ed4d4

图 2-42　结构化数据、非结构化数据示意图

3. SQL 语言

大部分关系数据库均支持结构化查询语言(Structured Query Language,SQL)。SQL 中最常用的命令语句包括 Insert(新增并插入)、Delete(删除)、Update(更新/修改)、Select(查询和选择)等,分别实现数据的"增、删、改、查"。

(1) Select(选择)。

功能:在数据表内查询其中的部分记录,其语法为

> **Select** 字段 **From** 数据表名称 **Where** 条件

以图 2-43 为例,要查询成绩高于 70 分的学生,则运算指令写为

> **Select** 总成绩 **From** 成绩数据表 **Where** 总成绩>70

(2) Insert(插入)。

功能:在数据表的指定位置插入一条新的记录,默认在最后插入。其语法为

成绩表

学号	姓名	性别	课程名称	总成绩
2020211476	李雨晨	男	数据库原理	65
2020211461	储杰浩	男	数据库原理	92
2020211484	杜生月	男	数据库原理	68
2020210001	艾婧文	女	数据库原理	79
2020211464	丁钧维	男	数据库原理	95
2020211469	何浩然	男	数据库原理	72

成绩表

学号	姓名	性别	课程名称	总成绩
2020211461	储杰浩	男	数据库原理	92
2020210001	艾婧文	女	数据库原理	79
2020211464	丁钧维	男	数据库原理	95
2020211469	何浩然	男	数据库原理	72

———— Select 成绩高于70分的记录 ————

图 2-43　使用 Select 语句选出满足条件的记录

Insert Into 数据表名称(字段 1,…) **Values**("数据 1",…)

以图 2-44 为例,若要在"选课表"中插入一条新记录,其字段包含:学号、姓名、课程名称、任课教师,记录值分别为 2020211509、机器人技术、王敏,语句如下:

Insert Into 选课表 (学号,姓名,课程名称,任课教师) **Values**
("2020211509","刘强宇","机器人技术","王敏")

选课表

学号	姓名	课程名称	任课教师
2020211476	李雨晨	动态网页设计	吴杰俊
2020211461	储杰浩	计算机网络	许婷华
2020211484	杜生月	三维游戏编程	余青海
2020210001	艾婧文	无线传感器网络	张凯文
2020211464	丁钧维	数字电路分析	赵飞鹏
⋮			
2020211469	何浩然	数据库原理	姚宇铭

选课表

学号	姓名	课程名称	任课教师
2020211476	李雨晨	动态网页设计	吴杰俊
2020211461	储杰浩	计算机网络	许婷华
2020211484	杜生月	三维游戏编程	余青海
2020210001	艾婧文	无线传感器网络	张凯文
2020211464	丁钧维	数字电路分析	赵飞鹏
⋮			
2020211469	何浩然	数据库原理	姚宇铭
2020211509	刘强宇	机器人技术	王敏

———— Insert 一条记录 ————

图 2-44　使用 Insert 语句新增一条记录

(3) Delete(删除)。

功能:在数据表内删除一些记录,其语法为

Delete From 数据表名称 **Where** 条件

以图 2-45 为例,若要删除"成绩表"中成绩低于 70 分的记录,语句如下:

Delete From 成绩 **Where** 总成绩<70

(4) Update(更新)。

功能:在数据表内修改一部分记录的字段值,其语法为

Update 数据表名称 **Set** 字段 1="数据 1",… **Where** 条件

成绩表

学号	姓名	性别	课程名称	总成绩
2020211461	储杰浩	男	数据库原理	92
2020211484	杜生月	男	数据库原理	88
2020211476	李雨晨	男	数据库原理	65
2020210001	艾婧文	女	数据库原理	79
2020211464	丁钧维	男	数据库原理	95
2020211469	何浩然	男	数据库原理	72

成绩表

学号	姓名	性别	课程名称	总成绩
2020211461	储杰浩	男	数据库原理	92
2020211484	杜生月	男	数据库原理	88
2020210001	艾婧文	女	数据库原理	79
2020211464	丁钧维	男	数据库原理	95
2020211469	何浩然	男	数据库原理	72

Delete一条记录

图 2-45　使用 Delete 语句删除满足条件的记录

以图 2-46 为例,要将"成绩表"中何浩然的成绩更新为 90,则运算指令可写为

Update 成绩表 **Set** 总分=90 **Where** 学号="2020211469"

成绩表

学号	姓名	性别	课程名称	总成绩
2020211476	李雨晨	男	数据库原理	63
2020211461	储杰浩	男	数据库原理	92
2020211484	杜生月	男	数据库原理	68
2020210001	艾婧文	女	数据库原理	79
2020211464	丁钧维	男	数据库原理	95
⋮	⋮	⋮	⋮	⋮
2020211469	何浩然	男	数据库原理	72

成绩表

学号	姓名	性别	课程名称	总成绩
2020211476	李雨晨	男	数据库原理	63
2020211461	储杰浩	男	数据库原理	92
2020211484	杜生月	男	数据库原理	68
2020210001	艾婧文	女	数据库原理	79
2020211464	丁钧维	男	数据库原理	95
⋮	⋮	⋮	⋮	⋮
2020211469	何浩然	男	数据库原理	90

Update一条记录

图 2-46　使用 Update 语句修改记录的字段值

在实际应用中,数据库常由多人维护。例如,每个学生录入自己的基本信息,每位教师录入课程成绩等,因此数据库系统通常与 Web 开发技术相结合,通过网页界面进行数据库操作。Web 中的程序代码,将师生在网页中的操作(学生选课、查看信息及教师录入课程成绩等)构造成 SQL 语句操作服务器中的数据库和数据表,例如,学生在选课系统中成功选课就相当于在选课表中插入记录。

许多具有数据库管理功能的软件,在提供直接输入 SQL 语句的同时,也提供窗口、菜单和对话框,例如 Excel 中的"排序"按钮相当于"select * from 表名 order by 字段"语句,Excel 的具体使用详见第 4 章。

思考题　一个订餐管理系统需要设计几张数据表?每张表有哪些字段?

习　题　2

一、单项选择题

1. 计算机内存容量大小由_____的位数决定。

　　A. 地址总线　　　　B. 控制总线　　　　C. 串行总线　　　　D. 数据总线

2. 1K 字节的存储空间能存储_____个汉字。

    A. 1024   B. 512   C. 1000   D. 500

3. 计算机中基本的存储单位是_____。

    A. 二进制位   B. 字节   C. 八进制位   D. 字母

4. CPU 每执行一条_____,就完成一个基本操作。

    A. 软件   B. 指令   C. 命令   D. 语句

5. 计算机使用二进制的原因是_____。

    A. 可靠性高   B. 运算简单   C. 逻辑性强   D. 以上皆是

6. 一台计算机的字长为 4 字节,就意味着它_____。

    A. 能处理的数值最大为 4 位十进制数 9999

    B. 能处理的字符串最多由 4 个英文字母组成

    C. 在 CPU 中作为一个整体进行传输和处理的二进制代码为 32 位

    D. 在 CPU 中运算的结果最大为 10 的 32 次方

7. 下面 4 个数中最大的数是_____。

    A. 二进制数 01111111   B. 十进制数 75

    C. 八进制数 57   D. 十六进制数 2A

8. 计算机上使用的 ASCII 码是对_____的编码。

    A. 英文字母   B. 英文字母和数字

    C. 西文字符集   D. 英文字符和汉字字符

9. 在计算机中,一条指令由操作码和_____组成。

    A. 指令码   B. 程序码   C. 控制码   D. 操作数

10. 计算机执行一条指令可分为取指令、_____和执行指令 3 个过程。

    A. 存储指令   B. 分析指令   C. 计算指令   D. 传输指令

11. 如果正在使用计算机时突然断电,则_____中的信息全部丢失。

    A. ROM 和 RAM   B. RAM   C. ROM   D. 固态硬盘

12. 以下兼具输入设备与输出设备功能的是_____。

    A. 鼠标   B. 传声器   C. 打印机   D. 触摸屏

13. 关于微型计算机总线的说法错误的是_____。

    A. 微型计算机采用总线结构

    B. 微型计算机的总线包括地址、数据和控制总线

    C. USB 是指通用串行总线

    D. ISA、ISO、PCI 都是总线标准

14. 以下说法正确的是_____。

    A. CPU 能够直接识别的只有二进制代码

    B. 汇编语言是一种高级程序设计语言

    C. Python 源程序可以直接运行

    D. C 语言兼具面向过程和面向对象特点

15. 下列叙述错误的是_____。

A. 中央处理器包括运算器和存储器

B. 缓存是为了解决不同部件之间速度不匹配问题

C. 计算机系统由硬件系统和软件系统组成

D. 总线是计算机系统中各设备模块之间相互通信交换数据的通道

16. 对于计算机软件的叙述，下列表述错误的是_____。

A. 程序是由一连串的指令集所组成　　B. 程序能够完成特定的功能

C. 软件是由许多程序所组成　　　　　D. BIOS 可视为一个软件

17. 下列_____选项中的软件属于同种类型。

A. MySQL、Oracle　　　　　　　　　B. Access、Windows

C. Andriod　　　　　　　　　　　　D. Oracle

18. 对于数据库的叙述，下列选项错误的是_____。

A. 文件是数据库储存数据的基本组件

B. 结构化查询语言（SQL）是用于数据库中的程序语言

C. 所有数据库管理系统软件皆基于 SQL 语言发展

D. 数据库管理系统提供建立、修改、删除和询问操作指令

二、思考题

1. 冯·诺依曼计算机的结构及工作原理是什么？

2. 计算机的主要性能指标有哪些？选购微型计算机时应考虑哪些方面？

3. 什么是程序？什么是软件？两者有何联系和区别？

4. 计算机硬件系统由哪几部分组成？各部分的主要功能是什么？计算机软件系统与硬件系统之间的关系是什么？

5. 不同常见进制之间的转换规则是什么（十进制转二进制，二进制转十进制，二进制转八进制或十六进制，八进制或十六进制转二进制）？

6. 机器语言、汇编语言和高级语言，在执行过程、效率、发展历程上有何区别和联系？

7. 分别列举操作系统、软件开发工具、办公软件及网络工具软件中的一种。

8. 在数据库中执行下列指令，"成绩单"数据表将会产生什么变化：

```
Insert Into 成绩单(学号，姓名，总分 ) Values ('A10', '陈小贞', 396)
Update 成绩单 where 成绩>80
Select * from 成绩单 where 成绩>80
```

第3章

认识操作系统

计算机系统在处理用户交付的各种任务时，需要硬件与软件的有效协同和配合，并对相关的软硬件资源进行有效管理与调度。由此引出的问题是由谁来管？如何管？计算机系统涉及的软硬件资源数量众多、类型各异，管理与调度任务比较复杂，人工管理显然不合理，也不可能，专门管理计算机系统中各种资源的操作系统应运而生。今天，操作系统已经成为所有计算机(包括手机、掌上电脑等消费电子产品)必须配备的系统软件，用户与计算机的交互界面基本上都由操作系统决定或提供。为了更好地使用与管理计算机，需要了解操作系统的基本功能，掌握利用操作系统管理计算机的基本方法。

本章主要内容：
- 操作系统的定义、功能与主要类型；
- Windows 操作系统的主要特点与用户界面；
- 文件与文件系统的概念与基本操作；
- 磁盘管理的主要任务与基本方法；
- 控制面板的基本作用与常用功能；
- Linux、Android 操作系统简介。

本章学习目标：
- 理解操作系统在计算机系统中的地位、作用及其重要性；
- 理解图形用户界面的基本特点并能够熟练操作；
- 掌握文件管理的基本方法并能够对文件进行有效管理；
- 能够对磁盘进行合理的规划与管理；
- 能够在操作系统的支持下配置优化计算机系统；
- 理解 Linux、Android 系统的特点。

3.1 操作系统概述

早期的计算机并没有操作系统，主要依靠人工为需要运行的用户程序分配各种计算机资源，操作比较复杂，效率也比较低，不利于计算机系统中各种资源的有效使用，也容易产生错误。为了提升资源利用率，充分发挥计算机系统的潜在性能，方便用户操作，对计算机系统进行自动管理的操作系统应运而生。

3.1.1　操作系统的定义与基本功能

操作系统（Operating System，OS）是一组管理程序的集合，负责管理和分配计算机系统中所有硬件和软件资源，组织对资源的共享，充分发挥资源效率和计算机系统性能，让用户方便、有效、安全地使用计算机。操作系统已经成为现代计算机系统中不可或缺的组成部分，通常和硬件一起提供给用户。实际上，如果没有操作系统，普通用户几乎无法使用计算机，当然，用户必须掌握操作系统的基本使用方法。

对于用户来说，不管是程序员还是普通用户，在使用计算机时都不是直接与计算机系统的硬件打交道，而是通过操作系统来调用各种资源。从程序员特别是系统程序员角度看，操作系统提供了许多可调用资源的程序或者服务，程序运行需要调用资源时，直接调用这些程序或者服务即可。从普通用户角度看，操作系统提供了使用计算机的操作界面或者接口，通过这些界面或者接口，用户能够方便地创建、管理与使用信息（文件），也能够在相应软件的支持下方便地处理各种事务。

图 3-1　计算机硬件、操作系统、应用程序及用户的层次关系

从上述分析可以看出，用户、应用程序、操作系统及计算机硬件实际上构成了一种层次化的调用关系，如图 3-1 所示。

自问世以来，操作系统随着计算机技术的发展而快速发展，功能在不断增加，能够为用户提供的服务越来越多。概括而言，操作系统的功能大致包括如下 3 方面：资源管理、用户界面和为其他软件提供运行环境。

1. 资源管理功能

问题 3-1　如果用户需要打印一份文档，在完成该任务的过程中需要调用哪些软件和硬件资源，这些资源是如何被调用的？

分析　为了打印一份文档，首先需要调用相应的文字处理软件打开该文档，并通过文字处理软件发出打印命令；文字处理软件接到打印命令后向操作系统发出打印请求；操作系统将需要打印的数据发送给打印驱动程序；最后由打印驱动程序对打印机进行控制并完成打印任务。该任务的基本处理过程如图 3-2 所示。

从图 3-2 中可以看出，为了完成打印任务，需要运行相应的程序，并在 CPU、内存及 I/O 设备的协同配合下完成任务。相应地，操作系统需要对这些硬件和软件资源进行管理，主要包括以下几方面。

（1）处理器管理。对中央处理器（CPU）进行管理，为需要运行的程序分配 CPU 处理周期。在有多个程序需要并发运行时，就形成了对 CPU 的竞争。操作系统组织多个程

图 3-2　在操作系统的支持下，用户打印文档的处理过程

序对 CPU 的共享及协同，确保每个程序都能够在经过合理的等待时间后得到运行，并且从用户角度几乎感觉不到竞争。在 Windows 系统中，可以通过"任务管理器"，了解正在运行的所有程序及其所占用的系统资源。

（2）内存管理。程序运行时，指令和数据必须保存在内存中。相应地，操作系统必须为每个应用程序分配一个指定的内存区域，并在程序运行结束后释放这个区域。在方便用户使用的同时，提高内存利用率。通过前述的 Windows 任务管理器，可以了解每个程序（进程）对内存的占用情况以及内存的使用情况。

（3）设备管理。对磁盘、打印机、鼠标等连接到计算机的各类外部设备，也就是输入输出资源进行管理。操作系统控制外部设备按用户程序的要求进行操作，分配和回收外部设备。在实际运行时，操作系统与外部设备的驱动程序进行通信，以实现数据在计算机和外部设备之间的交换。在 Windows 系统中，可以通过"设备管理器"对硬件的驱动程序及有关信息进行重新配置，添加或者删除硬件等。

（4）文件管理。计算机系统中总是要处理并存储大量的用户文件、数据及各种信息。为了方便用户，需要对这些文件、数据及信息进行存储与管理，操作系统的文件管理功能正是为满足这类需求而设计的。操作系统将这些信息组织成一个个相对独立的文件，存储在外部存储器中，并负责文件的创建、删除、命名、存储、检索、保护和共享等。

（5）作业管理。将用户提交的任务当作业看待，并对其进行组织和协调，使作业能高效、准确地完成。

通过上述问题的分析可以看出，为了合理、高效地使用计算机系统中的各种资源，所有的资源管理全部交给了操作系统，但从用户角度考虑，需要的是直观、方便地操作计算机系统，如何解决这个问题呢？

2. 用户界面

问题 3-2　用户如何通过操作系统调用计算机系统中的各种资源？在计算机系统资源使用的合理高效与用户操作的直观方便之间能够兼顾吗？

分析　一般来说，用户操作的直观方便与计算机系统资源使用的合理高效之间是存在一些冲突的。在现代计算机系统中，操作系统作为用户与计算机之间的接口有效地解决了这一冲突，面对用户，操作系统提供直观方便的操作界面，使用户不必考虑硬件实现的细节。这个方法实际上是一种抽象与封装，将硬件细节屏蔽，封装为一个具有一定功能的抽象整体。

在操作系统的支持下,用户对计算机系统的操作变得相对简单,只需使用简短的命令或点击直观的图标就可以要求计算机执行相应的程序或者调用相应的资源。现代计算机一般采用图形用户界面。在这类界面的支持下,用户可以使用鼠标等直观输入设备,通过点击图形化的按钮、菜单等完成大部分操作。

早期的操作系统采用的是命令行界面。操作系统的功能必须通过有一定格式要求的命令调用。用户需要记住相关命令及其格式,并通过键盘输入命令才能进行操作。命令行界面相对比较单调,但优点是能够节省操作系统本身运行的时间(CPU 占用)与空间(内存占用)开销。在一些比较专业的使用环境,例如用于大型服务器管理的 UNIX 系统,仍然可以使用命令行界面。

Windows 系统提供了典型的图形化用户界面,也保留了命令行界面,在 Windows 10 "开始"菜单右侧的搜索框中,输入 cmd 命令即可打开命令提示符窗口。输入"dir d:"命令,可以显示 D 盘中的文件夹和文件列表,如图 3-3 所示。

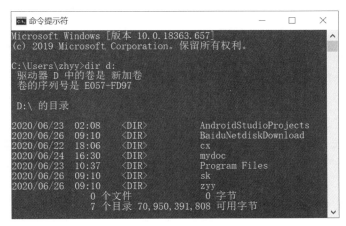

图 3-3　命令行界面

思考题　20 世纪 70 年代,美国施乐公司的研究人员开发了第一个图形化用户界面。在此之前,命令行界面是使用最为广泛的用户界面,用户通过键盘输入指令,计算机接收到指令后,予以执行。图形用户界面的操作系统和命令行界面的操作系统各自的优缺点是什么?你认为最好的操作系统界面应该是什么样的?

3. 为其他软件提供运行环境

操作系统是计算机硬件和其他软件的接口,为其他各类软件提供运行支持。没有操作系统的支持,其他软件都无法或很难运行。在安装和使用软件之前,必须先了解清楚该软件的运行环境,包括需要什么样的操作系统、最小内存、最低 CPU 频率(实际上是运行速度),以及对显示器等外部设备的要求等。安装之前,计算机系统中必须已经安装了需要的操作系统。实际运行时,操作系统将程序及相关文档从外存装入内存,控制其运行直到结束。

除了上述基本功能外,现代操作系统还具备网络管理、安全管理以及多种方便用户的辅助功能,例如日历、记事本等。

3.1.2 操作系统的分类

纵观计算机发展历史,操作系统与计算机硬件的发展息息相关。操作系统最初只提供简单的任务调度功能,随着计算机硬件的快速发展,为充分发挥硬件的性能,操作系统的功能在不断增加。从最早的批处理系统开始,分时系统、实时系统相继问世。进入20世纪80年代,随着超大规模集成电路和计算机体系结构的发展,以及应用需求的不断扩大,操作系统的种类和功能有了进一步的发展。

1. 服务器操作系统

服务器操作系统是专门为分布式网络环境设计,运行在被称为服务器的计算机上的操作系统。这些服务器可能是 Web 服务器,也可能是文件、数据库或者电子邮件服务器等。用作服务器的计算机一般为小型或者大中型计算机,但也可以是高性能个人计算机。常用服务器操作系统主要有 UNIX、Linux 和 Windows Server,它们的基本特征如下。

(1) 支持多用户同时远程使用,即远程并发访问。

(2) 提供复杂的网络管理和安全保护工具,也就是程序。

(3) 具有简单实用的用户界面,屏蔽了并发访问的细节。

2. 桌面操作系统

桌面操作系统主要用于个人计算机或者台式计算机,包括笔记本电脑。人们在家中、办公室或者学校使用的计算机一般都配置了桌面操作系统。常用的桌面操作系统有 Windows、MacOS、Linux 等,它们的基本特征如下。

(1) 一次只能有一个用户使用计算机,但可以运行多个程序,即单用户多任务。

(2) 多个用户可以通过不同账户轮流分时使用计算机。

(3) 具有局域网联网功能,能够通过接入局域网访问 Internet。

(4) 提供文件管理和磁盘管理工具。

(5) 有方便键盘及鼠标操作的图形用户界面。

3. 嵌入式操作系统

嵌入式操作系统主要运行在体积较小、功能相对受限的嵌入式硬件系统中,例如,智能手机、平板电脑、传感器以及微波炉、洗衣机之类的家用电器等。运行在家用电器中的操作系统有 QNX、VxWorks 等,运行在传感器上常见的操作系统有 TinyOS 等。运行在智能手机或者平板电脑中的操作系统又被称为移动操作系统,常见的有 Android、iOS、Palm OS 和 Symbian OS 等,它们的基本特征如下。

(1) 仅支持单用户,即只能有一个用户使用设备。

(2) 具有局域网联网功能,并同时支持蜂窝通信,例如 4G/5G。

(3) 提供支持触屏输入的图形用户界面。

(4) 资源占用较少,耗电量相对较低。

3.1.3 操作系统的启动

问题 3-3 既然操作系统负责管理计算机系统中的所有资源,那么,在计算机运行过程中,用户、应用程序或者其他的系统软件免不了要与操作系统进行交互。这样就产生了一个问题,操作系统在哪里? 操作系统是怎样"进驻"并"掌管"计算机的呢?

分析 对于绝大多数类型的计算机而言,操作系统的各种程序集中在一起都是非常庞大的,所以,操作系统的大部分程序存储在硬盘上,打开计算机时需要将其中的主要部分(通常称为内核)调入内存并在 CPU 中运行。 另外有观点认为,存储在只读存储器 ROM 中(见图 3-4)的检测程序和引导程序也是操作系统的一部分,这些程序又被称为 BIOS(Basic Input Output System,基本输入输出系统)。 因此,计算机开机的过程实际上就是加电、自检并装载操作系统的过程。

图 3-4 主板上内置 BIOS 的 ROM

对于台式计算机或者笔记本电脑用户而言,通常的使用习惯是使用时打开、使用后关闭,它的开机,或者说启动操作系统,基本过程如图 3-5 所示。

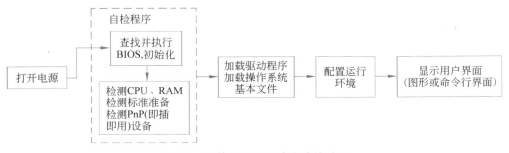

图 3-5 计算机操作系统启动的过程

1. 启动计算机自检程序

在用户按下计算机电源按钮后,CPU 读取并执行固化在 BIOS 芯片中的启动代码,以检测内存及显卡能否正常工作。BIOS 程序首先检查计算机硬件能否满足运行的基本条件,这叫作"硬件自检"(power-on self-test)。如果硬件出现问题,主板会发出不同的蜂鸣,并终止启动程序;如果没有问题,则进入下一阶段。

2. 执行主引导程序

硬件自检完成后执行引导程序，引导程序根据 BIOS 中的"启动顺序"，找到存放操作系统的硬盘或光盘等，读取其中的"主引导记录"（Master Boot Record，MBR），并运行事先安装的"启动管理器"（boot loader），由用户选择启动哪一个操作系统。

大多数用户只安装一种操作系统，但有时需要安装多个操作系统，图 3-6 中的计算机安装了 Windows 和 Phoenix OS 两种操作系统。

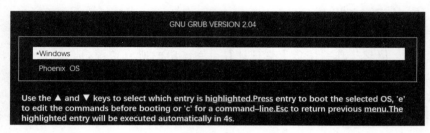

图 3-6　双操作系统启动界面

3. 载入操作系统

BIOS 中的引导程序的最后一项工作是将磁盘内的操作系统核心程序加载到内存，然后将 CPU 的执行权移交给操作系统的核心程序。

4. 配置系统并显示用户界面

操作系统读取系统的配置文件，这些文件包含当前系统的硬件信息和用户自定义的设置，例如 Windows 的注册表。最后，操作系统将显示用户界面，这表示计算机已经被操作系统"接管"，操作系统也做好了接收用户操作命令的准备。

> **思考题**　计算机系统的启动过程包括加电、自检、加载驱动程序、加载操作系统基本文件、配置运行环境、显示用户界面等，请通过信息检索或者实际观察列出计算机系统在启动过程中可能会出现的错误并给出解决办法。

3.2　Windows 操作系统

Windows 是微软（Microsoft）公司开发的一系列操作系统的总称，它的矩形工作区域和操作界面看起来就像一个窗口。从 1985 年推出第一个版本以来，Windows 已经经历了多个版本，目前最新版本是 Windows 11，但 Windows 10 等版本也还有较大的使用量。

3.2.1　Windows 的特点

Windows 操作系统起初是在 MS-DOS 的基础上添加了点击式图形用户界面。在后续不断更新升级的过程中,因采用 NT 内核而放弃了 DOS,使得 Windows 成为一个全新的图形化用户界面的操作系统。目前大多数个人计算机和平板电脑上安装的都是 Microsoft Windows 10 或 11,它在具有 Windows 传统的各种功能与优点的同时,还添加了许多新的功能,也具备了更多新的特点。

（1）友好的人机界面。Windows 采用图形用户界面,用户对计算机的操作大多通过点击窗口、图标、菜单完成,比较直观方便。对同一操作,Windows 提供多种操作方式供用户选择,如菜单、工具按钮、快捷键等,操作方式灵活多样。

（2）多任务并发运行。Windows 支持在一台物理机器上同时运行多个程序,也就是支持程序的并发运行,并且可以方便地在各个程序间切换。

（3）丰富的应用程序。除了自带的常用应用程序和由微软公司开发的应用程序,例如写字板、画图、办公自动化软件套装 Office 等,Windows 还支持许多第三方应用软件,这些应用软件门类全,功能完善,如 PDF 阅读器、微信、谷歌浏览器等。

（4）良好的可扩展性与硬件兼容性。Windows 建立了一套硬件驱动程序的架构体系和相应的开发工具,通过硬件抽象层隐藏了特定平台的硬件接口细节,使其具有硬件无关性。

（5）增加安全性,提高隐私保护能力。尽管安全性一直是 Windows 被广大用户批评的重点,但 Windows 10 的安全性确实有了一定程度的提升。

（6）支持多种输入,如触摸式输入、语音输入等。

3.2.2　Windows 10 的桌面

安装 Windows 操作系统的计算机启动成功后,用户看到的是被称为“桌面”的操作界面,如图 3-7 所示,其主要区域及组成元素介绍如下。

1. 显示区域

显示区域显示各种图标、打开的应用程序窗口等组成元素,主要包括如下几种。

（1）图标。Windows 桌面上汇集了代表程序、文件夹及数据文件等 Windows 各种组成对象的小图标。Windows 10 桌面上一般都有系统自动生成的“此电脑”和“回收站”等图标,也可以为已经安装的应用程序创建桌面图标,用于快捷打开应用程序。

> **说明**
>
> 　Windows 10 操作系统安装完成后,桌面上默认的系统图标只有“回收站”“此电脑”“网络”等图标,需要用户右击桌面空白处,在弹出的快捷菜单中选择“个性化”→“主题”→“桌面图标设置”,勾选相应的桌面图标后才能显示在桌面上。

（2）“开始”菜单。单击“开始”菜单按钮后,在桌面左侧显示各种应用程序、系统实用程序以及系统设置等列表,右侧显示的磁贴提供对应用程序的快速访问,用户可以根据需要增加或者删除动态磁贴,也可以调整磁贴的显示风格。

（3）应用程序窗口。应用程序打开后,桌面上显示相应的窗口。打开多个应用程序窗口时,可以调整这些窗口的显示方式,分别设置为层叠、堆叠以及并排显示等。

（4）系统实用程序窗口。Windows 系统附带了一些实用程序,例如图 3-7 中的时间

图标　　　　　　　　　　"开始"菜单　　　　　　应用程序窗口　　　　　　系统实用程序窗口

"开始"菜单按钮　　　搜索框　　　　　中间区域　　　　　　通知区域

图 3-7　Windows 10 的桌面组成

与日历窗口。

2. 任务栏

任务栏是 Windows 桌面底部的长条,包括"开始"菜单按钮、搜索框、正在运行的应用程序图标以及通知区域等等。

(1)"开始"菜单按钮。用于打开开始菜单。

(2)搜索框。通过搜索框能够方便地搜索本地硬盘中的应用、文档、文件夹、图片、网络等信息。例如在搜索框中输入"网络设置",显示结果如图 3-8 所示。

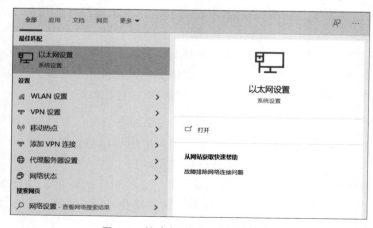

图 3-8　搜索框中输入"网络设置"

　大学计算机——概念、思维与应用

（3）中间区域。中间区域显示正在运行的应用程序图标，单击图标可以在不同的应用程序之间切换，也可以将应用程序图标固定到任务栏中。

（4）通知区域。通知区域位于任务栏的右侧，显示电量、网络、扬声器、时间、通知等信息或图标，还可以显示实用程序图标。

3.3　文　件　管　理

计算机系统中各种需要保存的信息，例如用户创建的文档、照片、音乐或者视频，已经安装的系统软件与应用软件所包含的各种程序，它们都是以文件的形式存储在磁盘等存储设备中。随着时间的推移，文件会越来越多。操作系统提供的文件管理工具能够将这些文件合理地组织起来，以方便管理与使用。

3.3.1　文件

文件是存储在存储介质上已经命名的一组数据集合，如 Word 文档、C 语言源程序文件等。为了区分不同的文件，需要给文件起一个名字，一个规范的命名不仅可以让用户快速了解文件的主题，还可以快速检索到所需要的文件。另外，反映文件属性特征的还有文件的扩展名、存储位置、大小和日期等。

1. 文件名、扩展名与文件类型

问题 3-4　某用户在尝试将一个文本文档命名为"测试文档：第二版"时，系统提示：文件名不能包含下列任何字符：\ / : * ? " < > |。为什么有些字符不能出现在文件名中？

分析　操作系统已经为一些词语（又被称为保留字）或字符赋予了专门意义。如果文件名中出现这些保留字或字符，操作系统就不知道如何解释其含义。在 Windows 中，冒号（:）用来区分驱动器号和文件夹以及文件名称，如 C:\temp。又如 COM1 表示串口 1，将它用作文件名，操作系统也不知道如何解释。

文件名是文件的主要标识，在建立并存储文件时，文件名必须符合操作系统制定的文件命名规范。Windows 系统的命名规范如下。

（1）文件或者文件夹名称不得超过 255 个字符。

（2）文件名除了开头之外任何地方都可以使用空格。

（3）文件名中不能有下列符号：\ / : * ? " < > | 等。

（4）Windows 文件名不区分大小写，但在显示时可以保留大小写格式。

（5）不允许使用系统保留的设备名，如 Aux、COM * 、Con、Lpt * 、Prn、Nul 等（此处的 * 代表数字 0 到 9）。

（6）在同一文件夹下不能有相同的文件名。

问题 3-5　从用户角度看，如果想要播放存储在计算机中的 MP4 视频文件，只需双击该文件即可，但有时候似乎又不可以，可能的原因是什么？

分析 每个文件都有扩展名,扩展名用于表示文件类型或者文件格式,扩展名与文件名之间用点号"."分隔,操作系统会根据文件的扩展名建立与应用程序的关联。当用户双击 MP4 视频文件时,操作系统实际上执行了以下操作。

（1）接收用户输入,并判断其实际含义。

（2）打开与 MP4 相关联的视频播放器软件,通过该软件打开指定的 MP4 文件。

说明

如果系统中没有安装播放 MP4 初始文件的应用程序,则无法自动打开。

在 Windows 中,扩展名长度一般为 3 或 4 个字符。在实际存储中,每一种类型的文件都有其特定的存储格式。例如,Word 以 docx 格式存储,C 语言源程序以 C 格式存储,可执行文件以 exe 格式存储,常见的文件扩展名及其所代表的文件类型如表 3-1 所示。

表 3-1　文件扩展名及其类型

扩展名	文 件 类 型	主要应用场所
exe	可执行文件	二进制代码文件,可直接在计算机上运行
doc、docx	Word 文档	微软的 Word 软件产生的文件
txt	文本文件	记事本等软件产生的文件,是不含格式的纯文本文件
c	C 语言程序文件	Visual Studio 等编程软件产生的文件
java	Java 语言程序文件	JCreator、Eclipse 等编程软件产生的文件
jpg	图片格式文件	最常见的图片格式
zip、rar	压缩文件	通过压缩软件 WinRAR 等生成的文件
dll	动态链接库	许多 Windows 应用程序被分割成一些相对独立的 dll 文件,执行某个程序时,相应的 dll 文件就会被调用

2. 文件夹、存储位置与路径

为了更加科学地管理文件,需要将文件组织在不同的文件夹中。类似于在一个家庭中,将不同家庭成员的衣服保管在不同的衣柜中,甚至在同一个衣柜中,又可以分隔成不同的部分,用于保管同一个人的不同季节的衣服。这里的每一个文件夹就是一个衣柜,衣柜内部可以分隔为不同部分,在文件夹内部也可以再建立下级子文件夹。在实际应用中,用户可以根据需要将文件保存在不同的文件夹中,例如,将所有音乐文件保存在一个名为 Music 的文件夹中,而将用户自己撰写的文章保存于名为 Article 的文件夹中。

操作系统为每个磁盘、磁盘分区、U 盘、光盘等维护着一个称为根目录的文件列表。根目录的表示形式为"磁盘符号:\",例如 C 盘根目录记为"C:\"。在根目录中可以建立文件夹,文件夹中还可以建立下级子文件夹。建立在根目录下的文件夹称为一级子目录或者主文件夹,下层的子文件夹依次称为二级子目录、三级子目录等,如图 3-9 所示。

当用户需要对某一个文件进行操作时,首先要"找到"该文件,也就是要明确该文件的存储位

C:\My Document\Music\Red Flag.mp3

盘符　　主文件夹　　二级　　文件名　扩展名
　　　　　　　　　文件夹

图 3-9　文件的存储位置与路径

置,要告诉操作系统该文件在哪一个磁盘以及哪一个文件夹下面,图 3-9 给出的信息实际上就是文件的路径。在 Windows 中,以图形化的方式表示磁盘、文件夹等,如图 3-10 所示。其中,Program Files 等文件夹是操作系统安装后自动创建的,有些则是用户自己创建的。

指出当前路径为C盘根目录

图 3-10　Windows 窗口中的根目录、子目录及文件

3. 文件系统

文件系统是由操作系统提供的文件管理工具,用于明确磁盘或分区上组织文件及存储文件的方法和结构。在文件系统的管理下,用户可以按照文件名访问文件,而不必考虑各种外存储器的差异,也不必了解文件在外存储器上的具体物理位置以及存取方式。

早期的 MS DOS、Windows 95 等系统的个人计算机都采用 FAT16 文件系统,FAT16 采用 16 位的文件地址表,最大只能管理 2GB 的存储空间。随着计算机硬件技术的迅速发展,FAT16 文件系统的局限性越来越明显,在这种情况下,推出了增强的文件系统 FAT32,同 FAT16 相比,FAT32 可以支持的磁盘分区大小达到 32GB,方便了对硬盘的管理工作。

NTFS(NT File System)是 Windows NT、Windows XP、Windows 7、Windows 10 等采用的文件系统。NTFS 拥有相对更加出色的安全性与稳定性,如为不同用户分配不同的操作权限,提供文件的加密功能等;同时兼顾了磁盘空间的使用与访问效率,提高了存储空间的使用效率及软件的运行速度。

3.3.2　文件与文件夹的操作

为了方便存储资料,查找、使用计算机中的文件,需要掌握文件管理的基本方法并能够根据实际情况对文件进行有效管理。

1. 快捷菜单

文件及文件夹的基本操作主要包括创建、选择、删除、复制、移动、重命名、更改文件属性等,这些操作都可以通过快捷菜单实现。

右击某个图标、文件夹或者文件时,都会弹出一个菜单,这个菜单称为快捷菜单,显示的是与特定项目相关的操作命令。不同的项目,如图标、文件夹、文件等显示的菜单内容有所不同。右击文件夹,出现如图 3-11 所示的界面,用户可以使用该菜单中的命令对文件夹进行打开、剪切、复制、删除、重命名、查看属性等操作。

如果选择图 3-11 中的"删除"命令,操作系统会删除该文件。为了免于实际还需要的文件被意外删除,操作系统将文件移动到回收站中,如果是误删除,可以在回收站中还原相应的文件,如果确实需要删除,可以从回收站中删除或者清空回收站。

例 3-1　某位老师同时承担大学计算机基础、高等数学、英语等课程的教学任务,有大量的电子资料,如何才能合理有效地管理这些资料并方便使用呢?

分析　管理不同课程电子资料的基本思路是适当分隔,将不同课程的资料以其特有名称分别存放在不同位置。相应地,在计算机系统中,可以为不同的课程创建文件夹。

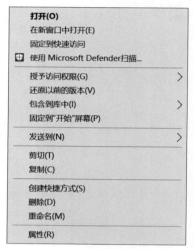

图 3-11　右击文件夹弹出的快捷菜单

(1) 双击"此电脑"图标,选择 D 盘,显示 D 盘窗口。

(2) 通过快捷菜单创建"大学计算机基础"等课程文件夹,如图 3-12 所示。

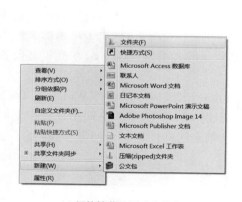

(a) 用快捷菜单新建文件夹

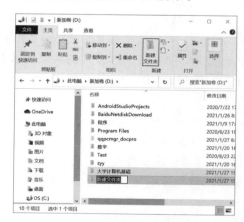

(b) 新建文件夹并命名

图 3-12　新建文件夹

在 Windows 系统中使用键盘上的组合键可以提高操作的效率,常用组合键如表 3-2 所示。

表 3-2　Windows 系统中的常用组合键

组合键	功　　能	组合键	功　　能
Ctrl+C	复制	Ctrl+A	全选
Ctrl+X	剪切	Ctrl+Z	撤销
Ctrl+V	粘贴	Ctrl+Shift	在英文及各种中文输入法之间切换
Ctrl+Space	中文/英文输入法	Alt+F4	关闭当前窗口
PrtScnSysRq	截取全屏幕内容为图片	Alt+PrtScnSysRq	截取当前活动窗口内容为图片

问题 3-6　用户在整理计算机中的文件时,误删了一些文件或文件夹,是否有方法将删除的文件或文件夹找回呢?

分析　默认情况下,硬盘上的文件或文件夹删除后,会自动进入"回收站"。如果用户希望恢复该文件或者文件夹,可以通过回收站窗口恢复。如果不希望删除的对象进入"回收站",可以选择"永久删除"命令或者同时按下 Delete 键和 Shift 键。

2. 搜索文件与文件夹

问题 3-7　某用户想要使用以前存储在计算机中的一个文件,但是已记不清文件的存储位置,是否有方法可以帮助用户找到这个文件呢?

分析　磁盘上存在大量的文件及文件夹,如果记不清某一个文件在什么位置,使用 Windows 提供的"搜索助理"搜索文件、文件夹、文档或者视频等,如图 3-13 所示。

图 3-13　搜索文件和文件夹

说明

(1)在搜索文件和文件夹时,可以使用通配符?和 *。?代表任意一个字符,*代表 0 个、1 个或多个字符。例如,"*.docx"代表扩展名为 docx 的所有文件。

(2)如果知道文件和文件夹中包含某一个字或者词组,可以在文本框中输入该字或者该词组。

3. 加密文件与文件夹

问题 3-8　随着大数据时代的到来,每个人的信息仿佛变成了"半透明"状态,保护个人隐私成了越来越难的事情。那么应如何防止计算机中的隐私文件或者重要文件被其他人看到或删除呢?

分析　对于私密性要求不太高的文件可以将其隐藏存储。如果私密性要求比较高,可以采用加密存储,常用的方法有 3 种:通过 Windows 系统自带功能进行加密、利用压缩软件加密、使用第三方软件加密。

思考题　使用一段时间后，计算机中存储了很多各种类型的文件和文件夹，经常会发生记不清楚文件名及所在文件夹的情况。为了方便用户查找和使用各种文件，可以采取的方法有哪些？具体应该如何操作？

3.4　磁　盘　管　理

磁盘是计算机系统的重要资源，使用相当频繁，由此产生的问题也比较多。例如，由于反复安装及删除程序造成的磁盘碎片，由于各种原因造成的文件系统或者硬盘分区损坏等。通过 Windows 提供的磁盘管理工具可以解决大多数磁盘问题。

3.4.1　建立和调整磁盘分区

问题 3-9　某用户新买了一台计算机，但是硬盘的分区不满足需求，想重新对计算机的硬盘进行分区，用户应该做哪些准备及计划工作？

分析　在磁盘分区前，一般应考虑以下问题：一块硬盘要分割为几个分区，每个分区应该占有多大的容量。分区的个数和容量取决于实际需求及个人爱好。有人喜欢将整个硬盘当作一个分区；也有人愿意将其分割为多个分区（逻辑盘），以便分别在不同的分区中存储不同类型的信息。例如，在 C 盘存储操作系统文件，在 D 盘存储应用软件，在 E 盘存储个人数据等。

如果将硬盘划分为多个分区，一般应该是一个主分区与若干扩展分区。主分区就是存储操作系统的硬盘分区，如果要在硬盘上安装操作系统，该硬盘必须有一个主分区。扩展分区就是主分区外的分区，不能直接使用，必须再将其划分为若干逻辑分区，每个逻辑分区都有一个盘符，就是在操作系统中所看到的 D、E、F 等。

说明

一般 C 盘为系统盘，用来存储操作系统文件，不放任何数据文件。如果系统出了问题，需要重新安装，C 盘里面的文件会丢失，但是其他盘中的文件不会受到影响。

例 3-2   用户根据自己的需求确定将硬盘划分为多少个分区后,就可以开始对硬盘进行分区操作。假设 D 分区中剩余空间为 66GB,将其中 10GB 作为一个新的分区 E。

分析   建立分区通常有 3 种途径。第一种是在安装操作系统时根据安装提示进行分区,第二种是安装完成后通过操作系统的磁盘管理功能进行分区,第三种是安装完成后通过专门的磁盘管理软件进行分区。基于第二种途径的操作方法如下。

(1)打开磁盘管理窗口。右击桌面上的"此电脑"图标,选择"管理"命令,打开"计算机管理"窗口,选择左侧的"磁盘管理",显示如图 3-14 所示的窗口。

图 3-14   磁盘管理

(2)从分区 D 中压缩出 10GB 空间。右击分区 D,在弹出的快捷菜单中选择"压缩卷"命令,显示如图 3-15 所示的对话框,在"输入压缩空间量"文本框中输入 10240,即可得到一个 10GB 的"未分配"分区。

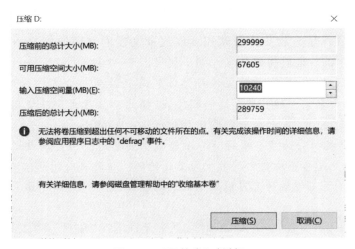

图 3-15   "压缩卷"对话框

(3)右击刚产生的"未分配"分区,选择"新建简单卷"命令,根据显示的窗口向导,设置该卷的驱动器号为 E 并进行格式化,完成新建简单卷后,产生新的可用分区。

问题 3-10   硬盘在完成分区之后,是不能直接使用的,还要对各分区进行格式化处理。那么,什么是磁盘的格式化?在分区后为什么要对磁盘进行格式化操作?

分析　格式化(format)是指对磁盘或磁盘中的分区(partition)进行初始化的操作。在分区后对磁盘进行格式化能够在分区中划出一片用于存放文件分配表、目录表等用于文件管理的磁盘空间,以便用户使用该分区管理文件。

格式化通常分为低级格式化和高级格式化。低级格式化的目的是划定磁盘可供使用的扇区和磁道,只能针对一块硬盘而不能支持单独的某一个分区,这个格式化动作是在硬盘分区和高级格式化之前做的,由生产厂商完成。分区以后进行的格式化是高级格式化,高级格式化的主要任务是清除硬盘上的信息、生成引导区信息、初始化文件分配表、标注逻辑坏道等。

说明

格式化将删除磁盘上原有的信息,在对磁盘进行格式化时要特别慎重。

思考题　有必要对新的计算机系统中的磁盘进行分区吗? 如果有必要,设置分区数量及大小的依据是什么? 如果对磁盘分区进行了格式化操作,其中的数据还可以恢复吗? 如果不能,请说明原因,如果可以,请给出恢复数据的方法。

3.4.2　磁盘清理和碎片整理

用户在计算机使用一段时间后,可能会感觉计算机运行得越来越慢。通常的原因是过多的垃圾文件,例如,已经下载的程序、Internet 临时文件等,也可能是由于大量的磁盘碎片降低了文件的读写速度,并导致系统和应用软件运行速度下降。可以通过 Windows 的磁盘清理功能删除各种临时文件及垃圾文件。

问题 3-11　碎片是造成文件存储和读取速度变慢的重要原因之一,什么是磁盘碎片? 它是如何产生的? 能够将碎片合并到一起吗?

分析　直观上考虑,最简单的文件存储方式是直接为一个文件分配一片连续的空间。但是,考虑到大量文件的频繁创建和删除,这样的存储方式会降低磁盘的使用效率。操作系统实际上是按"块"或者簇进行空间管理的,在 Windows 中,一个块或簇的大小是4KB。一个文件会被拆分为多个块存放。磁盘刚刚使用时自由空间都是连续的,文件也可以连续存放,也就是各个块所占用的空间是连续的。但随着时间的流逝,文件不断被删除、创建,会产生大量不连续的且可能较小的自由空间,即碎片。Windows 提供了碎片整理工具。

右击磁盘分区(如 D 盘),在"属性"对话框中分别选择"常规"和"工具"选项卡,即可进行磁盘清理和碎片整理,如图 3-16 所示。

磁盘另一个常见的问题是出现"坏道","坏道"又分为逻辑坏道和物理坏道。物理坏道一般是由磁盘上的磁介质故障引起的,如划痕,这使得硬盘无法读写,一般用户无法修复;逻辑坏道通常是由硬盘在写入数据时受到意外干扰造成的,如非正常关机或运行一些程序时出错,这样的坏道可以用软件修复。单击图 3-16(b)所示对话框中的"检查"按钮,可以进行磁盘错误检查。

(a) "常规"选项卡

(b) "工具"选项卡

图 3-16　磁盘分区"属性"对话框中的"常规"和"工具"选项卡

说明

（1）检查硬盘并修复磁道坏区可以使用第三方的软件，如磁盘医生、Pctools 等。

（2）对于磁盘的所有操作需谨慎，一旦操作有误，可能会导致系统崩溃或是数据丢失。

思考题　计算机在使用较长一段时间后，会逐渐出现系统卡顿的现象，如计算机系统的启动和关闭速度变慢，文档、网页打开的速度迟缓等，请分析造成计算机卡顿的原因有哪些，应该如何解决。

3.5　使用控制面板

控制面板提供了丰富的工具帮助用户对计算机的软硬件进行管理和维护，用户可以根据自己的爱好，在系统允许的范围内，更改显示器、键盘、鼠标和桌面等硬件的设置，也可以通过控制面板安装或者卸载应用程序。

3.5.1　打开控制面板

在任务栏的搜索框中输入"控制面板"，打开如图 3-17 所示的"控制面板"窗口。

Windows 10 提供的"Windows 设置"窗口包含了控制面板的大部分功能，如图 3-18 所示。

图 3-17 "控制面板"窗口

图 3-18 "Windows 设置"窗口

3.5.2 控制面板的功能

控制面板是一个工具集。它允许用户查看并调整基本的系统设置,如计算机状态、账户、时钟和区域等;还可以查看和设置网络和 Internet、卸载程序等;除此之外,还能够对设备进行设置与管理,如添加设备、更新硬件的设备驱动程序等。

1. 管理账户

当多人共享一台计算机进行工作时,可以为不同的用户设置独立的账户密码。每个账户都有独立的收藏夹、我的文档文件夹、桌面等。

Windows 10 提供了管理员账户和标准账户两种类型。一般来说,管理员账户由个人计算机所有者使用,对计算机有完全控制权;标准账号为普通用户使用,可以使用大多数软件,并可以更改不影响其他用户或这台计算机安全性的系统设置。

通过控制面板上的"更改账户类型"功能,可以更改管理员账户 Admin 的名称、密码、账户类型等,还可以添加新的非管理员用户。

2. 卸载程序

已经安装的应用程序,如果长期不再使用时,应该将其卸载,释放占用的磁盘空间。卸载程序应该通过控制面板中的"卸载程序"进行,如图 3-19 所示。

图 3-19 "卸载或更改程序"窗口

卸载程序时,不仅会删除软件安装的文件夹及数据、快捷方式等,还会扫描注册表,删除注册表中的相应信息。

注册表是 Windows 中一个重要的数据库,用于存储系统和应用程序的设置信息,如驱动程序的位置、存放地址和版本号,应用程序的文件位置、配置文件等。用户通过在任务栏的搜索框中输入"运行",然后在"运行"对话框中输入 regedit,打开"注册表编辑器",如图 3-20 所示。

用户可以通过"注册表编辑器"检查与修改注册表中的内容,但是在更改注册表设置时一定要慎重,如果注册表受到了破坏,轻则使 Windows 的启动过程出现异常,重则可能会导致整个 Windows 系统的完全瘫痪。

图 3-20　"注册表编辑器"窗口

3. 设备管理器

设备管理器是对设备进行集中统一管理的工具。单击控制面板中的"硬件和声音"，在弹出的窗口中单击"设备管理器"，打开"设备管理器"窗口，其中列出了当前计算机系统中所有硬件的信息。通过该窗口，用户可以了解计算机上硬件的属性和运行状态，并更新硬件的设备驱动程序。

4. 添加硬件

在计算机系统中安装新的硬件时，涉及一系列的操作及系统配置。通过控制面板中的"添加设备"功能可以根据系统提示完成相关的操作。Windows 10 还具有"即插即用"功能，它已经把数百种设备驱动程序包括进来，每当有新的外部设备加入系统并在硬件上做好连接后，再次启动系统时会自动检查出该设备，通过对话框引导用户完成驱动程序的安装。如插入 U 盘、无线鼠标时，操作系统自动安装驱动程序，安装完成后就成功为该系统添加了一个新的硬件。

> **说明**
>
> 计算机在连接打印机、投影仪等设备时，需要用户安装设备的驱动程序。为保证计算机系统的安全，建议从设备生产商的官方网站下载驱动程序或者使用设备生产商提供的光盘安装驱动程序。

例 3-3　为计算机系统安装一台打印机。

分析　打印机一般都可以通过 USB 接口与计算机直接连接，也可以通过网络共享连接在另外一台计算机上的打印机。安装完成后，打印机会在"打印机"文件夹以及所用程序的"打印机"对话框中列出。具体安装步骤如下。

（1）在"控制面板"窗口中，单击"查看设备和打印机"，打开"设备和打印机"窗口，如图 3-21 所示。

大学计算机——概念、思维与应用

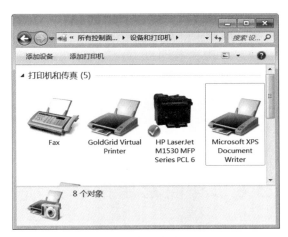

图 3-21 "设备和打印机"窗口

（2）单击"添加打印机"按钮，系统会自动检测当前网络内的打印机，如检测到打印机，单击打印机的名称，然后按照屏幕上的说明完成安装。如果没有检测到打印机，单击"我想要的打印机未列出"，弹出如图 3-22 所示的对话框，根据实际需要选择其中一项来添加打印机。

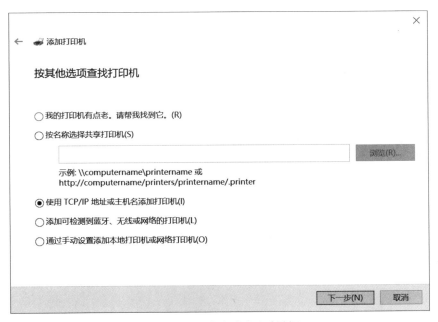

图 3-22 "添加打印机"对话框

如果打印机直接连接在计算机上，选择"通过手动设置添加本地打印机或网络打印机"选项；如果通过网络连接打印机，选择"使用 TCP/IP 地址或主机名添加打印机"选项。

（3）选择制造商和打印机型号。如果选项中有打印机厂商和型号，选择后直接安装；

如果没有,则单击"从磁盘安装"按钮进行安装,此步骤需要提前从设备生产商的官方网站下载驱动程序到磁盘中。

(4) 设置默认打印机。选中某个打印机,右击,在弹出的快捷菜单中选择"设为默认打印机"命令,此时,该打印机前面有一个对勾标记。

思考题 能否通过删除应用程序相关文件夹的方式将系统已安装的应用程序卸载,为什么?

3.6 其他常用操作系统

个人计算机常用到的操作系统除 Windows 外,还有开源操作系统 Linux、苹果的 Mac 操作系统。随着智能手机、平板电脑等移动终端设备的普及,Android、iOS 等应用于移动设备的操作系统的使用也越来越广泛。

3.6.1 Linux

Linux 系统是一套免费使用和自由传播的类 UNIX 操作系统,是一个基于 POSIX 和 UNIX 的多用户、多任务、支持多线程和多 CPU 的操作系统。由于其开放源码(Open Source)的特点,用户可以通过 Internet 免费获取 Linux 及其生成工具的源代码,然后进行修改,开发 Linux 软件进行学习或用于商业出售。

Linux 最初是由芬兰赫尔辛基大学计算机系学生 Linus Torvalds 于 1991 年在基于 UNIX 的基础上开发的一个操作系统的内核程序,其后以 GNU 通用公共许可证发布,成为自由软件,用户能够对其进行运行、复制、分发、学习、修改并改进。

一些流行的主流 Linux 发行版,包括 Debian(及其衍生版本 Ubuntu、Linux Mint)、Fedora(及其相关版本 Red Hat Enterprise Linux、CentOS)和 openSUSE 等,都被打包成供个人计算机和服务器使用的 Linux 套件。Linux 套件包含 Linux 核心和支撑核心的实用程序库,通常还带有大量应用程序。世界上 90% 以上的高性能计算机运行着 Linux 套件或其变种。Linux 还广泛应用在嵌入式系统上,如手机、平板电脑、路由器、电视和电子游戏机等。

3.6.2 Android

Android 是一种基于 Linux 内核(不包含 GNU 组件)的自由及开放源代码的操作系统。它主要应用于移动设备,如智能手机和平板电脑,由美国 Google 公司和开放手机联盟领导及开发。

Android 操作系统最初由 Andy Rubin 开发,主要支持手机,2005 年 8 月由 Google 公司收购注资。2007 年 11 月,Google 公司与 84 家硬件制造商、软件开发商及电信营运商组建开放手机联盟共同研发改良的 Android 系统。随后 Google 公司以 Apache 开源许可证的授权方式发布了 Android 的源代码。第一部 Android 智能手机发布于 2008 年 10 月,后来 Android 逐渐扩展到平板电脑及其他领域中,如电视、数码相机、游戏机、智能手表等。

3.6.3 国产操作系统

国产操作系统起步相对较晚,但发展速度很快。目前使用范围较广的主要有两种类型,一种是完全的自主开发,如华为鸿蒙操作系统 HarmonyOS,是一款面向万物互联的分布式操作系统,支持手机、平板电脑以及智能可穿戴设备等多种终端;另一种是在 Linux 的基础上的自主开发,如银河麒麟操作系统、中标麒麟操作系统和统信 UOS 等。

一般来说,国产操作系统均特别注重发展和建设以中国技术为核心的创新生态,强调安全可信,致力于为各种不同行业的客户提供安全稳定、智能易用的产品与解决方案。同时,一般都支持飞腾、鲲鹏、龙芯等主流的国产 CPU。

习 题 3

一、选择题

1. 以下关于操作系统的叙述,错误的是_____。

   A. 操作系统属于系统软件

   B. 操作系统只管理硬件资源,不管理软件资源

   C. Windows、Linux 属于操作系统

   D. 操作系统是一组管理硬件和软件资源的计算机程序

2. 在 Windows 中,任务栏_____。

   A. 只能改变位置不能改变大小   B. 只能改变大小不能改变位置

   C. 既不能改变位置也不能改变大小   D. 既能改变位置也能改变大小

3. 如果想一次选定多个分散的文件或文件夹,正确的操作是_____。

   A. 按住 Ctrl 键,用鼠标右键逐个选取   B. 按住 Ctrl 键,用鼠标左键逐个选取

   C. 按住 Shift 键,用鼠标右键逐个选取   D. 按住 Shift 键,用鼠标左键逐个选取

4. 在 Windows 中,以下组合键说法不正确是_____。

   A. Ctrl+C 表示复制   B. Ctrl+X 表示剪切

   C. Ctrl+A 表示反选   D. Ctrl+V 表示粘贴

5. 在 Windows 中,下列文件名中正确的是_____。

   A. My Program Group?   B. file1.file2*.bas

   C. A\B.C   D. A BC.FOR

6. 以下关于 Windows 的叙述错误的是_____。

   A. Windows 10 是多用户多任务操作系统

B. Windows 10 提供了交互式的图形界面

C. Windows 10 支持即插即用设备

D. Windows 10 非常安全,不会受到黑客攻击

7. 以下关于 Windows 快捷方式的说法正确的是_____。

    A. 一个快捷方式可指向多个目标对象   B. 一个对象可以有多个快捷方式

    C. 只有文件可以建立快捷方式   D. 只有文件夹可以建立快捷方式

8. 下列关于 Windows"回收站"的叙述中,错误的是_____。

    A. "回收站"可以暂时或永久存放硬盘上被删除的信息

    B. 放入"回收站"的信息可以恢复

    C. "回收站"是硬盘中的一块区域,其所占据的空间是可以调整的

    D. "回收站"可以存放 U 盘上被删除的信息

9. 在 Windows 10 中,关于控制面板中的功能,叙述错误的是_____。

    A. "外观和个性化"可以调整桌面背景

    B. "系统"可以查看系统硬件配置信息

    C. "网络和 Internet"可以改变网络的结构

    D. "程序"可以卸载软件

10. 关于计算机用户账户的描述,错误的是_____。

    A. 计算机管理员账户可以更改其他用户的账户名、密码和账户类型

    B. 计算机管理员账户不能创建新的用户

    C. 关闭 Guest 用户可以提高系统安全性

    D. 受限制账户的用户只能访问在计算机上权限范围内的程序

二、操作题

1. 在桌面上创建一个新文件夹,命名为 KS,在 KS 里新建一个文本文档,内容为"努力拼搏,考试成功!",文件名为"考试.TXT",将"考试.TXT"移动到 D:\中,直接删除 D:\中的"考试.TXT",而不是将其放到回收站中。

2. 设置屏幕保护程序为"3D 文字",文字内容为"E 时代,i 生活",文字格式:字体为"黑体"。

3. 使用"磁盘清理"工具清理本机 C 盘和 D 盘中无用的文件。

4. 添加一款 HP 打印机,并将其设置为默认的打印机。

三、思考题

1. 在 Windows 窗口中,图标有几种不同的排列方式?它们之间有什么区别?

2. 文件有哪几种不同的属性?设置这些属性有什么意义?

3. 请分别安装几个不同的 Windows 应用程序,总结在 Windows 环境下安装软件的基本过程,在安装过程中完成的主要工作以及安装完成后系统的主要变化。

4. 请分析磁盘碎片整理、磁盘清理与磁盘格式化的异同。

第4章

使用办公自动化软件

随着信息技术及其应用的日益普及，在日常工作中使用计算机及网络系统优化传统文档处理方式，提升办公效率与质量进而实现办公自动化已经成为必然需求和常态，办公自动化软件因此成为使用最普遍的软件之一。相应地，使用办公自动化软件的能力成为现代职场的必然要求，甚至成为职场竞争力的重要组成元素。本章介绍使用 Office 软件处理文档及数据等日常办公业务的基本思路、方法与操作，帮助读者提升使用办公自动化软件的基本能力。

本章主要内容：
- 办公自动化的主要任务及基本思路；
- 文字处理软件编辑文档的基本方法；
- 电子表格软件处理数据的主要功能与方法；
- 演示文稿的设计与制作；
- 在线协同办公的环境与实现。

本章学习目标：
- 理解办公自动化软件的重要性；
- 能够根据任务特点选择合适的办公自动化软件；
- 能够根据文档特点确定文档的显示风格并准确高效地实现；
- 能够根据业务需要使用电子表格对数据进行处理和展示；
- 能够根据展示内容及受众特点设计并制作合适的演示文稿；
- 能够通过在线工具或者平台开展协同办公。

4.1 办公自动化简介

在日常工作与生活中，无论是个人学习与交流，还是工作讨论、汇报及事务处理，都需要通过恰当的媒介与方式创建能够准确表达思想、观点或特定内容，并让受众能准确理解的文档。传统上，语言和文字是交流沟通的主要工具，手工设计并编辑的文稿与表格是主要的表示方式，但存在效率偏低、表现形式单调、协作共享困难等诸多不足。随着信息技术及其应用的普及，基于办公自动化系统处理各种文档已成为常态。

4.1.1　什么是办公自动化

办公自动化(Office Automation，OA)这一术语并没有严格的定义，通常指将计算机及网络等现代信息技术应用于办公业务及文档处理，实现各类办公业务及文档处理的标准化、自动化与信息化，以优化业务流程、提升办公效率与质量。从广义上讲，凡是在传统的办公业务及相关的个人事务中采用基于信息技术的软件、机器和设备的，都可以列入办公自动化范畴。概括而言，办公自动化有以下几方面的优势与特点。

(1) 有助于推动办公业务处理标准化。制定标准作业程序(Standard Operating Procedure，SOP)，实现业务流程标准化是规范化管理的基本要求。基于办公自动化系统，可以在软件环境中定义 SOP 并强制执行，与传统办公方式下，依赖操作人员自觉遵守SOP，也依赖人工进行审核及监督相比，发生失误或者违反程序的可能性将大大降低。

(2) 有助于推动办公业务处理自动化。在处理办公业务时，各种文字、报表、图片图像的处理需要花费大量时间。基于办公自动化系统，能够共享已有各种信息与数据资源，也能够自动按需处理数据及报表，还能够自动设置各种显示效果，自动按照规定的 SOP 执行各种操作或者进行审核。

(3) 有助于推动办公业务处理信息化。基于办公自动化系统，各类原始文字与数据以及编辑好的文档都能够以数字方式进行编辑、存储与管理。各类文档的检索、共享及再编辑都变得更加简单，更重要的是，能够与各类已有的信息系统交换数据与信息。

(4) 有助于推动跨部门业务协同。跨部门业务协同是现代管理的必然要求，在大型复杂事务处理时更加重要。基于互联网等信息技术构建的办公自动化系统，能够实现大规模在线远程协同，为跨部门多岗位、多角色之间的协同业务处理提供了方便，提高了组织机构的协同能力。

早在 20 世纪 60 年代初，计算机系统就已经被应用到办公室中，其发展过程经历了单机设备、局部网络、一体化、全面实现办公自动化 4 个阶段。随着云计算、大数据等新技术和智能移动终端的快速发展，移动办公、在线协作办公等都已经成为常态，办公自动化呈现出办公环境网络化、办公操作无纸化、办公服务无人化、办公业务集成化、办公设备移动化、办公信息多媒体化等特点，具有云端同步、高效便捷、操作简单等优势，如图 4-1 所示。

图 4-1　办公自动化

4.1.2 办公自动化主要任务

从实际业务出发，办公自动化的主要任务是根据实际工作需要，对各类原始信息进行编辑加工，产生符合需求的文档，这些文档可能以文字为主，也可能是表格等，相应地，办公自动化的常见任务一般包括文字处理、电子表格、演示文稿制作等。

1. 文字处理

文字处理是指使用计算机输入字符等原始信息并进行存储、编辑以及输出的过程，是日常办公、学习乃至沟通交流过程中的重要活动之一。例如，撰写本科毕业论文时，就需要通过文字处理软件创建文档，并对其进行不断扩充、修改和完善，文档编辑过程贯穿于整个论文设计、撰写及修改过程，如图 4-2 所示。

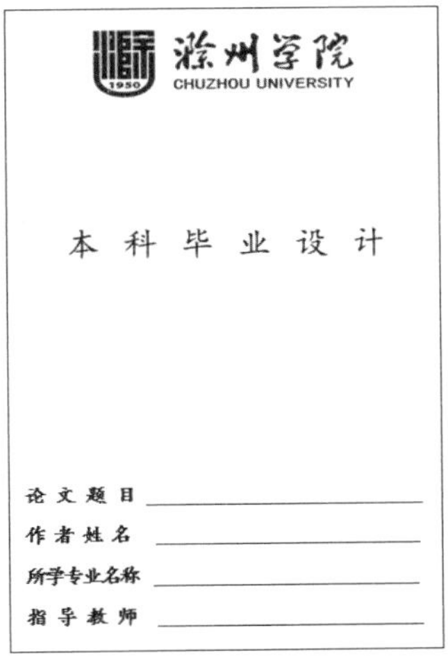

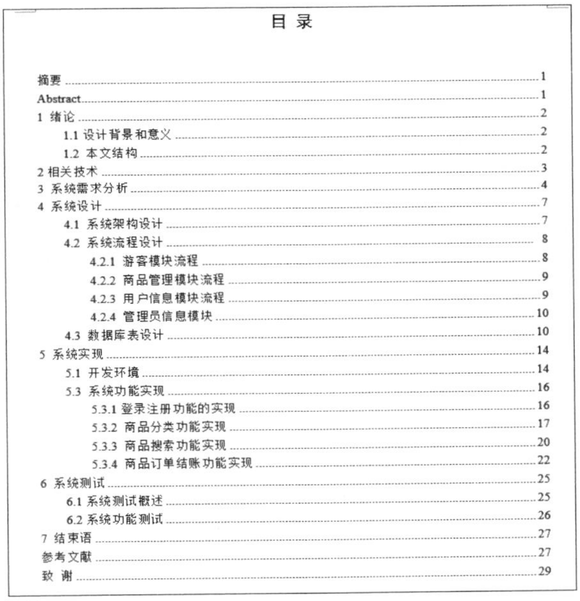
目 录

摘要 1
Abstract 1
1 绪论 2
1.1 设计背景和意义 2
1.2 本文结构 2
2 相关技术 3
3 系统需求分析 4
4 系统设计 7
4.1 系统架构设计 7
4.2 系统流程设计 8
4.2.1 游客模块流程 8
4.2.2 商品管理模块流程 9
4.2.3 用户信息模块流程 9
4.2.4 管理员信息模块 10
4.3 数据库表设计 10
5 系统实现 14
5.1 开发环境 14
5.3 系统功能实现 16
5.3.1 登录注册功能的实现 16
5.3.2 商品分类功能实现 17
5.3.3 商品搜索功能实现 20
5.3.4 商品订单结账功能实现 22
6 系统测试 25
6.1 系统测试概述 25
6.2 系统功能测试 26
7 结束语 27
参考文献 27
致 谢 29

图 4-2 论文封面和目录

2. 电子表格

表格是用来保存数据、管理数据、处理数据以及直观查询、展示数据的一种方法。电子表格涉及表格的创建、数据的计算与处理、数据的直观展示等多种操作。例如，使用电子表格软件制作学生成绩表，并做数据的分类汇总，如图 4-3 所示。

3. 演示文稿

演示文稿可以根据演示内容的特点将文字、图形、图像、音频以及视频等多种形式的媒体集成起来，增强表现力并让受众更容易理解与接受。例如，使用演示文稿软件设计制作教学课件，如图 4-4 所示。

学生成绩表							
学号	姓名	性别	高等数学	大学语文	大学英语	程序设计	总分
202002	李明	男	76	91	57	86	310
202003	王小刚	男	45	95	89	74	303
202004	张大伟	男	81	78	87	98	344
		男 平均值	67	88	78	86	
202001	张华	女	85	79	75	76	315
202005	周长青	女	93	69	96	63	321
202006	范涛	女	79	91	67	68	305
		女 平均值	86	80	79	69	
		总计平均值	77	84	79	78	

图 4-3 学生成绩表

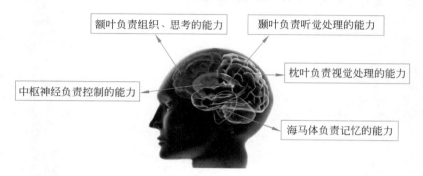

计算机就像是人脑一样

额叶负责组织、思考的能力

颞叶负责听觉处理的能力

枕叶负责视觉处理的能力

中枢神经负责控制的能力

海马体负责记忆的能力

计算机就像是人脑一样

中枢神经负责控制的能力,如计算机的控制单元

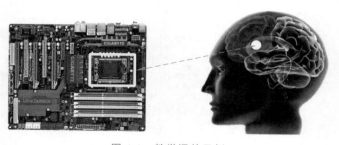

图 4-4 教学课件示例

4. 在线协同办公

协同处理是大多数实际工作中不可或缺的基本要求。信息化时代,基于网络的在线协同办公为协同处理带来了新形态新模式,它能够支持多人实时在线查看和编辑文档,也可以基于定制的流程实现非同步的协作,通用于计算机、手机、PAD 等多个终端,实现云存储,减少时间成本,提升文档协作效率。

4.1.3 常用的办公自动化软件

常用的办公自动化软件有微软公司的 Microsoft Office 系列，以及金山公司的 WPS Office 系列，如图 4-5 所示。常用的在线协同办公软件有 Google Docs、Microsoft 365、WPS 云文档以及腾讯文档等。

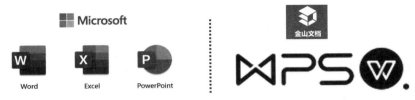

图 4-5　常用的办公自动化软件

本章主要基于 Microsoft Office 2019 的 Word、Excel 和 PowerPoint 讨论文字处理、电子表格制作和演示文稿制作的基本方法。使用 Microsoft Office 软件制作的文档互相兼容，也可以相互转换，例如，可以通过 Word 中的"文件"→"选项"→"自定义功能区"→"所有命令"→"发送到 Microsoft PowerPoint"，将 Word 文档转换为 PPT 文档。在 PowerPoint 中，通过"文件"→"导出"→"创建讲义"，可以将幻灯片和备注转换为 Word 文档。

所有的办公软件在编辑文档或者对象时都有基本相似的操作方法，即先选定需要编辑的对象，再对其进行各种操作，而具体的选定、复制、粘贴、删除、查找等操作使用的命令或者工具按钮也都是相同的。

在 Office 2019 中，可以发现新的墨迹工具、数据类型、函数、翻译和编辑工具、动态图形、易用功能等，详情可访问官网 https://support.microsoft.com/zh-CN。

问题 4-1　在掌握了 Word 的使用方法后，使用 WPS 还需要专门学习吗？

分析　在计算机处理实际业务时，有一些基本的思路与方法。通过文字处理软件创建并编辑文档时，思路、过程及方法基本相同，Windows 风格的文字处理软件功能基本相似，操作界面和方法也有一定的相似性。在学习 Word 时，重点是掌握创建文档、编辑文档、输出文档的基本思路与方法。这些方法在 WPS 环境中进行文字处理时同样适用，具体的操作步骤可以调用帮助文档或者通过其他在线方式了解，无须专门学习。

4.2　文字处理

日常工作中需要花费大量时间撰写的文件、通知、报告、工作总结，以及学习研究中的实验报告、学术论文等各种文字材料都可以在计算机的帮助下处理，也就是通常所说的文字处理。完成这些任务都离不开文字处理软件的支持。

4.2.1 基本处理过程

文字处理的结果是产生一份文档，它的内容、格式、显示以及打印结果能够符合用户的预期目标和效果。用户的预期目标一般会涉及文字的字体、字形与字号、段落格式、页面格式、文档结构、基于图文混排的美化效果，以及数据处理的要求等。

1. 确定格式与风格

在正式创建文档之前，要根据文档的内容及其特点确定标题、文字、段落等显示风格，也就是格式，对输出结果有一个预期。一般来说，不同的文档应该有不同的格式及风格，如正式发布的公文、在期刊发表的学术论文、个人简历等。有些文档可能会有虽然未严格规定但却相对固定的风格，一般不要随意调整。

2. 输入并编辑文本

文字处理的第一步是创建文档。需要开展的工作是输入文字、数字及各类字符，对其进行必要的修改，确保正确性，再将文档以一个恰当的名称保存在恰当的文件夹中。为了提高效率，一般不建议在这一阶段设置各种格式。

3. 设置格式

文档的格式一般涉及文字、段落及页面3种类型，可以在选定相应对象后单独设置，也可以通过"样式"统一设置标题、正文格式，以提高编辑效率与质量。如果在一个文档中需要有多种不同格式的页面，可以设置多个节。

4. 插入对象

在实际的文档中，经常要根据描述内容的需要适当添加图形、图像及表格等对象，以增加文档的表现力，更好地突出重点或者难点内容。在 Office 中，把封面、空白页、图片、形状、图表、艺术字、页眉和页脚、页码、公式和符号等作为对象来处理。通过在文档中插入这些对象，可以增加文字内容的直观性，提升其可理解性，也能够让文档的展示效果更美观，更加具有感染力。

5. 预览并打印输出

在正式打印之前，可以通过预览功能察看打印输出效果。如果对效果不满意，可以重新调整设置。

4.2.2 格式设置

文档的常用格式包括字体格式、段落格式和页面格式等。字体格式主要包括文字大小、字形、颜色等，段落格式主要包括对齐方式、缩进、间距等，页面格式主要有纸张大小、纸张方向及页边距等。格式设置可以在选定对象后通过相应选项卡中的工具按钮进行，也可以通过事先设定好的样式统一进行。

1. 字体设置

选定需要设置格式的一块或者一段文字,在"开始"菜单的"字体"选项卡中,通过字体和字号下拉列表,以及加粗、字体颜色等工具按钮,可以进行相应的设置,也可以在选定文字后右击,在弹出的快捷菜单中选择"字体"命令进行设置。在设置内容较多时,单击字体选项卡右下角的工具按钮,在随后显示的"字体"对话框中进行设置。

在一个文档中,需要设置的字体主要包括标题和正文两部分,标题又会根据文档的实际情况分为一级标题、二级标题等,不同级别的标题可能会有不同的格式要求,但没有统一的标准。例如,一级标题也就是文章的标题可能会设置为黑体 2 号,二级标题设置为黑体 3 号,三级标题设置为黑体小 4 号,正文设置为宋体 5 号。

2. 段落设置

段落是文章的基本单位。在输入文档时,每按一次回车键,就标志上一个段落的结束以及下一个段落的开始。在"开始"菜单的"段落"选项卡中,可以设置对齐方式、大纲级别、段间距、行间距、段落缩进等,也可以通过"段落"对话框进行各种设置。

例如,在某高校本科自然科学类毕业论文中,段落及字体要求如表 4-1 所示。

表 4-1　论文层次代号及说明

项 目	示　　　例	格 式 说 明
章	1××××××	顶格,四号黑体,段前段后各 0.5 行,18 磅行距
节	1.1 ××××××	顶格,四号黑体,段前段后各 0.5 行,18 磅行距
条	1.1.1 ××××××	顶格,小四号黑体,段前段后各 0.5 行,18 磅行距
款	(1) ××××××	顶格,五号宋体,段前段后各 0.5 行,18 磅行距
	××××××××××××××××× ××××××××	首行空两格,五号宋体,18 磅行距
项	① ×××	顶格,五号宋体,18 磅行距
	××××××××××××××××× ××××××	首行空两格,五号宋体,18 磅行距

对上述有固定格式要求的文档,可以通过段落对话模式事先设置好大纲。大纲级别包括正文文本、1 级、2 级、3 级等,默认情况下为正文文本,如图 4-6 所示。

在编辑文档时,经常需要在文档的不同位置使用统一的字体或段落格式,利用"格式刷"可以方便地将已有的格式应用于其他文本中。

3. 页面格式

对于公文、公司重要资料、书籍以及试卷,为了获得满意的打印或者显示效果,需要对纸张大小、纸张方向及各类边距等进行设置,有时还需要设置装订线。在 Word 中,通过"布局"→"页面设置"命令可以进行页面格式设置。

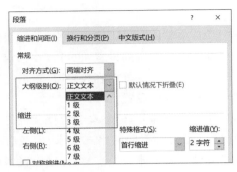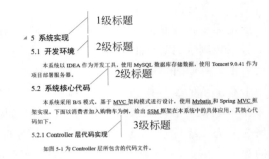

图 4-6 "段落"对话框

4.2.3 文档排版

在包含多个章节的文档中,为提升效率并获得更好的输出展示效果,需要用到 Word 中的节、样式、图文混排、目录等功能。

问题 4-2 如何对本科毕业论文进行规范排版?

分析 处理一个篇幅较长的文档时,很难一蹴而就,需要将文档分解成若干部分。通过设置样式,复用样式可以提高效率,提高排版的准确性。具体到毕业论文,可以分解成封面、目录、正文 3 部分,涉及的操作包括制定封面与目录,以及快速设置有相同格式要求的文本格式,设置图文混排、分栏、节、页码。那么,如何插入表格以及页眉页脚? 如何审阅文档?

1. 制作封面

封面能让人直观地了解这是一份什么方面的文档,好的封面可以给人留下好的第一印象。Word 提供了预设封面库。在"插入"菜单下的"页面"选项卡中,选择"封面"及相应的封面版式。插入封面后,可以通过单击选择封面区域(如标题)并输入内容,将示例文本替换为自己的文本。

2. 设置样式

在同一篇文档中,有许多标题和文本的格式是相同的,可以通过"样式"功能快速设置。样式是指一组已经命名的字符和段落等格式。对于有相同格式要求的文本,应用样式可以通过一步操作实现。Word 内置了一组样式,如标题 1、标题 2、正文等,新建立的文档自动使用默认的"正文"样式。用户可以直接应用内置样式,也可以建立自己的样式,或者修改已有的样式。

例 4-1 设置标题样式。

按照表 4-1 的要求,设置 1 级标题样式。选择标题文本,单击"选择"→"样式"→"标题 1",右击,在弹出的菜单中选择"修改"命令,如图 4-7 所示。

3. 插入表格

表格由行和列组成,行和列交叉的地方为单元格。单元格是表格的基本单位。在制

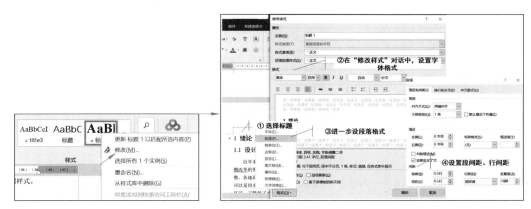

图 4-7 "修改样式"对话框

作表格前,要大致估计表格包含的行数和列数,再选择"插入"→"表格"命令即可。制作不规则的表格一般先计算最小的单元格数量,再通过"合并单元格"来实现。

例 4-2 设计一个"物流公司货物运单",如图 4-8 所示。

先插入一个 11 行×10 列的表格,再对相应的单元格进行合并。

物流公司货物运单

托运日期:		年	月	日		发站:		到站:	
托运单位(人)					收货单位(人)				
电话					电话				
详细地址					详细地址				
货物名称	包装	重量 kg 与体积 m³		件数	其他计费		金额	结算方式	提货方式
								月结□	自提□
								现付□	送货□
								提付□	托运人签字:
	合计人民币(大写):						¥:		
备注协议事项									经办人
提货人签字:					身份证号码:				

图 4-8 插入的表格

文字在单元格内水平、垂直方向有 9 种对齐方式。默认情况下,文字靠单元格左上角对齐。为了排版美观,设置"水平居中"对齐,使文字在单元格内水平、垂直都居中。

4. 图文混排

为了增加文档的表现力,可以适当地插入图形、图片、文本框、艺术字等对象,实现图文混排。Word 提供了 7 种图文混排方式。

5. 设置分栏

在期刊/杂志、学术论文等排版时,常常采用两栏、三栏等分栏的方式来布局。选择"布局"选项卡中的"栏"实现分栏设置,如图 4-9 所示。

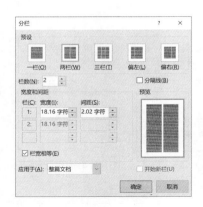

图 4-9　设置"分栏"

6. 使用宏

在 Word 中,通过创建和运行宏自动执行常用任务。宏是一系列可独立执行的命令及其说明的组合,可以作为一条独立执行的命令自动完成任务。例如,编写一个自动编号的宏程序,使用 Alt＋F11 快捷键进入 VBA 编辑区,按 F7 进入代码视图,编写程序,如图 4-10 所示。通过单击"快速访问"工具栏上的按钮或按键组合来运行该宏。

```
Sub Hanghao()
Dim parag As Paragraph
Dim nLineNum: nLineNum = 0
Dim selRge As Range
Set selRge = Selection.Range
    For Each parag In Selection.Paragraphs
    nLineNum = nLineNum + 1
    selRge.Paragraphs(nLineNum).Range.InsertBefore (nLineNum & " ")
    Next
End Sub
```

图 4-10　VBA 代码

7. 设置分页符和分节符

论文中的封面、目录和正文是 3 块内容,排版时先使用分节符将其分隔,然后再分别进行排版编辑。

(1) 分页符。当输入的文字到达当前页面的底部时,Word 会自动插入一个"软"分页符,并将以后输入的文字放到下一页,也可以通过"插入"→"分页"或者选择"布局"菜单中的"分隔符"进行分页。

(2) 分节符。如果要在一个文档中设置多种页面格式,就需要将文档分成多个节。

例 4-3　将封面、目录、正文分为 3 个小节分别进行排版,目录等非正文部分使用页码"Ⅰ、Ⅱ、Ⅲ、Ⅳ、Ⅴ…",而正文部分设置页码为阿拉伯数字"1、2、3、4、5…"。

选择"页面布局"→"分隔符"→"分节符"命令,将文档分成几节,再根据需要设置每节的页面格式,如图 4-11 所示。

8. 插入页眉、页脚及页码

页眉和页脚是指显示在每一页顶部和底部的命令信息。选择"插入"→"页眉和页脚"→

分节符(下一页)

图 4-11 设置"分节符"

"页码"命令,在菜单列表中根据需求选择相应选项即可实现插入操作。在毕业论文排版中,正文从第1页开始,即设置页面编号时,选择"起始页码"为1,如图4-12所示。

9. 插入题注和交叉引用

若要撰写书籍与论文之类的包含图表的多章节文档,可使用图表所在章节的编号作为图表号。例如,第4章的第3个图表可以标记为"图4-3"。选择"引用"→"题注"→"插入题注"→"标签"→"新建标签"命令,在"题注"对话框中单击"编号",选中"包括章节编号"复选框,可以向题注添加章节编号,如果在编辑过程中将图表从一个章节移到另一个章节,还可以使这些编号自动更新。

10. 制作目录

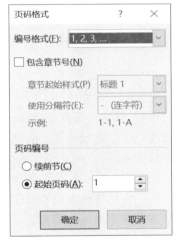

图 4-12 插入页码

例 4-4 论文内容已录入并排版完毕,如何制作目录?

分析:目录页用于帮助阅读者快速查找想要阅读的内容,可以帮助阅读者大致了解文档的结构内容。它一般处于封面的后面、正文之前,为单独的一节。目录一般设为三级目录,即由一级标题、二级标题和三级标题组成。

创建目录前要设置"大纲级别",即设置一级、二级、三级标题等。Word可以根据大纲级别自动生成目录,也可以通过"引用"选项卡自定义目录,如图4-13所示。若文档中的标题有改动,例如更改了标题内容、添加了新标题等,或者标题对应的页码发生了变化,可以对目录进行更新操作。右击"目录",选择"更新域…"命令,打开"更新目录"对话框,根据实际情况进行选择更新。

图 4-13 "目录"对话框

11. 审阅文档

在实际工作中,一个文档可能会由多个人员协同完成。例如,第一位负责起草,第二位负责审核,第三位负责审批等。在此过程中,都有可能进行一定程度的修改,或者添加必要的批注。文字处理软件一般都提供审阅文档功能,包括跟踪文档更改轨迹、建立批注、基本语法检查等。

例 4-5 如何审阅论文,可让用户看清修改痕迹?

(1) 使用导航窗格查看文档。为了方便审阅文档,Word 提供了阅读视图、大纲视图、页面视图等多种视图方式。为方便对长文档进行查看,选择"视图"→"导航窗格",单击左侧导航,即跳转到相应内容。

(2) 审阅文档。单击"审阅"→"修订"按钮,可以对文档内容进行修订,如图 4-14 所示。文档修订后,文档制作者或者其他具有更高权限的审阅者可能会对已经发生的修订进行调整。在"修订"按钮组的右侧,选择"接受所有修订"命令可接受修订。

在审阅文档时,审阅者可能会提出一些修改建议或者给出某些评价,单击"审阅"→"新建批注"按钮,在批注后面的文本框中输入批注内容。除审阅外,Word 还提供了拼写和语法校对、中文简繁体转换、文档比较等功能。

思考题 在文字处理软件中创建文档时,录入、复制等操作均有多种实现方法,请试一试各种不同的操作方法,列出它们的操作步骤,并根据个人感受对这些操作方法进行分析评价。

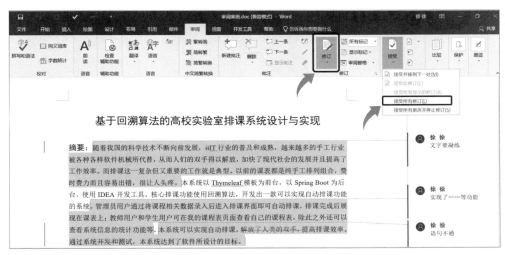

图 4-14　审阅修订文档

4.2.4　打印显示

为了长期保存文档,要将其以文件的形式保存在磁盘或网络上。有些文档需要打印在纸张上以方便浏览,但打印之前,应该先通过"预览"判断是否满足需要。

1. 保存文档

一般来说,保存文件时需要指定存储位置、文件名和扩展名等,Word 文档的默认扩展名为 docx。Word 支持用户将文档保存为 pdf 格式。

第一次保存文档时,单击"保存"按钮会显示"另存为"对话框。已经保存的文档,选择"文件"→"另存为"命令,可将当前编辑的文档换个名称保存。在编辑文档过程中,Word可以定时自动保存编辑结果,这样可以避免因死机、断电等意外情况而丢失未保存的内容。默认的自动保存文档的时间间隔是 5 分钟,通过"文件"→"选项"命令可以改变时间间隔。

在"另存为"对话框中选择"工具"→"常规选项",可以设置密码。以后打开文档时,需要输入该密码,能够对文档起到一定的保护作用。

2. 打印文档

选择"文件"→"打印"命令,屏幕显示的即为预览内容,它与实际打印效果是一致的。在"打印机"的名称下拉列表中,显示了当前打印机的名称等信息,选择与计算机相连的打印机型号,选择打印范围,设置"单/双面打印"文档,单击"打印"按钮就可以进行打印。还要确保打印机已经正确连接到主机,接通电源并开启,装好打印纸。

4.3　电子表格

表格是保存数据、管理数据、处理数据以及查询信息的重要方法。电子表格软件围绕数据的录入与编辑、数据计算、数据分析和数据可视化等开展工作。常用的电子表格软件有 Microsoft Excel、金山 WPS 表格、OpenOffice cale、Google Sheets 等，适合处理规模不是很大的数据，如果要处理数以百万计甚至更大规模的数据，或者需要为 Web 应用系统提供数据，通常需要使用专门的数据库管理软件。

4.3.1　基本任务

电子表格软件能够帮助用户完成表格的创建、管理及显示等多方面任务，并且提供丰富的应用工具，帮助用户从大量的数据中获取有用的信息。

1. 表格制作

表格制作是电子表格软件的基本功能，能够帮助用户制作出各种结构和形式的表格。创建电子表格之前，应该先设计好表格的格式，确定输入的原始数据。一般来说，新建的电子表格中输入的数据都是原始数据，或者基本数据，基于原始数据通过一定形式的计算或处理产生的数据并不需要直接输入。

2. 数据计算

电子表格软件具有较为丰富的计算功能，例如，通过公式和函数，帮助用户轻松完成多种计算，并通过计算在原始数据的基础上产生符合用户需要的新数据。

3. 图表显示

通过图表方式直观展示表格中数据之间的关系及其所蕴含的信息。大多数电子表格软件均能够以柱状图、饼图、折线图等多种图表形式表示数据，实现数据的可视化。

4. 数据分析

基于数据进行各种分析得到符合用户需要的信息是数据处理的重要任务，电子表格软件都会提供一些数据分析工具。在 Excel 中，既有常规的分类、排序等工具，也有方差分析、傅里叶分析、直方图、回归、抽样、t-检验等相对更加专业的分析工具。

5. 编辑打印

电子表格软件支持对表格进行各种编辑修改，支持打印输出。例如，对单元格进行格式设置，支持打印标题等。

4.3.2　表格制作

Excel 中的表格称为工作表，保存在扩展名为 xlsx 的工作簿文件中。一个工作簿中可以包含一个或者多个工作表，工作表由行列交叉的单元格组成。通常所说的 Excel 文件就是指工作簿文件。

1. 工作簿与工作表

打开一个名为"图书销售分析表"的 Excel 文件，也就是工作簿文件，如图 4-15 所示，其中包含 3 个工作表。工作表是由行和列组成的二维表格，行号在工作表的左端，用 1、2、3 等阿拉伯数字表示；列号在工作表的上端，用英文字母 A、B、C 等表示。用户可以同时在多张工作表中输入并编辑数据，也可以在多张工作表中相互引用数据或者进行数据汇总。

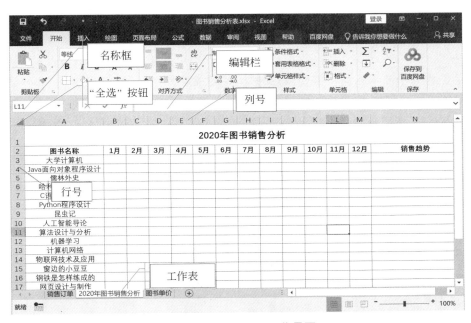

图 4-15　Excel 2019 工作界面

工作表中每个单元格都有一个地址作为标识。Excel 规定单元地址用"列号行号"表示。例如，B5 表示第 B 列、第 5 行位置处的单元格，也代表这个单元格的内容。标准的引用形式为"工作表名称!单元格地址"，例如，"图书单价!A3"表示"图书单价"工作表中的 A3 单元格。如果引用当前工作表中的单元格，工作表名称和分隔符"!"可以省略。单元格引用示例如表 4-2 所示。

表 4-2　单元格引用示例

引 用 说 明	公式中引用格式
单元格 B5	B5
B 列中 5～15 行的单元格区域	B5:B15
A～E 列中 1～10 行的单元格区域	A1:E10
B 列中 5～15 行的单元格区域，以及 D 列中 5～15 行的单元格区域	B5:B15,D5:D15
Sheet2 工作表中的单元格 B5	Sheet2!B5

2. 录入数据

Excel 中的数据分为数值型、字符型、日期时间型和逻辑型等多种类型,录入数据之前,要设置数据类型。原始数据可以通过手工逐项输入,也可以从其他数据源导入。输入连续有规律的数据时,可以使用"填充柄"提高录入速度。

当录入的数字个数超过 11 个时,系统会自动采用科学记数法表示;录入邮政编码、身份证号码、学生学号、职工工号以及电话号码等文本数据,应该在数字字符前加一个单引号"'"。如果单元格内显示♯♯♯♯,说明列宽不够,不能够显示全部数值内容,改变列宽就可以正常显示。

3. 编辑数据

数据编辑主要针对单元格、数据行和数据列等,单元格内数据的修改及格式设置与 Word 的操作方法基本相同。需要注意的是,移动或者复制一列、多列或某个区域的数据时,粘贴的目标区域应与原剪切区域相同。对于有几百或几千行的数据,可以用快捷键 Ctrl+Shift+↓选中一列数据。

4. 设置格式

Excel 预设了许多表格格式,通过"开始"→"套用表格格式"命令可以自动套用格式。对于单元格,可以通过设置字体、边框、对齐方式等优化其显示效果;如果需要做更多的设置,可右击单元格或单元格区域,选择"设置单元格格式"命令,在弹出的对话框中进行设置,如图 4-16 所示。

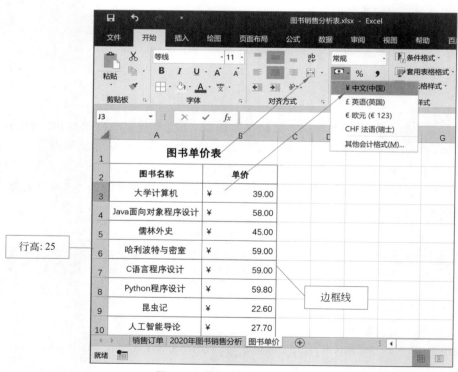

图 4-16　优化表格显示效果

5. 设置条件格式

对工作表中数据进行分析时，一般都会涉及单元格数据的选择、处理或者显示。可以对单元格进行条件设置，突出显示所关注的单元格或单元格区域，让满足条件的单元格呈现出不一样的外观形式。

> **思考题** 将数据转化为利于电子表格分析的格式是电子表格处理中一项重要的基础性工作。使用 Excel 可以规范文本型数据的格式，如身份证号、银行卡号，请思考有几种实现方法？

6. 设置宏

宏是可重复执行的一个操作或一组操作，位于"开发工具"选项卡上。通过录制宏，可以录制鼠标单击操作和键盘击键操作的过程，将用户执行的每个操作保存在宏中，以便需要时可以重复执行这些操作。例如，小王每月为部门主管创建报表，要将具有逾期账款的客户名设置为红色，并且应用加粗格式。通过录制并运行宏，以迅速将这些格式操作应用到选中的单元格，提升效率。

7. 管理 Excel 工作表

工作表的操作主要包括移动、复制、插入、删除等。为了保证数据的安全性，Excel 提供了隐藏工作表、工作表保护等功能。选择"开始"→"格式"→"可见性"→"隐藏和取消隐藏"→"隐藏工作表"命令可以将当前工作表隐藏起来。选择"审阅"→"更改"→"保护工作表"/"保护工作簿"命令，可以对工作表或工作簿进行操作。

8. 保护数据

Excel 具有保护数据的功能，分为文件、工作簿、工作表 3 个级别的保护。

文件级别：通过指定密码来锁定 Excel 文件，以使用户无法打开或修改。

工作簿级别：通过指定密码锁定工作簿的结构，可阻止其他用户添加、移动、删除、隐藏和重命名工作表。

工作表级别：通过工作表保护可以控制用户在工作表中的工作方式，可以指定用户在工作表中可执行的具体操作，从而确保工作表中的所有重要数据都不会受到影响。

4.3.3 数据计算

在实际的数据处理过程中，有大量的数据或者信息需要通过原始数据计算产生。Excel 提供了较为丰富的数据处理功能，通过各种函数及计算公式，能够实现数据处理的自动化。

1. 使用公式进行计算

公式是在执行计算的表达式，用户可以根据实际需要创建。如果一个单元格中的数据是通过其他单元格计算产生的，就需要为单元格创建公式。公式中可以包含函数、引用、运算符以及常数等组成元素。其中,函数是预先编写的公式,可以对一个或多个值执行运算,并返回一个或多个值。

公式或函数中的运算符包括算术运算符、比较运算符、文本运算符和引用运算符,如表 4-3 所示。算术运算符可以完成基本的数学运算,如加法、减法和乘法,连接数字和产生数字结果等;比较运算符用于比较两个值。当用操作符比较两个值时,结果是一个逻辑值,TRUE 或者 FALSE;文本运算符使用和号(&)加入或连接一个或更多字符串以产生更大的文本串;引用运算符可以将单元格区域合并计算。

表 4-3　运算符

运　算　符		含　　义	示　　例
算术运算符	+(加号)	加	3+3
	−(减号)	减	3−1
	*(星号)	乘	3*3
	/(斜杠)	除	3/3
	%(百分比)	百分比	20%
	^(脱字符)	平方	3^2(与 3*3 相同)
比较运算符	=(等于)	等于	A1=B1
	>(大于)	大于	A1>B1
	<(小于)	小于	A1<B1
	>=(大于或等于)	大于或等于	A1>=B1
	<=(小于或等于)	小于或等于	A1<=B1
	<>(不等于)	不等于	A1<>B1
文本运算符	&(ampersand)	将两个文本连接或串起来产生一个连续的文本值	Hello&World 的运算结果为 HelloWorld
引用运算符	:(冒号)	表示引用这两个单元格之间所有单元格的区域	A2:D10
	,(逗号)	将多个引用合并为一个引用	SUM(A1:D3,B1:C5)

在 Excel 中通过引用单元格地址的方式达到引用"值"的效果。单元格的地址有相对地址、绝对地址、混合地址和三维引用 4 种类型。

(1) 相对引用。相对引用的表示方法是列标号加行号,相对引用的公式被复制到别的单元格时,Excel 会根据移动的相对位置自动调节引用单元格的地址。如在 B1 单元格中引用公式"=A1*5",通过公式自动向下填充,则 B2 单元格中自动填充公式"=A2*5",如果向右填充,则 C1 单元格中自动填充公式"=B1*5",注意仔细观察行号和列号的变化。

(2) 绝对引用。绝对引用是在列号和行号前加 $ 符号,如 $A$1、$F$4 等。公式中的绝对引用总是引用指定位置的单元格,即行号和列号固定不变。如在 B1 单元格中引用公式"=$A$1*5",通过公式自动向下填充,发现没有变化。

（3）混合引用。混合引用是前两种方法的综合，在行号或列号前加 $ 符号，如 A $1、$ A1 等。加上 $ 符号的行或列固定不变，没有加上 $ 符号的行或列会随着单元格地址的变化而变化。

（4）三维引用。如果要分析同一工作簿的多个工作表中相同单元格或单元格区域的数据，可以使用三维引用。三维引用包括单元格或区域引用，前面加上工作簿名称的范围。如在表 sheet1 的 B1 中引用函数"＝SUM(Sheet2:Sheet5!B5)"，表示计算 B5 单元格内包含的所有值的和，单元格取值范围是从 Sheet2～Sheet5。

2. 使用函数进行计算

Excel 中的函数是预先定义好的具有特定数据计算或处理的公式，由函数名和一对括号括起来的参数表组成，函数的输入是以＝作为前导符，如图 4-17 所示。

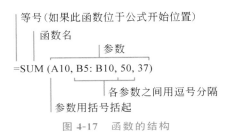

图 4-17　函数的结构

函数名表示函数的功能，参数是函数运算的对象，参数可以是数字、文本、逻辑值、单元格引用，也可以是常量、公式或其他函数。函数可以在"公式"选项卡中选择，也可以直接在编辑栏中输入。单击"编辑栏"中的"插入函数"按钮，单击 SUM 按钮，打开"函数参数"对话框，如图 4-18 所示，设置相关参数，也可以通过 Excel 提供的帮助功能具体了解函数的功能及调用格式。

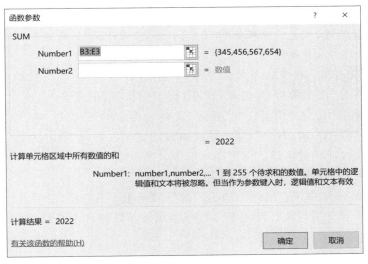

图 4-18　插入函数

Excel 中包括 400 多种函数,在"Microsoft Office 支持"网站中可以查看详细使用教程,部分函数的功能及格式如表 4-4 所示。

表 4-4　Excel 部分函数的功能及格式

函数类别	函数名	函数功能	语法
常用函数	SUM()	计算指定区域中单元格各值的和	SUM(num1,num2,…)
	AVERAGE()	计算指定区域中各单元格的平均值	AVERAGE(num1,num2,…)
	COUNT()	统计指定区域中单元格个数	COUNT(num1,num2,…)
	MAX()	返回指定区域中单元格的最大值	MAX(num1,num2,…)
	MIN()	返回指定区域中单元格的最小值	MIN(num1,num2,…)
数学与三角函数	INT()	返回指定单元格中的整数	INT(number)
	ROUND()	返回指定小数位的四舍五入数	ROUND(number,num_digits)
	SUMIFS()	根据多个条件对若干单元格求和	SUMIF(range, criteria,sum_range)
统计函数	COUNTIF()	返回在第一个参数确定的区域内满足第二个条件参数的单元格个数	COUNTIF(range, criteria)
	RANK.AVG()	返回一列数字的数字排位,常用于计算排名	RANK.AVG(number,ref,order)
逻辑函数	IF()	执行真假值判断,根据逻辑计算的真假值,返回不同结果	IF(logical_value,value1,value2)
查找与引用函数	VLOOKUP()	搜索表区域首列满足条件的元素,确定带检索单元格在区域中的行序号,再进一步返回选定单元格的值	VLOOKUP（lookup_value,table_array,col_index_num,rang_lookup)

例 4-6　使用 Excel 分析 2020 年图书销售情况。

分析　该工作簿中包含销售订单、2020 年图书销售分析和图书单价共 3 张工作表。为分析图书销售情况,首先需要根据"单价"和"销量"来计算"销售额",再对销售额按照月份销量进行统计分析,并做预测。

(1) 将"图书单价"表中的单价信息引入"销售订单"表中。查找的条件是"图书名称",查找的范围是"图书单价"表,"单价"在"图书单价"表的第 2 列,使用 VLOOKUP() 函数进行查找和引用。在"销售订单"表的 D3 单元格中插入公式"=VLOOKUP(C3,图书单价!＄A＄2:＄B＄24,2,0)",双击填充柄自动填充数据,如图 4-19 所示。

(2) 使用公式计算销售额。销售额=单价×销量,在"销售订单"表中,单击 F3 单元格,输入公式"=D3*E3",如图 4-20 所示。

(3) 统计 2020 年每个月的图书销售。统计的第 1 个条件是"图书名称",第 2 个条件是"月份"。多个条件进行统计使用 SUMIFS() 函数。以统计 1 月销售额为例,其求和范围如下。

条件 1:图书名称;
条件 2:大于或等于 2020 年 1 月 1 日;
条件 3:小于或等于 2020 年 1 月 31 日。

D3 　=VLOOKUP(C3,图书单价!$A$2:$B$24,2,0)

图书销量表					
订单编号	日期	图书名称	单价	销量（本）	销售额小计
SHJ-09001	2020/1/1	大学计算机	39	20	
SHJ-09002	2020/1/1	Java面向对象程序设计	58	1	
SHJ-09003	2020/1/2	大学计算机	39	3	
SHJ-09004	2020/1/3	Java面向对象程序设计	58	1	
SHJ-09005	2020/1/4	儒林外史	45	4	
SHJ-09006	2020/1/5	哈利波特	59	5	
SHJ-09007	2020/1/6	C语言程序设计	59	7	
SHJ-09008	2020/1/7	Python程序设计	59.8	9	
SHJ-09009	2020/1/8	昆虫记	22.6	10	
SHJ-09010	2020/1/9	哈利波特	59	30	

销售订单 | 2020年图书销售分析 | 图书单价

图 4-19　设置 VLOOKUP()参数

F3 　=D3*E3

图书销量表					
订单编号	日期	图书名称	单价	销量（本）	销售额小计
SHJ-09001	2020/1/1	大学计算机	39	20	780
SHJ-09002	2020/1/1	Java面向对象程序设计	58	1	58
SHJ-09003	2020/1/2	大学计算机	39	3	117
SHJ-09004	2020/1/3	Java面向对象程序设计	58	1	58
SHJ-09005	2020/1/4	儒林外史	45	4	180
SHJ-09006	2020/1/5	哈利波特	59	5	295
SHJ-09007	2020/1/6	C语言程序设计	59	7	413
SHJ-09008	2020/1/7	Python程序设计	59.8	9	538.2

图 4-20　使用公式计算销售额

在“图书销售分析表”的 B4 单元格单击“插入函数”，在弹出的对话框中设置求和范围 Sum_range，条件范围 1 和条件 1，条件范围 2 和条件 2，条件范围 3 和条件 3，如图 4-21 所示。

同上，计算其他月份销售额。

思考题　Excel 中内置了很多函数，其使用范围非常广，如可根据出生日期计算年龄，可根据姓名求得姓氏等。请思考函数的使用方法和注意事项。

4.3.4　数据分析

数据分析是指用适当的统计分析方法对数据进行必要的处理，以求最大化地开发数

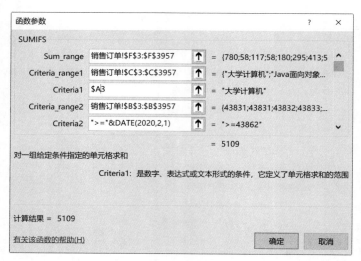

图 4-21　使用 SUMIFS() 函数统计销售额

据的功能,发挥数据的作用。其目的是将蕴含于数据中的信息集中和提炼出来,能够更加准确地提示研究对象的内在特性。Excel 提供了排序、筛选、分类汇总、模拟分析、预测分析、回归、抽样、傅里叶分析等数据分析工具。

1. 排序

实际应用中,常常需要让数据内容按照某种顺序排序。在 Excel 中,利用"升序"或"降序"按钮实现将表格的各行按照某种顺序进行某一列或某几列的值按顺序排列。例如,对"学生成绩表"中的总成绩进行排序,考虑到总成绩相同的情况下,再按"程序设计"成绩排序。在设定排序关键字时,主要关键字为"总成绩",次要关键字为"程序设计"。在"排序"对话框中,默认按"字母排序",如果要求按照一班、二班、三班进行班级排序,需设置"笔画排序",而不是"字母排序"。

2. 筛选

筛选是按照给定条件从数据清单中查找和处理数据的快捷方法,其结果是原数据清单的一个子集,由满足条件的行组成。筛选条件由用户针对某列指定。Excel 提供了自动筛选与高级筛选两种筛选清单命令。

(1) 自动筛选。选中数据区域中的任一单元格,单击"筛选"按钮,进行筛选设置。如果要取消自动筛选,再次选择"筛选"按钮。

(2) 高级筛选。选择"数据"→"筛选"→"高级"命令,弹出"高级筛选"对话框,实现比较复杂的筛选。如果有多个条件,在同一行上构成"与"(并且)的关系;在不同行上构成"或"的关系。数据区域与条件区域之间至少要空出一行和一列。

3. 分类汇总

分类汇总是指以某一字段作为分类依据,对同一类的值进行求和、求平均值等运算。在数据分类汇总前,一定要先对分类的字段进行排序,再进行分类汇总。

Excel对分类汇总进行分级显示,其分级显示符号允许用户快速隐藏或显示明细数据。若修改相关数据后,分类汇总和总计值将自动重新计算。若要取消分类汇总,在"分类汇总"对话框中单击"全部删除"按钮。

4. 数据分析工具

Excel数据分析包括描述性统计、相关系数、概率分布、均值推断、多元回归分析以及时间序列等。例如,使用Excel计算身高与体重的相关系数,通过"数据"→"数据分析"命令,选择"相关系数"分析,得到身高体重的相关系数约为0.896,如图4-22所示。

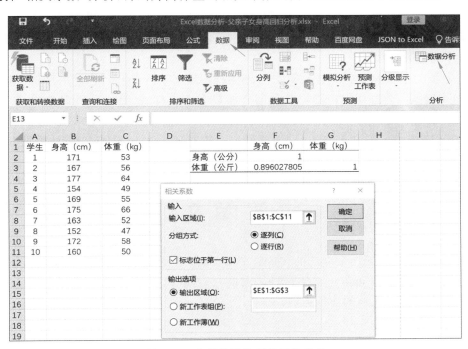

图4-22　身高体重的相关系数分析

4.3.5　数据可视化

数据可视化旨在借助图形化手段,直观、清晰、明了地表达数据的特征。根据数据源的数据性质及用户目标的不同,在Excel中可以绘制柱形图、折线图、饼图、气泡图、雷达图、箱型图、地图、漏斗图等不同类型的图表。

1. 创建图表

图表有多种形式。如果想要表现多组数据之间的变化趋势,折线图是较好的选择;如果想要一眼就看出数据的数量大小,柱状图(直方图)则更合适;如果要表现局部与全局的比例关系,饼图是首选。

例4-7　在"2020年图书销售分析"工作表中,插入统计销售趋势的迷你折线图。

选定N3单元格,选择"插入"选项卡中的"图表"→"迷你图"→"折线图"命令,即可完成图表的创建,实现数据的可视化,如图 4-23 所示。

	A	B	C	D	E	F	G	H	I	J	K	L	M	N
1						2020年图书销售分析								
2	图书名称	1月	2月	3月	4月	5月	6月	7月	8月	9月	10月	11月	12月	销售趋势
3	大学计算机	5109	5109	2418	4524	4446	1170	4992	3081	10530	390	624	2574	
4	Java面向对象程序设计	1624	2436	754	2146	2146	116	2088	1218	5394	232	58	696	
5	儒林外史	2475	2115	180	3060	2970	900	3285	1440	5085	135	45	1620	
6	哈利波特	2301	236	236	413	413	590	295	118	236	0	0	118	
7	C语言程序设计	3009	1357	649	1239	1416	531	1593	1652	3835	354	0	767	
8	Python程序设计	5202.6	777.4	239.2	1435.2	1375.4	418.6	1614.6	1315.6	3169.4	299	119.6	598	
9	昆虫记	587.6	226	0	180.8	180.8	45.2	180.8	180.8	474.6	45.2	0	113	
10	人工智能导论	692.5	1246.5	387.8	526.3	637.1	277	1191.1	581.7	2049.8	166.2	55.4	526.3	

图 4-23　迷你图

2. 图表的编辑

图表的组成元素包括图表标题、图例、坐标轴、数据系列、图表区、绘图区等。插入某种类型的图表后,会自动应用预定义的图表布局和图表样式。Excel 同时提供了多种有用的预定义布局和样式。如果不满意,在选定图表对象后,选项卡中会自动添加"设计"和"格式"图表工具,通过在"图表工具"选项卡中的各项命令,可以对图表类型、数据源、坐标轴等图表元素的布局和格式进行微调。

4.4　演示文稿

演示文稿是当今使用最广泛的表达与交流工具,是表示演讲主题与内容的重要载体。Microsoft PowerPoint 可以将文字、图形、图像、影音和动画等对象集成到同一张幻灯片中,极大提升了演示文稿的表现力。

4.4.1　设计方法

演示文稿的质量取决于设计。为了提高设计水平,需要掌握基本的设计原则,也需要大量学习、观摩优秀的演示文稿及平面设计作品。

1. 演示文稿的组成

一个演示文稿应该包含标题、提纲、主体内容、总结、致谢与问答,由多张独立而又相互关联的幻灯片组成。常见的结构顺序如下。

(1) 标题。一般是一张独立的幻灯片,用于展示演讲标题和演讲者信息,如姓名、单位、联系方式、日期等。有时也以图标形式将演讲者的单位等信息制作在幻灯片的顶部或底部。

(2) 提纲。通常为一张独立的幻灯片,展示演讲内容的提纲。例如,一个项目进展汇报 PPT 可能的大纲标题包括项目简介、预期目标、主要研究工作、已取得的成果、存在的不足、未来工作等。

(3) 主体内容。演示文稿的主体部分,由根据提纲顺序排列的多张幻灯片组成。例如,在前述项目进展汇报 PPT 中,可分别围绕大纲的各部分设计制作一张或多张幻灯片。

（4）总结。一张或多张幻灯片，通常为演讲的内容总结，也可以简要说明存在不足及未来工作打算。

（5）致谢与问答。可以在一张幻灯片上，分别列出致谢及问答（Q&A），还可以分开设计在不同的幻灯片上，演讲者联系方式等信息也可以在这里展示。

2. 演示文稿制作的基本过程

演示文稿制作一般包括规划设计、素材整理、制作阶段、调整优化4个阶段，是一个不断迭代与完善的过程。

（1）规划设计。根据演讲主题、内容及受众特点，确定演示文稿的总体结构、主要内容与展示风格。

（2）素材整理。根据内容和表现形式的要求，搜集和制作文本、图片、视频、音频。在此过程中，常常需要使用多媒体编辑软件，如图像处理软件、音视频处理软件等。

（3）制作阶段。使用 PowerPoint 等软件将素材添加到幻灯片中并设置表现形式。

（4）调整优化。根据设计原则，不断调整内容、优化色彩搭配和动画呈现方式等，以达到更好的呈现效果。

3. 演示文稿的设计原则

演示文稿设计并没有统一的规则或要求，一般来说，需要考虑"演讲者""演示文稿的观众""要表达的内容""内容的表现形式"4方面。知名设计公司 Duarte 的领导者——南希·杜瓦特，提出了演示文稿设计的5点原则，微软公司也曾提出演示文稿的3条法则。概括而言，设计演示文稿时应该注意以下几点。

（1）认真了解演示文稿的受众。认真了解受众的年龄、偏好和社会性等特点，并据此决定演示文稿的基本风格。有些受众可能比较喜欢传统经典风格，另外一些受众可能喜欢时尚活泼的风格。例如，向专家汇报研究工作进展时，可能需要通过演示文稿风格突出研究的专业性与严谨性。

（2）内容永远重于形式。根据要表达的主题、内容及受众设计演示文稿的内容和结构，使幻灯片之间有清晰合理的逻辑关系，同一张幻灯片上不同元素有合理的布局和呈现方式。

（3）简洁的风格。用最少的文字，合适的图片、图表、视频等元素把复杂信息简洁地呈现出来，以观众最容易理解的方式来展现信息。

（4）色彩协调。采用高反差的背景和前景色，常采用浅色背景，深色文字。一般而言，同一张幻灯片中不宜有太多的颜色，建议不超过3种，并应该注意不同颜色的搭配与和谐。同一个演示文稿中，每一张幻灯片的风格也应该保持一致。

（5）用多媒体增强直观性和兴趣。利用图片、图表、图形、表格、SmartArt 图形、视频、动画等增加内容的直观性，各种素材应保证有一定的清晰度。

（6）合理使用动画和切换效果。为了增加演示文稿的动态效果，应该适当使用动画等效果。例如，在图 4-24 所示的幻灯片中，通过设置小车的动画，来向观众形象地说明警车驶过感应区时，可将红灯调整为绿灯。

需要特别说明的是，高质量演示文稿不仅看形式，更重要的是内容的质量、内容的组织与呈现方式等。将演讲内容通过大量文字罗列在幻灯片上容易引起受众的疲劳感，突

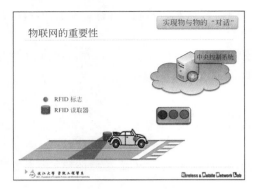 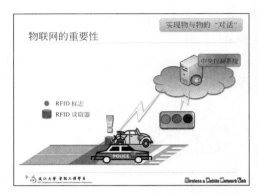

图 4-24　一张幻灯片中的多个对象先后出现

出重点,尽量减少文字描述是设计幻灯片必须遵守的基本规则。另外,演讲者也要注意提升专业性与演讲水平。

思考题　企业宣讲用的演示文稿和教师的教学课件在设计上有何差别?

4.4.2　创建演示文稿

在 PowerPoint 中,一个演示文稿被保存为一个扩展名为 pptx 的独立文件。制作演示文稿一般先从空白演示文稿开始,再逐步添加幻灯片,但也可以在选定模板的基础上新建一个演示文稿空白页。

1. 创建空白演示文稿

创建一个空白演示文稿,自动包含一张幻灯片且版式为"标题幻灯片"。在幻灯片中输入文本,设置适合的主题,如图 4-25 所示。

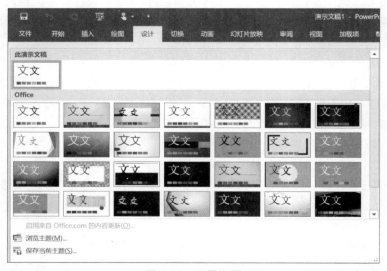

图 4-25　设置主题

2. 插入并编辑幻灯片

创建演示文稿的主要工作就是根据展示主题及内容的需要,不断插入并编辑新的幻灯片。通常一张幻灯片中会包括适量的文字、图片、表格等对象,编辑幻灯片的任务就是创建这些对象,并对其版式、色彩及显示方式进行调整。

3. 演示文稿模板

模板是 PowerPoint 预先设计好的幻灯片配色及格式方案,是一种特殊格式的演示文稿,一般含有多张幻灯片,其扩展名为 potx。用户可以根据需求从互联网搜索并下载各式各样的模板。

4. 演示文稿视图

在演示文稿的"视图"选项卡中,包括演示文稿视图和母版视图,其窗口的显示结构不同,默认以普通视图显示。母版规定了演示文稿的通用版式,PowerPoint 提供了一些预定义模板,用户也可以另行定义。

....

思考题 已经创建好的空演示文稿能否应用模板? 从某个模板创建的演示文稿,能否换成其他模板?

....

5. 幻灯片基本操作

幻灯片是演示文稿的基本组成单位,在演示文稿制作过程中,可以插入新幻灯片,也可以进行复制、删除等操作。该操作可以在普通视图或幻灯片浏览视图中进行。

4.4.3　插入多媒体对象

在幻灯片中可以插入文本、图像、视频、音频、图表、SmartArt 等素材(或对象),以丰富演示文稿的表现力。

1. 获取素材

素材来源一般有 3 类。第一类是从网络获取,但对于明确有版权保护说明的素材,应谨慎下载使用;第二类是录制或者抓取计算机显示的内容,PowerPoint 2019 提供的"屏幕录制""屏幕截图"功能,为录制屏幕显示信息或者抓取屏幕显示图片提供了方便,此外,也有一些专门的抓图软件可以使用,例如 Snagit;第三类则需要自己绘制或者制作,例如通过 Microsoft Visio 绘制专门的图形。

2. 插入 SmartArt 图形

PowerPoint 提供的 SmartArt 图形可以清楚地表达层次关系、循环关系、附属关系,能更有效地传达信息或观点。文本框中的文本可以与 SmartArt 图形互相转换。

3. 插入声音

配放适当的背景音乐或者声音,能够增加演示文稿的吸引力与表现效果。PowerPoint

支持 mp3、wav、mid 等声音格式。

例 4-8　如何实现演示文稿的背景音乐效果？

分析　背景音乐效果要求在放映多张幻灯片时，同一首音乐一直播放。而音频文件插入某张幻灯片中后，当播放到下一张幻灯片时，默认停止播放声音。设置声音播放方式为"跨幻灯片播放"，才能实现背景音乐效果。此外，还可以设置循环播放音乐。

例 4-9　如何为演示文稿配解说词？

分析　一边放映幻灯片一边录制旁白，即解说词。

（1）将传声器插入台式机的 MIC IN 插孔。笔记本电脑内置了传声器，可以直接使用。

（2）打开演示文稿，选择"插入"→"录音"命令，将录制计算机内置或外置传声器中的声音，录音完毕将在当前幻灯片上出现喇叭图标，表示录音完成。该录音文件自动插入当前幻灯片中。

（3）在放映幻灯片时，选择"播放旁白"，则可在放映幻灯片视觉内容的同时，播放旁白。

4. 插入超链接

超链接能够在幻灯片放映时通过单击跳转到其他幻灯片、其他文件、网站等。在 PowerPoint 中可以为文本、公式、剪贴画、形状、艺术字等图形图像等对象添加超链接。

4.4.4　增加吸引力

合理设置幻灯片的文字、背景和色彩等显示风格，以及必要的动画，能够有效提升幻灯片的显示效果，提升对受众的吸引力。

1. 设置主题

主题包含字体、颜色、背景等样式信息。PowerPoint 自带了多套主题，不同版式的幻灯片上，背景、图片等会略有不同，但仍保持一致的风格。在"设计"选项卡的主题区域中，显示了多种预定义的主题风格，可以直接选择，也可以另行定义。

配色方案是指在某一种主题下，可以设置的多种颜色的组合，对主要对象的颜色，如图表、表格、文本或者图片等重新着色。配色方案的作用范围可以是当前幻灯片，也可以是全部幻灯片。

2. 设置背景

背景是指为幻灯片设置背景填充、颜色和透明度等样式，也通过"设计"选项卡设置。一般来说，如果要在投影机上放映演示文稿，背景颜色应该浅一些；在计算机上放映，背景可以深一些。背景的作用范围可以是当前幻灯片，也可以是全部幻灯片。

3. 设置动画

合理设置动画，能够更加直观准确地表达展示内容的内涵，使其更容易理解。对描述过程性内容具有更加重要的意义。设置动画之前，应该有初步的设计，预先设计好一个对象的出现方式、顺序以及退出方式，以及各个对象之间的显示顺序。在 PowerPoint 的"动画"选项卡中,可以设置"进入""强调""退出"3种类型的动画。通过"动画窗格"面板,可以调整动画的先后顺序,以及进一步的动画设置。通过"动画刷"可以将对象 A 的所有动画效果快速地复制到对象 B 上,提升效率。

4.设置切换效果

幻灯片的切换方式是指放映过程中从一张幻灯片更换到下一张幻灯片的方式,包括换页的方式以及下一张幻灯片显示在屏幕上的方式。PowerPoint 提供了多种不同的切换方法,可以手动切换,也可以自动切换。

5.设置母版

母版能够控制演示文稿中所有幻灯片的文本特征,如字体、字号和颜色等,还可以控制背景色和某些特殊效果,如阴影、对象的位置及项目符号样式等。在幻灯片母版中,左侧第一张母版可以看作"总幻灯片母版",在其中修改背景、文本等格式将对所有幻灯片生效。其他母版是不同版式对应的幻灯片母版,在其中修改,只会改变这种版式的幻灯片效果。

问题 4-3　如何制作与众不同的模板?

分析　PowerPoint 提供了大量专业设计的模板,但所有用户都可以使用这些模板,缺乏特色。自己设计模板的方法是在母版视图下,先设计"总幻灯片母版"的格式,再设计几个常用版式的幻灯片样式,另存为.potx 模板格式即可得到一个模板。

4.4.5　演示与输出

制作好的演示文稿主要通过两种途径显示其效果,其一为放映,其二为打印。

1.放映与标注

PowerPoint 提供 3 种放映类型:演讲者放映、观众自行浏览和在展台浏览,其区别如表 4-5 所示。

表 4-5　不同放映类型的区别

放映类型	放映方式	是否可以循环放映	放映时是否可以标注
演讲者放映	全屏	√	√
观众自行浏览	窗口	×	×
在展台浏览	窗口	√	×

(1)演示文稿的放映。

打开演示文稿,选择"幻灯片放映"→"从头放映"(或按下快捷键 F5),即从第一张幻灯片开始放映演示文稿。单击"从当前幻灯片开始"(或按下快捷键 Shift+F5),从当前幻灯片开始放映,也可以单击窗口底部的视图切换按钮。在演示文稿的放映过程中,可以进行翻页等操作,相关操作及功能如表 4-6 所示。

表 4-6　幻灯片放映中的操作

功　能	操　作	功　能	操　作
切换到下一页	按 Enter 键	切换到上一页	按 ↑ 键
	按 Space 键		按 ← 键
	按 ↓ 键		按 Backspace 键
	按 → 键	出现快捷菜单	右击鼠标右键
	单击鼠标	结束放映	按 Esc 键

　　例 4-10　在实际放映时,通常会采用激光笔进行翻页、发出激光指示屏幕内容,使得演讲者不被束缚于计算机的左右。那么如何用激光笔切换演示文稿?

　　分析　首先将笔记本电脑与投影机的 VGA 数据线相连,然后在计算机上按屏幕切换键,例如 ThinkPad 笔记本电脑需按下 Fn＋F7,使得投影机和计算机屏幕上均出现演讲画面。将激光笔的接收器插入计算机的 USB 接口,如图 4-26 所示,然后打开演示文稿,即可按下激光笔上的按键,进行放映、切换到前一页、切换到后一页等操作。

接收器插入USB接口

图 4-26　激光笔及其使用

　　(2) 对演讲内容做标记。

　　在幻灯片放映时,可以右击幻灯片,将指针切换为笔,就可以在屏幕上勾画标注。放映结束时,还可以将标注的内容保存到演示文稿中。

2. 打印演示文稿

　　页面设置是指设置幻灯片大小、摆放方向、页码等信息,单击"设计"→"幻灯片大小"→"自定义幻灯片大小"按钮改变这些设置,如需宽屏全屏显示则应选择 16:9。选择"文件"→"打印"命令,通常设置打印内容为"6 张水平放置的幻灯片",即可在一张纸上打印 6 张幻灯片的内容。

3. 输出演示文稿

　　演示文稿除了以 pptx 文件保存外,还可以根据需要以不同格式输出:

　　(1) 演示文稿凝聚了作者的智慧,通常另存为 *.pdf 格式,以保护作者利益。

　　(2) 为了能在没有安装 PowerPoint 的计算机上正常放映,可以另存为 *.ppsx 文件。

　　(3) 单击"幻灯片放映"→"录制幻灯片演示"后,进入幻灯片放映状态,此时放映的内容和解说的声音、背景音乐都将录成视频,放映结束后选择"文件"→"另存为视频"命令,即可生成 mp4 格式的视频文件。

4.5　在线协同办公

在线协同办公是指多人通过网络环境共享资源、沟通交流、协作处理办公事务的一种活动。目的是让办公更高效、更便捷、成本更低。随着企业对协同办公的要求不断提高,协同办公的定义得到了扩展,被提升到智能办公的范畴。

在线协同办公需要相应的软件及环境支撑。Office 365是微软公司提供的云服务,是一种订阅式的跨平台在线协同办公软件,基于云平台提供多种服务,通过将 Word、PowerPoint、Excel 和 Outlook、OneNote 等应用与 OneDrive 和 Microsoft Teams 等强大的云服务相结合,可以让任何人使用任何设备随时随地创建和共享内容。

1. 通用的协作工具包

Office 365 微助理不仅可以帮助用户快速与同事取得联系,还提供安全的文档共享服务、基于人工智能的智能会议调度及任务协调功能,可以提升团队协作的效率。Microsoft Teams 作为以聊天为中心的工作区,为每个团队定制所需的内容和功能,并提供企业级保护的安全保障。

2. 员工可以在手机/平板/笔记本电脑等任意智能设备上使用 Office 365

Skype for Business 作为完整的云通信工具,可以让员工在单个客户端中跨设备发送信息/召开线上会议和进行音、视频通话;客户可以随时使用语音/高清视频和网络会议以减少出行,降低差旅成本。

3. 通过网络随时随地访问数据、进行文档的在线存储和安全共享业务信息

Outlook 作为一种更适合协作的电子邮件和日历,能够快速共享电子邮件和事件,以云附件的形式轻松分享 OneDrive 文件,并提供共享、创建和查找内容的无缝体验。

4. 可进行文档的多人协同编辑,跟踪项目的最新进展,提高整体的工作效率

使用 Office 和 OneDrive 创建/共享/查找内容,实时协同创作可以在组织内部或外部存储/同步和共享文件,并从任意设备随时随地查找/跟踪并发现内容。

此外,也有许多专门的在线协同办公软件。

习　题　4

一、单选题

1."剪切"和"复制"按钮呈灰色而不能被选择时,表示的是_____。

A. 选定的文档内容太长，剪贴板放不下　　　B. 剪贴板里已经有了信息

C. 在文档中没有选定任何信息　　　　　　　D. 已执行了"复制"命令

2. 打开一份文档，编辑后执行"另存为"命令，换一个文件名保存，则源文档_____。

A. 被修改后的文档覆盖　　　　　　　　　B. 被修改但未关闭

C. 被修改并关闭　　　　　　　　　　　　D. 未修改但被关闭

3. 在"打印"对话框中，打印的"页码范围"设置为"2-4,6,9"表示打印的是_____。

A. 第2页，第4页，第6页，第9页　　　　　B. 第2至4页，第6至9页

C. 第2至4页，第6页，第9页　　　　　　　D. 以上都不对

4. 在Excel单元格中输入邮政编码100081时，应输入_____。

A. 100081　　　　B. "100081"　　　　C. '100081　　　　D. 100081'

5. 在Excel中，如果将A1单元格中的公式"＝C＄1＊＄D2"复制到B2单元格，则B2单元格中的公式为_____。

A. ＝D＄1＊＄D3　　　　　　　　　　　B. ＝C＄1＊＄D3

C. ＝C＄1＊＄D2　　　　　　　　　　　D. ＝E＄2＊＄E2

6. 在Excel中，若在工作簿Book1的工作表Sheet2的C1单元格内输入公式，需要引用Sheet1工作表中A2单元格的数据，那么正确的引用格式为_____。

A. Sheet1！A2　　　　　　　　　　　　B. A2

C. Book1：Sheet1A2　　　　　　　　　　D. ［Book1］sheet1A2

7. 在Excel中，当前工作表B1:C5单元格区域已经填入数值型数据，如果要计算这10个单元格的平均值并把结果保存在D1单元格中，则要在D1单元格中输入_____。

A. ＝COUNT(B1:C5)　　　　　　　　　B. ＝AVERAGE(B1:C5)

C. ＝MAX(B1:C5)　　　　　　　　　　D. ＝SUM(B1:C5)

8. 在Excel中，对数据分类汇总前，必须做的操作是_____。

A. 排序　　　　　B. 筛选　　　　　C. 合并计算　　　　　D. 指定单元格

9. 以下不是制作演示文稿应遵循的原则是_____。

A. 文字尽量简洁

B. 应先把幻灯片等的样式设置好，再输入文本、图表等内容

C. 根据内容选择合适的表现形式，如主题、动画与切换效果等

D. 可以把具体的说明内容放在"备注"中

10. 幻灯片中音频文件的播放方式是_____。

A. 执行到该幻灯片时自动播放

B. 执行到该幻灯片时不会自动播放，须双击该声音图标才能播放

C. 执行到该幻灯片时不会自动播放，须单击该声音图标才能播放

D. 由插入声音图标时的设定决定播放方式

二、操作题

1. 制作个人简历，要求排版美观，不少于8页，内容包括如下4部分。

第1部分：封面，封面中有学校名称、图标、校训、姓名、班级、学号等；

第2部分：目录；

第 3 部分：使用表格制作个人信息表。表格的内容有姓名、性别、出生年月、专业、联系地址、联系方式、邮箱等；还包括个人小学至大学的学习经历、获奖情况、社会实践情况等；

第 4 部分：自我介绍、家乡简介、兴趣爱好等，可配有相关图片。

2. 设计一份主题海报，如电影海报、元旦晚会、班级活动海报、商品促销海报等，内容包含活动图片、活动名称、时间、地点、主办单位等信息，要求包括图片、形状、艺术字和文本框等对象。

3. 设计一个日常账本，记录每日收入、支出和结余情况，主要包括日期、项目内容、收入、支出、结余、备注等列，并按月统计每月的收入和支出。

4. 设计一个学生信息表，记录每个同学的基本信息，主要包括学号、姓名、性别、出生日期、年龄、出生地等列，并制作 3 张饼图查看性别分布、年龄分布及生源地分布情况。

5. 制作一个不少于 15 张幻灯片、主题健康鲜明的演示文稿。主题可以为环保、节约、自信、自立、正义、MOOC、中国传统节日、个人简历、我的专业、我的家乡、我的大学生活、我的母校等。任选一主题制作演示文稿，具体要求如下。

（1）首先设计好演示文稿的总体结构，包括需要介绍的内容、大致需要多少张幻灯片、每一张幻灯片的主题及内容等。

（2）对幻灯片中文字进行字体、字号、段落格式和颜色的设置，使用项目符号和编号进行格式设置。

（3）增加多媒体效果。包括艺术字、图形、图片、声音、动画、视频等（声音、动画、视频为选做项）。

（4）幻灯片上需有幻灯片编号和自动更新的日期，不同的幻灯片使用不同版式。

（5）设置幻灯片的切换效果、幻灯片中的对象设定动画效果（进入效果必做，强调、退出、动作路径效果选做）。

（6）作品中要求包含超链接或动作按钮的设置。

（7）在每一张幻灯片的备注中说明在所对应幻灯片制作中采用的方法与技术（采用的模板、版式、渐变或纹理样式、动画方式、幻灯片切换方式、超链接对象的定义等）。

（8）文档命名规则：学号＋姓名＋主题.pptx。

第5章

多媒体技术与应用

随着计算能力的增加,以及网络基础设施的不断完善、网络带宽的不断增加和移动互联网的迅速发展,基于语音、图像、视频等多种媒体集成的多媒体应用逐渐成为互联网应用中不可或缺的重要内容,流媒体、移动多媒体、智能媒体以及虚拟现实等新兴多媒体技术与传统多媒体技术的融合,为多媒体应用带来了更多的机遇。基于多媒体技术获取、传输、存储、处理及发布信息已经成为常态,相应地,对多媒体的认识以及基于常用工具软件进行图像处理、音频处理、动画制作、视频编辑等多媒体操作能力已经成为日常生活、学习和工作中不可或缺的重要技能。

本章主要内容:
- 多媒体基础知识;
- 图像处理常用方法;
- 音频获取及音频编辑常用方法;
- 动画制作常用方法;
- 视频获取及视频剪辑常用方法。

本章学习目标:
- 了解多媒体的基本概念;
- 能够配置多媒体计算机;
- 能够使用 Photoshop 进行图像处理;
- 能够利用 Audition 进行音频的采集、剪辑和合成;
- 能够使用万彩动画大师设计并制作二维动画;
- 能够使用 Premiere 等软件进行视频剪辑。

5.1 多媒体技术概述

今天的互联网上,多媒体技术的应用几乎无处不在,从内容的表示及发布,到人与人之间的交流互动,都能够看到多媒体应用的场景。基于多媒体技术对文字、图像、音频、视频和动画等多种的媒体进行集成与处理,能够创造出更有表现力、更加赏心悦目,也更符合人们需求的多媒体作品。

5.1.1 多媒体常用元素

多媒体(multimedia)是多种媒体的处理、继承和利用的结果。多媒体技术是基于计算机对文本、图形、图像、音频、视频、动画等多种媒体信息进行数字化采集、编码、存储、传输、处理、解码和再现的技术,能够根据特定目标使多种媒体信息有机融合并建立逻辑连接,使得用户可以通过眼睛、耳朵等感官与计算机进行交互。多媒体常用元素是指多媒体应用中可呈现给用户的媒体形式,主要有文本、图形、图像、音频、动画、视频等,如图 5-1 所示。

图 5-1　多媒体元素

1. 文本

文本包括字母、数字、汉字等,是计算机多媒体处理的基础。主流的多媒体应用软件都包含文本编辑功能,例如 Photoshop 图像处理软件中可添加和编辑文字,并能设置文字描边、投影等效果;Premiere 具有添加字幕的功能等。

2. 图形、图像

图形是矢量图,一般指利用计算机绘制的直线、圆、曲线、图表等,文件较小,缩放无失真,如图 5-2 所示。图像是位图,以像素为基本元素,是对物体形象的影像描述,表现自然和细节景物层次、色彩较丰富,是客观物体的视觉再现,但图像放大到一定程度后看起来会显得模糊,如图 5-3 所示。图形是人们根据客观事物制作生成的,它不是客观存在的;图像是可以直接通过照相、扫描、摄影得到,也可以通过绘制得到。

图 5-2　图形

图 5-3　位图图像及放大的效果

3. 音频

数字音频是相对于模拟音频而言的,通常所说的音频一般是指模拟音频,是指由物理振动产生的声波,通过空气或液体、固体等介质传播并能被人或动物的听觉器官所感知的波动现象。而现代计算机、MP3、数码摄像机、数字电视等设备中的音频是使用数字的形式存储的。数字音频主要有两种:用传声器等拾音设备录制的真实世界的声音、利用计算机设备合成的语音和音乐等。

4. 动画

动画是根据人眼的视觉暂留特性,一般用每秒 15～30 帧的速度顺序地播放静止图像,使之产生运动的感觉,从而形成连续的画面。根据画面的视觉效果,动画分为二维动画和三维动画。

5. 视频

视频通常是通过实时摄取自然景象或者活动对象获得的影像,一般来自摄像机、摄像头、手机等。常见的视频文件格式有 mp4、avi、mov、flv、mpg、dat、wmv、3gp、asf 等。

(1) 帧频。帧是视频的构成元素,每一幅静态图像被称为一帧。帧频指每秒录制或播放的帧数量,单位是帧/秒(fps)。帧频越高,视频画面就越流畅,视频文件占用的空间就会越大。一般电影的帧频是 24fps,电视是 25fps 或者 30fps。

(2) 视频分辨率。视频分辨率指每帧图像在水平和垂直方向的像素划分。视频分辨率的大小决定了每一幅静态图像的质量和视频的尺寸大小。视频尺寸通常只用垂直方向的像素数表示,一般有 480P、720P、1080P。

(3) 码率。码率也称为视频比特率,指每秒传输视频信息的二进制位数,单位是比特/秒(bps)。比特率越高,传送数据速度越快。码率一般有 1500bps、3000bps。

(4) 标清、高清和超高清。标清(Standard Definition,SD)视频垂直分辨率一般为 480P,最高不超过 576P。高清(High Definition,HD)视频最低是 720P,一般可达 1080P。超高清(UHD)视频是高于高清电视标准的数字电影格式,如 4K 格式的分辨率是 1080P 的 4 倍,即 $3840 \times 2160 = 1920 \times 2 \times 1080 \times 2$。目前,高端数字摄像机均支持 4K 标准。

5.1.2 多媒体压缩技术

音频和视频文件都比较大,对传输速率、存储空间等有较大的需求。在实际处理过程中,一般都需要通过数据压缩技术来减小文件的大小。

问题 5-1 如何让庞大的多媒体文件在网络上进行传输?

分析 一幅分辨率为 1920×1080、色彩深度为 24 位的静态图像需要 5.9MB 的存储空间。高清视频每秒至少要播放 25 帧图像才能形成连续而流畅的动态图像,数据量更加庞大,存储与传输都不方便。为了使多媒体技术达到实用水平,除了采用新技术手段增加存储空间和通信带宽外,对数据进行有效压缩是必须要解决的技术问题之一。

多媒体压缩技术是在无失真或者允许一定失真的情况下,通过编码技术以尽可能少的数据表示各种多媒体对象,以方便存储与传输。通过压缩文件中的某些字节,可以减少文件大小。例如,使用 Photoshop 设计的一幅 psd 格式的图像的大小为 11.8MB,将其转换为 jpg 格式后,大小只有 71.7KB,如图 5-4 所示。

压缩技术通常分为无损压缩和有损压缩两类。

1. 无损压缩

无损压缩,也称为可逆压缩、无失真编码,是指压缩后的数据经解压后,能够恢复到原始数据完全相同,也就是在压缩过程中没有产生失真。一般用于文本数据、程序以及重

图 5-4　文件压缩前后大小比较

要图片和图像的压缩,但不适合对图像、视频和音频数据的实时处理,其压缩比一般为
2∶1 到 5∶1。目前常用的无损压缩软件有 WinZip 和 WinRAR 等。

2. 有损压缩

有损压缩,也称为不可逆压缩,压缩时减少的数据信息是不能恢复的,因此有损压缩
能够获得较高的压缩比。有损压缩可以应用于图像、视频和音频文件,压缩比可达几十倍
甚至上百倍。JPEG 和 MPEG 等文件使用的都是有损压缩,它利用了人的视觉系统特
性,去掉了视觉冗余信息和数据本身的冗余信息,依然能够保证较高的图片质量。大多数
有损压缩技术的压缩比可以设置,例如 Photoshop 中可以选择“高、中、低”等不同质量,质
量越低文件越小。

问题 5-2　面对纷繁复杂的多媒体文件,国际上是如何进行规范管理的? 有没有通
用的国际标准呢?

分析　为了便于存储、处理与传送,多媒体文件要遵守一定的标准。常用的有国际
电信联盟(ITU)制定的 H.261、H.263、H.264、H.265 等实时视频通信方面的标准,以及国
际标准化组织(ISO)制定的 MPEG1、MPEG2 与 MPEG4 等视频储存、广播电视、计算机
网络上的流媒体方面的标准。随着技术的进步,两者的界线愈来愈模糊,如 H.265 为
ITU 发布用于超高清视频 UHD 的标准。

常见的多媒体国际标准如下。

(1) JPEG 标准。JPEG 是数字图像压缩的国际标准,用于连续变化的静止图像,分
为有损压缩与无损压缩。JPEG 对单色和彩色图像的压缩比通常分别为 10∶1 和 15∶1。
目前,许多浏览器都将 JPEG 作为标准的文件格式。

(2) MPEG 标准。MPEG 标准既适用于运动图像,也适用于音频信息。MPEG 先后
推出了 MPEG-1、MPEG-2、MPEG-4、MPEG-7 和 MPEG-21 5 个版本,最早发表的
MPEG-1 主要用于音频,最为用户熟知的是 MPEG-1 Layer 3(简称为 MP3)。MPEG-2
是第二代规格,是 DVD 的核心技术。MPEG-4 是第三代规格,主要用于视频电话与电视
传播,是目前最为流行的视频格式。MPEG-7 主要应用于数字图书馆、多媒体目录服务
等。MPEG-21 标准的正式名称为“多媒体框架”或者“数字视听框架”,它致力于为多媒体
传输和使用定义一个标准化的、可互操作的和高度自动化的开放框架。

(3) H.265 标准。H.265 标准是国际电信联盟(ITU)推出的高效视频编码(high
efficiency video coding)。H.265 较之前 H.264 标准有较大的改善,该标准旨在有限带宽

下传输更高质量的网络视频，仅需原先的一半带宽即可播放相同质量的视频。这也意味着，智能手机、平板电脑等移动设备将能够直接在线播放1080p的全高清视频。H.265标准同时支持4K和8K超高清视频。

5.1.3 多媒体系统组成

多媒体系统是拥有多媒体功能的计算机系统，由多媒体硬件系统和多媒体软件系统两部分组成。

1. 多媒体硬件系统

多媒体硬件系统既包含传统的计算机硬件设备，如CPU、主板、内存、硬盘驱动器、显示器及打印机等，也包含专用的多媒体信息处理设备，如多媒体接口卡、音视频输入输出设备等。

（1）多媒体接口卡。多媒体接口卡插接在计算机主板扩展槽中，以解决各种媒体数据的输入输出问题。常用的多媒体接口卡有显卡、声卡、视频卡等，如图5-5所示。目前，日常家用和办公的计算机硬件均具备多媒体接口卡。

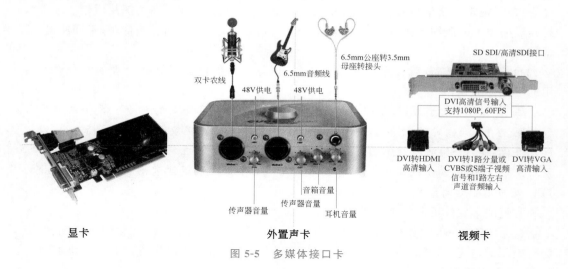

图5-5 多媒体接口卡

① 显卡。显卡工作在CPU与显示器之间，主要控制视频信号的输出。显卡分为独立显卡和集成显卡。独立显卡的功能比集成显卡强，能够流畅地显示复杂的三维场景。

② 声卡。声卡用于处理音频信息，完成音频信号的A/D（Analog/Digital，数模）和D/A（Digital/Analog，模数）转换以及数字音频的压缩、解压缩与播放等功能。声卡提供与其他音响设备的接口，如传声器、耳机、外接音箱以及MIDI设备等。声卡分为外置声卡和集成声卡。外置声卡是一块独立的可插拔的板卡，比集成声卡效果好。

③ 视频卡。视频卡主要用于视频信号的A/D和D/A转换以及数字视频的压缩和解压缩，提供与摄像头、数码摄像机等信号源连接的接口。

（2）多媒体外围设备。多媒体外围设备有多媒体输入设备和多媒体输出设备。常用的多媒体输入设备有扫描仪、手写板、数码相机、触摸屏以及数字笔等;输出设备既有传统的打印机及显示器,也有专用的音箱、绘图仪、3D打印机等。

2. 多媒体软件系统

多媒体软件系统分为系统软件及应用软件两类。多媒体系统软件是多媒体系统的核心,具有管理各种媒体及设备并使其协调工作的功能,通常指多媒体操作系统。Windows、iOS等操作系统都是多媒体系统软件。多媒体应用软件包括多媒体创作软件、多媒体教学软件、游戏软件等。

(1) 多媒体创作软件。根据处理的多媒体对象不同,可将多媒体创作软件进行分类,如表5-1所示。

表 5-1　常用多媒体创作软件

处理对象类型	软 件 名 称	主 要 功 能
图形	AutoCAD	二维及三维绘图设计
	CorelDRAW、Illustrate	矢量图形制作
图像	Photoshop、光影魔术手、美图秀秀	图像处理
二维动画 三维动画	万彩动画大师、HTML5	二维动画制作
	3ds MAX、Maya	三维动画和建模
音频	Audition	数字音频处理
视频	Premiere、Camtasia Studio、会声会影、After Effects	视频采集、剪辑、特效、合成

(2) 格式转换软件。格式转换软件能把不同类型的音视频格式转换成指定的格式,方便对其进行再编辑。例如,格式工厂是一款国产的多媒体格式转换软件,能够将视频转换为MP4、AVI、FLV、MOV等格式,将音频转换为MP3、WMA、OGG、WAV等格式,操作方法如图5-6所示。

(3) 多媒体播放器。常见的多媒体播放器有 Windows Media Player、Quick Time、KM Player、搜狐影音、PPS影音、爱奇艺、优酷等。其中,苹果计算机自带的 Quick Time 可播放 MOV、MPEG 和 MP4 等格式的视频,并具有录屏功能。

5.1.4　多媒体技术的应用领域

多媒体技术具有多样性、集成性、交互性、实时性和易扩展性等特点,已经覆盖了生活与工作的各个领域。

1. 教育培训

多媒体技术可以用于数字学习(如 MOOC 自主学习)、扫码观看短视频的立体化教材、实时交互远程教学;也可以用于虚拟仿真实验、教育 App 等。

2. 新闻出版

电子出版物具有体积小、成本低、检索快等特点,易于保存和复制,能存储图、文、声、

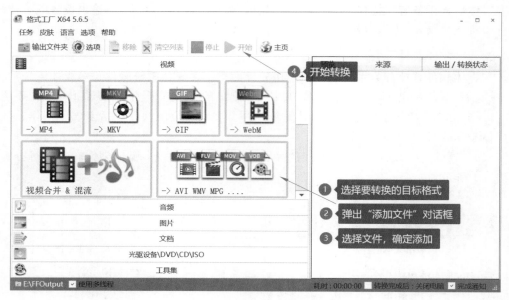

图 5-6　转换多媒体格式

像等信息,常见的有电子图书、期刊、广告等。

3. 新兴通信交流媒介

多媒体技术与计算机技术及通信技术的结合改变了传统通信方式,可视电话、视频会议已经成为当今主要的通信与交流手段,远程医疗则是更高层次的应用。

4. 商业与咨询

多媒体技术广泛应用于商业与咨询活动中,例如商业简报、商业数据分析与可视化、产品演示、电子商务等。利用多媒体技术可以为公众提供各种咨询服务,如旅游、邮电、交通、金融、服务行业等。

5. 其他

多媒体技术还广泛应用于影视广告、艺术设计、室内设计、文物保护和展示、科学研究等。在北京奥运会开幕式上,运用多媒体技术制作了巨幅"卷轴"画册,如图 5-7 所示。新的全息投影技术将虚拟现实、网络等多种技术结合在一起,有了更加广泛的应用,例如,用

图 5-7　巨幅"卷轴"画册

于文物展示和保护的数字敦煌、数字故宫等,如图 5-8 所示。

图 5-8　故宫文物"冰戏图"以全息投影方式展出

思考题　查阅资料,说一说多媒体技术在本专业中有哪些具体应用。多媒体技术的发展会如何影响人类的生活?

5.2　数字图像处理技术

图像是人类最容易接收的信息,是多媒体的重要元素。人类有 70%～80% 的信息获取是通过视觉系统所形成的图像。数字图像处理是生活中最常用的计算机操作技能。

5.2.1　图像处理基础

图像给人更多的真实感,色彩与图像质量在其中扮演重要角色。图形尺寸、分辨率和颜色深度是体现图像质量的主要指标。常见的图像文件格式有 bmp、jpg、gif、png、tiff、psd 等。

1. 尺寸、色彩和分辨率

图像尺寸是指图像的长度和宽度,通常以像素(Pixel)为单位,也可以是厘米、英寸等。一个像素点由红色(R)、绿色(G)和蓝色(B)3 种颜色组成,称为 RGB 色彩,这种表示颜色的方式称为 RGB 模式,应用最为广泛。而在印刷制品领域,为确保可以产生有光泽的纯黑色,则使用 CMYK 颜色模式,C 是青色、M 是洋红色、Y 是黄色、K 是黑色,如图 5-9 所示。

(1) 图像色彩深度。图像色彩深度指图像中表达每个像素所需要的二进制位数。如果图像色彩深度为 1,表示每个像素只有一个颜色位,通常为黑白图;如果深度为 24 位,则表示每个像素有 24 个颜色位,又称为真彩图像。

(2) 分辨率。分辨率是指图像在水平方向和垂直方向上包含的像素数量。一般来说,分辨率越高,图像就越清晰,图像文件越大。

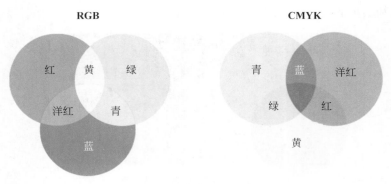

图 5-9　RGB 和 CMYK

2. 常用图像处理软件

常用图像处理软件有 Photoshop、光影魔术手、美图秀秀等。Photoshop 是由 Adobe 公司出品的专业图像处理软件,具有图像编辑、图像合成、校色调色及特效制作等各种复杂功能,应用广泛。光影魔术手和美图秀秀操作简单,能快速实现色彩调整、证件照设计、加边框、拼图、添加水印和批处理图片等常见操作,缺点是不适合复杂的操作。

例 5-1　Photoshop 图片合成示例——阳光宝宝。

启动 Photoshop,打开两张素材图片。先将宝宝图片中的宝宝头部作为选区,设定羽化值后抠取出来,再将选中的部分拖至向日葵图片中,最后写入"阳光宝宝"4 个字,最终"宝宝头部""向日葵""文字"3 个图层叠加后的效果如图 5-10 所示。

图 5-10　Photoshop 图像处理

在【例 5-1】中,涉及选区、羽化、图层等图像处理的常用术语,其含义如下。

(1)选区。通过工具或相应命令在图像上创建的选取范围。选区创建后,可对选区进行编辑,注意,创建选区后,任何编辑对选区外都无效。

(2)羽化。羽化是使选区边缘虚化,起到渐变的作用,达到选区内外自然衔接的效果。

(3)图层。图层可以看作透明的电子画布,每一层都存储不同的图像。多个图层一层一层上下叠加,从而构成一幅完整的图像。Photoshop 中用灰白相间的方格表示透明区域。

此外,常用术语还有如下几个。

(1)容差。容差是指色彩的容纳范围。容差数值越大,每次单击选择的颜色色差范围越大。

(2)流量。流量用于控制画笔作用时的颜色浓度。流量越大,颜色浓度越深。

(3)蒙版。蒙版是模仿传统印刷中的一种工艺而来,印刷时会用一种红色的胶状物来保护印版。在 Photoshop 中,蒙版默认的颜色是红色。蒙版将不同的灰度色值转换为不同的透明度,黑色完全透明,白色为完全不透明。

(4)滤镜。滤镜是 Photoshop 中的插件模块,以达到对图像进行抽象、艺术的特殊处理效果。

5.2.2 图像选取和裁剪

在图像处理中,无论是简单的图像缩放、裁剪、合成或者进行色彩调整、特效修饰,首先都必须"选取"要处理的图像区域。

1. 创建选区

在 Photoshop 中,创建选区可以实现局部图像处理,选区外的图像不能编辑。选区的边界以跳动的蚂蚁线来标识。按 Ctrl+D 快捷键可以取消选区。

(1)创建选区。针对边界轮廓规则的图像元素,使用圆形、椭圆形等创建选区;如果是不规则图形,但轮廓清晰,可以使用"磁性套索工具";如果轮廓为多边形,则选择"多边形套索";其他情况选择"套索工具";如果背景单一,使用"魔棒工具",如图 5-11 所示。

创建规则选区

创建背景复杂的选区

创建背景色单一的选区

图 5-11　创建选区的工具

(2)羽化选区。为了使选取后的图片边缘达到自然过渡的半透明效果,一般先设置羽化值,再创建选区。羽化半径越大,边缘轮廓越虚化,如图 5-12 所示。

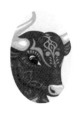
羽化为0px

羽化为10px

羽化为20px

图 5-12　设置羽化

（2）设置容差。使用"魔棒工具"时，一般需要设置容差。容差越大，选区范围越大，如图 5-13 所示。

图 5-13　在"魔棒工具"对应的属性面板上设置容差

2. 图像裁剪

使用"裁剪工具"能去掉图片中不要的部分。如果图片中人物或者物体不正，需要将其拉正，可以使用"透视裁剪工具"，如图 5-14 所示。

图 5-14　利用"透视裁剪工具"拉正封面

5.2.3　图像修改

当图片有颜色失真、大小不合适或者局部有瑕疵时，通过图像修改操作实现图像色彩的调整、缩放变换及图像部分区域的涂抹修复。

1. 色彩调整

在 Photoshop 中，选择"图像"→"调整"→"曲线"命令，调整图片色彩，如图 5-15 所示。

调整前的颜色

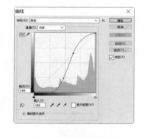

调整后的颜色

图 5-15　颜色调整

2. 图像变换

图像变换能实现图像的移动、缩放、旋转、透视等。在 Photoshop 中，执行"编辑"→"自由变换"命令或者"编辑"→"变换"命令，将对选区或图层进行变形操作。例如，使用磁性套索将一颗向日葵选中,复制 2 朵,将复制后的向日葵分别进行缩放变换后调整位置,如图 5-16 所示。

图 5-16　创建选区、复制、变换效果

3. 图像修复

图像修复是图像处理中经常用到的操作。Photoshop 设有污点修复(小区域的修复)、修补(较大区域的修复)、红眼消除等图像修复功能。这类修复工具的特点是,自动识别鼠标点击处的颜色范围,去除污点、痘痘、黑痣等像素,去除后非常自然。如果使用橡皮擦工具,将会擦去该区域的像素,变成透明区域,这显然无法满足图像处理的要求。

使用修复工具时,一般结合"Alt+鼠标滚动"快捷键将图片放大处理,以便看清细节,如图 5-17 所示。

图 5-17　使用污点修复工具去除痘痘

5.2.4　图层叠加

一个图像通常包含多个图层,图像处理结果就是多个图层叠加后的整体效果。在Photoshop 中,有背景、图像、文字、调整和形状 5 种类型的图层。图层样式是创建图层特效的重要手段,设有斜面和浮雕、描边、内阴影、内发光、光泽、颜色叠加、投影等多种效果,如图 5-18 所示。图层样式不会改变图层的内容,图层样式也可以随时停用。

图层混合模式决定了当前图层像素与下方图层像素以何种方式混合像素颜色。不同的混合模式将产生不同的图层叠加效果,如图 5-19 所示。

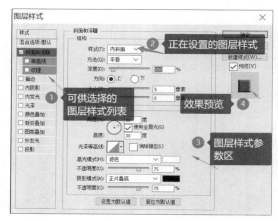

图 5-18　"图层"面板和"图层样式"对话框

图 5-19　使用"叠加"混合模式将黄色草地变绿

例 5-2　Photoshop 综合案例——海报设计。

分析　本例需要呈现科技创新的主题,通过机器人、文字、圆形及光晕效果等图像内容进行表现,涉及抠图(取出素材图中需要的部分)、颜色填充(为圆形填充橘色)、图层样式设置、图层蒙版等操作。本例素材如图 5-20 所示,完成的效果如图 5-21 所示。

图 5-20　素材

图 5-21　效果图

（1）新建文件。选择"文件"→"新建"命令，设置宽度、高度为 1480×2060 像素，分辨率为 72 像素/英寸，颜色模式为 RGB 颜色，如图 5-22 所示。

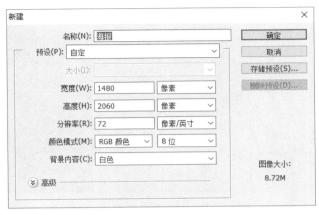

图 5-22　新建文件

（2）设置渐变色。设置前景色为♯001175，按 Alt+Delete 组合键填充背景图层。单击图层面板下方的"创建新图层"按钮，创建"图层 1"。选择工具箱中的"渐变工具"，在工具属性栏中设定从前景色到透明的渐变方式，将前景色设置为白色，然后在图像窗口中由上而下拖拽鼠标，对"图层 1"应用从白色到透明的渐变填充，如图 5-23 所示。

图 5-23　填充渐变色

（3）创建椭圆发光效果。新建图层 2，单击椭圆选框工具，在图层中创建椭圆选区，设置前景色为♯FFA200，按 Alt+Delete 组合键对选区进行填充，按 Ctrl+D 组合键取消选区。在图层控制面板中选择"图层样式"→"外发光"，设置参数如图 5-24 所示。

（4）抠图机器人。打开素材"未来机器人.jpg"，选择"魔棒工具"，设置容差为 10，选中背景；选择"选择"→"反向选择"命令，选择"移动工具"将其拖拽到海报文件中，得到图层 3；使用 Ctrl+T 组合键调整图像的大小，选择"移动工具"调整其位置。

（5）为机器人制作倒影。按 Ctrl+J 组合键复制图层 3 中的对象为图层 4，调整图层 4 到图层 3 的下方，对图层 4 的图像进行"编辑"→"变换"→"垂直翻转"处理。

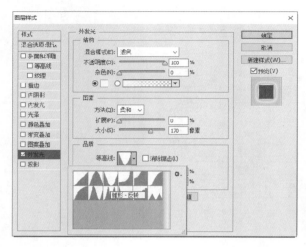

图 5-24　图层样式

（6）应用图层蒙版。为图层 4 应用图层蒙版,填充为由黑色至白色的渐变色,设置图层混合模式为"正片叠底"模式,如图 5-25 所示。

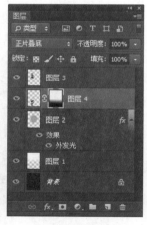

图 5-25　图层蒙版

（7）添加文字。分别选择"横排文字工具""直排文字工具",在工具属性栏中设置字体及大小。使用图层样式,给文字添加描边、投影样式,如图 5-26 所示。

（8）制作小椭圆环。选择"椭圆选框工具"绘制一个椭圆,填充颜色;再次选择"椭圆选框工具"绘制一个稍小的椭圆,选择"选择"→"变换选区"命令,将选区旋转一定角度后,删除选区中的图像。

（9）添加其他元素。打开素材中"机器狗""送餐机器人""无人车"图像文件,使用"磁性套索工具"选取图像,拖拽至机器人文件,分别调整图像的大小和位置,完成本实例的最终效果,如图 5-27 所示。

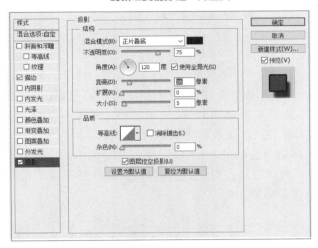

图 5-26　文字描边和投影

图 5-27　绘制椭圆

5.2.5　蒙版、通道和滤镜

在 Photoshop 中,蒙版、通道和滤镜被称为"三大支柱"。

1. 蒙版

蒙版主要包括图层蒙版和选区蒙版。换行分段图层蒙版是附着在某个图层上的一种特殊层,不改变图层内容,可以随时停用或删除。蒙版中可以绘画、填充,但蒙版只有黑白灰的亮度信息,没有彩色,蒙版中黑色的部分将完全挡住图层中相应的区域、灰色将产生半透明效果、白色则完全无遮挡。

另一类蒙版用于创建选区,例如"横排文字蒙版工具"可以创建文字形状的选区。使用蒙版时配合"画笔"工具使用,画笔画出的区域就是选区,从而创建更加灵活的选区。

例 5-3　制作带背景图填充的文字。

启动 Photoshop,打开"校园风光"图片,先选择"横排文字蒙版工具",输入文字内容,得到文字形状的选区,反选后按下 Delete 键,得到效果如图 5-28 所示。

修德求是 博学笃行

图 5-28　横排文字蒙版工具

2. 通道

通道是 Photoshop 的高级功能，主要用来存储图像的色彩信息、存储和创建选区，可用于难度较高的抠图，如抠取半透明婚纱、头发丝等。通道有颜色通道、Alpha 通道和专色通道 3 类，其操作都在"通道"面板上完成。

（1）颜色通道。存储颜色信息，可用各种颜色命令编辑颜色通道来改变图像颜色。

（2）Alpha 通道。存储选区信息，可使用绘图工具和各类滤镜编辑 Alpha 通道。

（3）专色通道。存储印刷用的专色。

3. 滤镜

滤镜是创建图像特效的工具，功能强大，操作方便。Photoshop 内置了"模糊""纹理""素描"等十几种滤镜组，每个滤镜组包含若干滤镜。滤镜的本质是对图像中的像素进行某种数学运算，例如，"模糊"滤镜的基本原理是将每个像素点变成其周围点颜色的均值。

思考题　日常生活中拍摄的风景照、人物照通常进行哪些后期处理？

5.3　声音处理技术

声音是人类表达思想和情感的重要媒介。在多媒体技术领域，声音主要表现为语音、自然声和音乐等音频信号。声音的处理通常包括录音、剪辑、合成等。常见的音频文件格式有 wav、mp3、midi、wma、ogg、aac、aiff 等。

5.3.1　音频获取

在自然界中，声音的产生源于物体的震动，再透过介质进行传播，是连续的模拟信号。波形音频是模拟信号的数字化表现形式。语音、自然声和音乐等都可以被计算机处理成波形音频信号，即音频的数字化形式。

1. 录制声音

录制声音是声音处理软件的基本功能之一。用计算机录音前，应先连接好传声器，设置好音量。传声器采集的模拟声音，经过声卡的采样、量化和编码，成为二进制的波形音频信号，如图 5-29 所示。

2. 获取视频中的声音

很多软件可以从视频文件中提取声音部分，例如，Adobe Audition 软件能直接获取

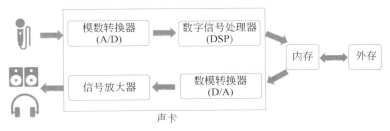

图 5-29　录制声音的过程

MPEG 格式视频中的声音,格式工厂软件可以从 FLV 格式的视频中提取声音并保存为
MP3 格式,操作方法如图 5-30 所示。

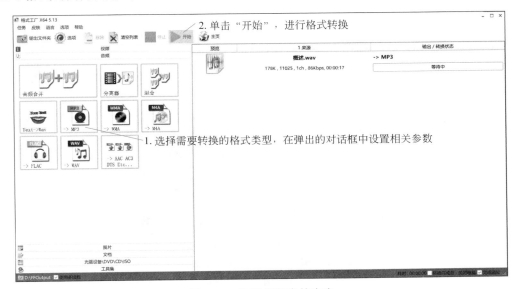

图 5-30　获取视频中的声音

5.3.2　音频处理

音频处理包括音频内容、音频格式和音频效果等。音频内容处理主要是通过选择、裁
剪、粘贴等操作实现声音内容的拼接、剪辑等;音频格式处理主要是实现各种音频格式之
间的格式转换;音频效果处理则是对声音添加各种特效,如降噪、均衡、变调、混响等。

1. 声音裁剪
把一段声音分为几段、删除其中一部分,把不同的声音合成为一个声音等。

2. 多轨混音
混音是将多音轨上的数字音频混合在一起,输出混合后的声音。打开 Audition,新建
多轨混音项目,在多轨编辑视图中插入多轨音频;经编辑后,保存混音后的音频将出现在

波形编辑视图中。

3. 声音编辑

声音编辑操作包括声音的淡入淡出、声音的复制和剪辑、音调调整、播放速度调整等。淡入是指音量由弱变强的过程,淡出是指音量由强变弱的过程。水平/垂直方向拖动波形左/右端的淡入/淡出控制块,设定音频淡入淡出的时间范围和线性值。

4. 音效处理

音效处理包括降噪、混响、人声移除、变调、立体声等。启动 Audition,选择"效果"→"降噪/恢复"→"降噪(处理)"命令实现音效处理。

5. 声音压缩

音频文件一般以 MP3、OGG、AIFF 等压缩格式保存,以减小音频文件的大小。在保存前,应按需设置声音的音质。

例 5-4 录制朗诵语音,添加背景音乐合成为配乐朗诵。

(1)新建多轨混音项目。启动 Audition,选择"文件"→"新建"→"多轨会话"命令,打开对话框,设置参数,如图 5-31 所示。

图 5-31 新建多轨混音

(2)录音并编辑。选择音轨 1,按下红色按钮开始朗诵,录制语音。

(3)插入多轨音频。在轨道 2 中右击,选择"插入"→"文件"命令,插入背景音乐。通过水平拖动"时间滑块"查看音频的不同部分,如图 5-32 所示。

(4)调整音频长度。在轨道 2 的第 59 秒位置处右击,选择"拆分"命令,将背景音乐一分为二,选中分割线右侧的部分,按 Delete 键删除多余部分,如图 5-33 所示。同理,调整轨道 1 中的录音长度。

(5)设置背景音乐淡入淡出效果。拖动轨道 2 上的"淡入"控制按钮,设置波形开始的淡入线性值为 11;接着,设置淡出效果,如图 5-34 所示。

(6)混缩到新文件。在多轨编辑视图的任意波形上右击,选择"导出混缩"→"完整混音"命令,打开"导出多轨混缩"对话框,格式设为 MP3,设置相应的保存位置。

思考题 影响数字音频质量的主要因素有哪些?

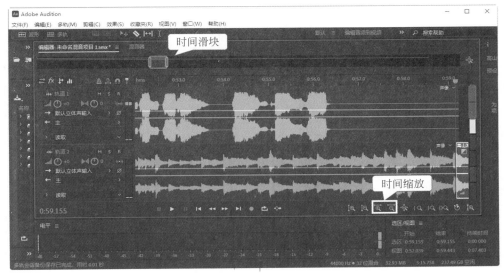

图 5-32　插入多轨音频

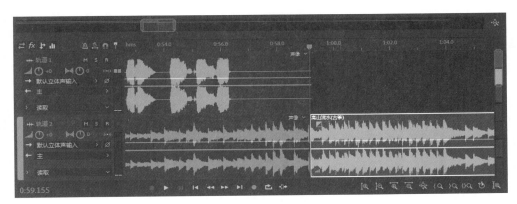

图 5-33　调整音频长度

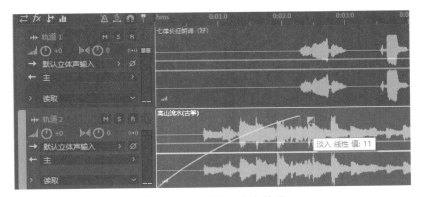

图 5-34　设置淡入淡出效果

5.4　动画制作技术

动画在日常生活中应用广泛,适用于制作企业宣传动画、动画广告、科普作品、影视节目、游戏、微课等。从动画的视觉效果来看,动画分为产生平面动态效果的二维动画、具有立体效果的三维动画和用于虚拟现实的模拟动画。常见的动画的文件格式有 gif、avi、swf、3ds、obj、fbx 等。

5.4.1　二维动画

二维动画的制作主要有动画创意、素材收集与整理、场景设置、舞台设置、分图层制作、调试等环节。

1. 动画创意

制作动画像在导演一部电影或戏剧,需要创意和设计。动画是根据不同的场景将整个故事分解成若干小故事,然后一一实现,也是面对复杂问题,通过分解成多个简单问题,化繁为简的一种计算思维。

动画创意时,首先确定这个动画故事的要素,即剧中的各个"演员"。根据要素创作出简易的剧本,最后根据剧本创作故事板,如图 5-35 所示。

2. 动画场景

动画软件支持在多个场景中制作完全不同的动画,最终按照一定的顺序将多个场景相连接。例如,使用万彩动画大师制作"5G 时代来了"科普动画,设有多个场景,如图 5-36 所示。

时间	地点	人物	起因	经过	结果
傍晚	森林城堡	小猫、小猴子、巫师和喷火飞龙	探险	遇险	得救

勇敢的小猫邀请胆小的小猴子去远处的城堡探险	在门口,小猴子害怕了,小猫率先闯进城堡

图 5-35　故事板

突然出现一只喷火飞龙,要吃掉它们

巫师出现,用魔法制服了喷火飞龙,救了小猫和小猴子

图 5-35 （续）

图 5-36 使用万彩动画大师制作二维动画

3. 舞台尺寸

舞台是动画背景的范围和角色的表现范围,即动画的画面大小。一般根据播放动画设备的分辨率来设置舞台尺寸。在计算机上展示的动画一般设置舞台尺寸为 1920×1080 像素;手机上设置为 720×1280 像素。

4. 素材导入

动画中的素材整理在本地计算机后,可以通过导入的方式使用。不同的动画制作软件,可以导入的文件格式不同,通过导入对话框可以了解可导入的文件类型,如图 5-37 所示。

万彩动画大师自带素材库,提供角色模板,可以直接将需要的角色拖到舞台场景中使用,如图 5-38 所示。

5. 分图层制作动画

画面上的对象能够以不同的方式运动。为了制作方便,软件中可以将不同运动方式的对象放在不同的图层上,如图 5-39 所示。

在每一层中,利用时间轴上的帧安排不同时刻显示的画面。为使画面连贯,一般每秒播放 12～24 帧,每帧一个画面。通过"播放速度"可调整帧频,如图 5-40 所示。

6. 网页动画制作

随着 Web 技术的发展,HTML5 已逐渐取代 Flash,用于网页动画制作。Canvas 是 HTML5 中专门用来绘制图形的元素。在页面放置一个 Canvas 元素,就相当于在页面上

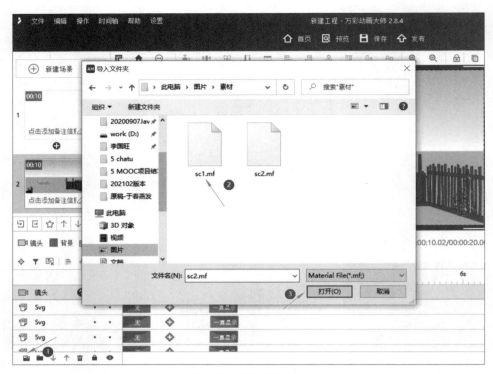

图 5-37 导入图片素材

图 5-38 角色对象

放置了一块画布,它是一块无色透明的区域。向 HTML5 页面添加 Canvas 元素,规定元素的 id、宽度和高度,代码如下:

图 5-39　动画元素放在不同的图层

图 5-40　设置动画播放速度

```
<canvas id="myCanvas" width="400" height="300"></canvas>
```

使用 Canvas API 编程接口可以在页面上绘制路径、矩形、圆形、字符及添加图像，还可以加入高级动画。例如，使用 Canvas 实现五子棋动画，效果如图 5-41 所示；使用

Canvas 实现文字动画粒子特效,效果如图 5-42 所示。

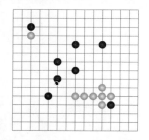

图 5-41　Canvas 实现五子棋

图 5-42　Canvas 实现动画粒子特效

5.4.2　三维动画

　　三维动画的一般制作过程为动画角色建模→材质贴图→灯光和摄像机→创建动画→输出动画。3D Studio MAX,简称 3ds MAX,是 AutoDesk 公司的三维动画制作和建模软件,广泛应用于影视、游戏、动画设计等领域。例如,电影《X 战警 Ⅱ》、上海世博会中国馆的动态"清明上河图"都使用三维动画软件制作,如图 5-43 所示。

图 5-43　动态"清明上河图"

　　虚拟现实(Virtual Reality,VR)、增强现实(Augmented Reality,AR)、3D 电影等视觉效果与人眼观察现实世界的效果相同。人的眼睛之所以能够看到三维效果,是因为两个眼睛观看同一个物体时具有视觉差。如果拍摄或制作的同一个画面有这样的差异,配合具有偏振效果或者双眼时间差效果的 3D 眼镜或 3D 头盔,使左右眼各自能看到有差异的画面,在脑海中便可以形成真正的立体效果,如图 5-44 所示。

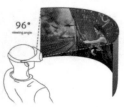

VR所虚拟的世界

图 5-44　VR 虚拟世界和 VR 眼镜

5.5 视频处理技术

视频符合人们在短时间内传递更多信息的要求,是多媒体系统中主要的媒体形式之一。视频处理技术包括视频素材的获取、导入、剪辑、合成、特效、滤镜等。常见的视频文件格式有 mp4、avi、mov、flv、mpg、dat、wmv、3gp、asf 等。

5.5.1 视频信息的获取

视频按照存储信息和处理方式的不同,分为模拟视频和数字视频。视频信息的获取根据视频类型可以通过视频采集卡、数字视频设备或网络下载获取。

1. 利用视频采集卡获取

在进行视频编辑操作时,如果原始视频是模拟信号,需将其通过视频采集卡转换为数字信号。常用的视频采集卡有 1394 采集卡、USB 采集卡、HDMI 采集卡、VGA 视频采集卡、PCI 视频采集卡等。会声会影等软件则自带采集、编辑、格式转换的功能。

2. 利用数字视频设备获取

数码摄像机、数字摄像头、手机、3D 摄像机等设备可用于视频拍摄,通过 USB 等接口连接计算机使用。随着技术的进步,智能手机的视频拍摄质量越来越高,拍照后利用手机 App 也可以直接编辑,常用的手机视频软件有美摄、Video Stitch、电影精灵、抖音、快手、小影等。

3. 利用网络下载获取

随着互联网技术的发展,网络平台中存储了大量的视频资源,部分视频可下载或录制。优酷、爱奇艺、腾讯视频等提供了下载视频功能;部分浏览器也具有录制视频功能,如 360 浏览器的"边录边播"功能。

5.5.2 使用 Premiere 剪辑视频

Adobe Premiere 是一款专业的视频编辑软件,它与 Adobe 公司推出的其他软件相互协作,提供了采集、剪辑、调色、美化音频、添加字幕、输出等整套流程,广泛应用于广告制作、电影剪辑等领域。

1. 新建项目

项目是导入素材、采集素材、存储素材和编辑影片的载体。在使用 Premiere 编辑视频之前,用户需要创建一个项目来承载影片编辑所需要的素材。

2. 导入素材

Premiere支持导入序列素材和素材文件夹。添加后的素材将在"时间轴"面板中显示,如图5-45所示。

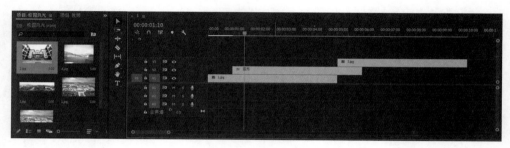

图5-45 导入素材

3. 编辑处理

视频编辑是将通过摄像机等方式获得的视频进行加工再改造,将其按照一定的时间、空间等顺序连贯起来的制作过程,它是影片制作过程中不可缺少的一个环节。

(1)编辑轨道。为方便素材的查找,在"时间轴"面板中给轨道命名,根据需要添加、删除轨道、添加视频关键帧。

(2)调整播放时间、播放速度。在"时间轴"面板上,将鼠标移至图片素材前端和末端,会出现向前和向后的箭头,向右拖动鼠标指针即可延迟其播放时间,向左拖动鼠标指针,则可缩短图片的播放时间。在"时间轴"面板上右击,选择"速度/持续时间"命令,在弹出的对话框中设置速度为50%,即将相应的视频播放时间延长一倍,如图5-46所示。

图5-46 调整播放速度

(3)分离/组合音、视频素材。素材导入Premiere中,既有音频也有视频,用户对素材进行复制、移动和删除等操作时,将同时作用于素材的音频部分和视频部分。在"时间轴"面板上右击该素材,选择"取消链接"命令,即可分离出素材中的音频和视频。反过来,右击,选择"链接"命令,即可将所选音频和视频素材之间建立相关的联系。

(4)精确编辑。在Premiere中,使用选择、剃刀、比率拉伸等工具编辑素材。在精确视频编辑时,要求进行帧精度编辑,可输入时间码精确定位。使用三点编辑和四点编辑可以精确地添加或替换素材,使用提升和提取操作可以精确删除镜头。

① 三点编辑。在素材监视器和时间轴上设置两个入点和一个出点,或一个入点和两个出点,第四个点将被自动计算出来。

② 四点编辑。在素材监视器设置素材的入点和出点,在时间轴上设置入点和出点,共设置四个点,常用于素材的替换。

③ 提升操作。设置入点和出点后,选中入点和出点之间的片段,单击"提升操作"按钮,将选中的素材片段删除,其他片段在轨道上的位置不发生变化。

④ 提取操作。与"提升操作"相似,删除素材片段后,后面的片段自动前移,与前一片段连接到一起。此操作类似于 Word 中的 Delete 操作。

4. 视频过渡特效

视频转场是在不同的镜头之间进行切换时添加的过渡效果,加入过渡效果可以增加画面的流畅性和表现力。

Premiere"效果"面板提供视频转场效果,有 3D 运动、划像、擦除、沉浸式视频、溶解、滑动、缩放、页面剥落类等效果。单击"视频过渡"文件夹左侧的展开按钮,选择用户需要的过渡效果,将它拖曳到素材之间,在"特效控制台"面板中设置其参数,如图 5-47 所示。

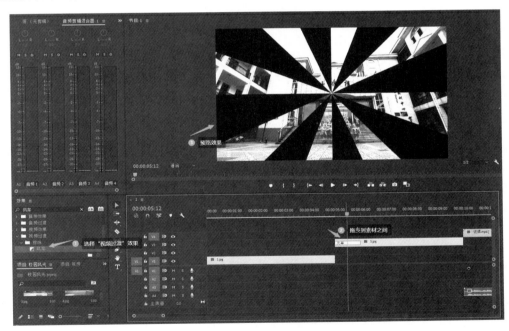

图 5-47　设置视频过渡特效

5. 视频特效

视频特效可以达到突出视频主题,增强视觉效果的作用。Premiere"视频效果"面板中设有变换、扭曲、杂色与颗粒、模糊与锐化等视频特效,通过拖曳到"时间轴"上的素材即可添加视频特效,如图 5-48 所示。

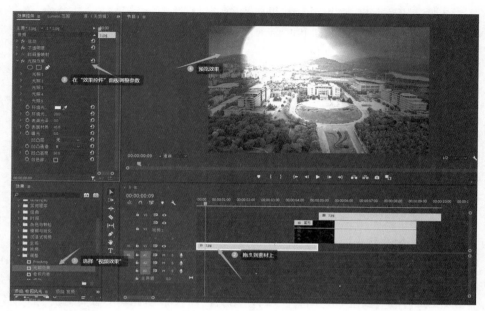

图 5-48　设置视频特效

遮罩将视频效果界定在画面的特定区域内。使用跟踪遮罩,可跟踪画面中运动的点。在"键控"效果组中设有抠像效果,如 Alpha 调整、轨道遮罩键、颜色键等,用于隐藏多个重叠素材中最顶层素材的部分内容,从而在相应位置处显示出底层素材的画面。

6. 添加字幕

视频中的文字不仅能够起到为影片添彩的作用,还能够快速、直观地传达信息。在 Premiere 中,把视频调整到需要添加字幕的画面,单击文字工具 T,在画面中选择合适的位置,即可添加字幕。通过设置字幕文本效果和样式,增加字幕文本的绚丽性;在"基本图形"面板中可以创建滚动字幕、变换字幕,如图 5-49 所示。

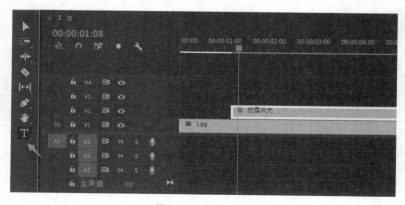

图 5-49　添加字幕

7. 音频处理

声音处理包括音量增减、声道设置和特效运用。使用鼠标拖动来延长或缩短音频素材持续时间,会影响音频素材的完整性。为保证音频内容的完整性,一般通过调整播放速度的方式来实现。

8. 输出影片

影片剪辑完成后,将其用 avi、wmv、mpeg 等视频格式导出,方便传输。

5.5.3 使用 Camtasia Studio 制作微课

Camtasia Studio 是 TechSmith 旗下一款专门录制屏幕动作的工具,具有即时播放和编辑压缩的功能,可对视频片段进行剪接、添加转场效果,支持输出 mp4、avi、wmv、mov、rm、gif 等格式,是常用的微课制作工具。

1. 录制屏幕

打开 Camtasia Studio 9,选择"新建项目"后即打开主界面,单击"录屏"按钮,弹出录制工具栏,如图 5-50 所示。设置录制选择区域、录像设置后,单击 rec 按钮开始屏幕录制,按快捷键 F10 结束录屏。

图 5-50　录制工具类

2. 视频剪辑

录屏结束后,软件会自动打开 Camtasia Studio 主界面,将录制好的视频导入时间线上。在时间线上,可将音/视频分开,或根据需要进行后期剪接操作。详细教程请参阅相关的技术文档。

3. 导出视频

单击"分享"按钮后,弹出"生成向导"对话框,如图 5-51 所示。如果要生成高清或超高清视频,选择"自定义生成设置"→MP4 命令,继续单击"下一步"按钮对视频格式进行进一步的设置,即可导出视频。

思考题　学校征集宣传网络安全的短视频,要求围绕身边网络安全热点事件,宣传网络安全防护小技巧。思考该类型的短视频应如何选题、内容如何呈现、如何设计制作。

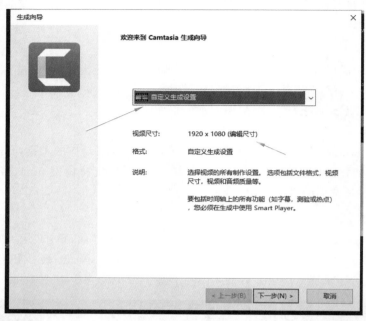

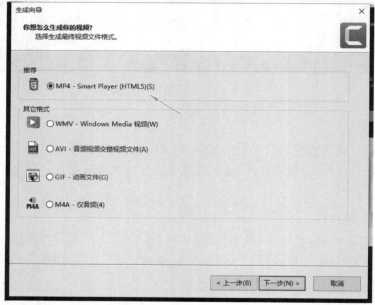

图 5-51 "生成向导"对话框

大学计算机——概念、思维与应用

习　题　5

一、操作题

1. 使用光影魔术手自制 2 寸电子证件照,背景色为蓝色或红色。

2. 使用图像处理技术将你的个人照片和景物图像进行合成处理,将人物抠像后,放到景物的画面中。要求两个画面合成自然,在最终的画面上添加一句自选文字。提交要求:图像尺寸为 3000×2000 像素,图像格式为 jpg。

3. 使用手机或计算机录制"面朝大海,春暖花开"音频,使用格式工厂等软件将其转换为 MP3 格式输出。

4. 使用 Camtasia Studio 制作一个微课视频,录制"2 寸电子证件照的操作步骤",配字幕和解说文字。

二、设计题

1. 使用图形处理技术进行平面设计,内容包括海报设计、书籍装帧、包装设计等利用平面视觉传达设计的展示作品。请保存为 jpg 格式文件。

2. 使用音频处理技术设计制作一段配乐诗朗诵作品,进行多音轨编辑,要求:CD 音质;音量适配;伴奏音乐;使用恰当的音效处理等。请保存为 MP3 格式文件。

3. 结合"节能环保"主题,设计与制作一款 GIF 动画作品,时长至少 3 秒。作品导出为一个 300×300 像素大小的动画 GIF 格式。

4. 以"大学生活"为主题,使用手机拍摄视频,利用"快剪辑"软件制作一段短视频,保存为 MP4 格式。操作提示如下。

(1) 用手机拍摄一段或几段自己大学生活的视频;

(2) 在计算机或手机上使用"快剪辑"软件对视频素材进行编辑,添加滤镜、音乐、字幕、画质、马赛克、装饰、画中画等;

(3) 将影片保存为"大学生活.mp4",上传分享。

5. 围绕中华优秀传统文化元素、环境保护、前沿科技、大学生活等方面,选定一个主题,如中华优秀传统文化元素的中华服饰、手工艺、手工艺品、建筑、非物质文化遗产等,制作一段微视频。要求如下。

(1) 根据主题要求,准备视频素材若干;

(2) 将以上视频素材片段链接成一个整体视频,其中任意两个视频之间要加入适当的转换效果。

(3) 为视频添加滚动文字的说明。

(4) 使用运动特技,实现一个屏幕显示两个视频窗口的画中画效果。

(5) 为视频添加背景音乐,其中背景音乐的起点是由小到大,最后是由大到小。

第**6**章

计算机网络

计算设备、智能手机及其他各类智能终端的联网已经成为信息时代的基本要求。在各类计算设备及联网设施的支持下，人与人、人与物乃至物与物的交流与互动均发生了根本性的改变，并且正在向不断融合的方向发展，已经在一定程度上改变了人类和自然社会。从联网实际情况看，各类计算设备与智能终端数量巨大、类型各异，物与物之间的差异性更加突出，它们是如何联结在一起的？又是如何协同工作的？

本章主要内容：

* 计算机网络的定义、功能、类型与拓扑结构；
* 网络协议与主要的协议标准；
* 常用网络传输介质；
* 局域网协议与组成；
* Internet 协议、IP 地址与域名；
* 如何将一台计算设备接入 Internet；
* 常见网络故障检测及一般解决方法；
* 物联网技术与应用。

本章学习目标：

* 能够用直观的语言描述两台计算机之间的通信是如何实现的；
* 能够理解对等网络与客户机/服务器网络的区别；
* 能够列举常用的网络传输介质及其特性；
* 能够列举组建以太网的主要设备及其作用；
* 能够具体说明 Internet 的组成；
* 掌握 IP 地址及域名的结构并理解其在网络互联中的作用；
* 能够解决常见的用户端网络故障；
* 能够理解"物联"的实现方式及其应用。

6.1 认识计算机网络

网络概念并非计算机领域特有，在日常生活中人们也经常提到"网络"这个名词，例如，社交网络、销售网络等，这些术语都有共同含义——各个组成元素或节点互相关联并且有一定的交流与互动。自从问世以来,计算机网络技术就处于持续的快速发展之中,但网络的定义、基本结构、组成以及基础联网设施相对固定。

6.1.1　计算机网络的概念

从直观上看,计算机网络是由若干连接在一起的计算机组成的,为什么要将这些计算机连接在一起呢?又是如何连接的呢?

问题 6-1　什么是计算机网络?将计算机连接起来构成网络的要素有哪些?建立计算机网络的动机与目的是什么?

分析　根据日常生活中经常使用的网络术语分析,网络应该是多个节点互联构成的有机整体,但是,究竟出于什么动机要将计算机连接在一起呢?这就要考虑计算机联网后具有什么作用,也就是网络的功能。

1. 计算机网络的定义

从专业角度看,计算机网络就是利用通信设备和线路将地理位置不同、功能独立的多个计算机系统互连起来,以功能完善的网络软件(包括网络通信协议、信息交换方式、网络操作系统等)实现网络中资源共享和信息传递的系统。

从应用角度看,计算机网络是用于连接计算机,并支持计算机实时通信、交换信息和共享资源的一组技术,包括硬件、软件和通信介质。

2. 联网的要素

从上述定义中可以看出,组成一个计算机网络至少涉及以下 3 方面的要素。

(1)两台或两台以上的计算机相互连接起来才能构成网络。

(2)网络中不同计算机之间进行数据传输需要有通信系统和通信信道支撑,需要有相应的传输介质作为基础。传输介质可以是双绞线、同轴电缆或光纤等有线介质,也可以是基于电磁波的无线介质,例如无线电波、微波及红外线等。

(3)计算机之间在进行信息传输与交换时,要遵守某些共同的约定和规则,也就是协议,以便能够互相识别。

随着计算机技术的快速发展,联网的计算机可以是传统的计算机系统,也可以是笔记本电脑、智能手机乃至智能手环等智能嵌入式设备或者智能终端。

3. 计算机网络的基本功能

网络的功能相当丰富,归纳起来,可以将其分为资源共享、数据交换、分布式计算以及提高计算机的可靠性与可用性 4 方面。

(1)资源共享。

网络的基本功能是共享资源。可以共享的资源包括各种硬件、软件以及数据等。共享为用户获取信息提供了方便,共享资源也降低了用户的使用成本。在一个机构内部,所有用户都可以通过网络共享一些价格高昂的外围设备,例如高速打印机及绘图仪等。

(2)数据交换。

数据交换是指网络上两个节点之间可以快速可靠地相互传递数据,包括各种格式的文件,是实现其他各项网络功能的基础与保障。例如,电子数据交换(EDI)可以帮助公司之间实现订单、发票、单据等商业文件的安全传输与交换;文件传输服务(FTP)可以实现文件的实时传递。

（3）分布式计算。

分布式计算一直是计算机网络领域的研究热点之一。直观理解,分布式计算是指通过网络将需要处理的任务分发给网络中处于空闲状态的计算机来完成。这样的处理方式既能够均衡计算机之间的负载,又能够提高处理任务的实时性与可靠性,还充分利用了网络中的资源,扩大了本地计算机的处理能力。例如,对 12306 网站的并发访问可能会达到数千万次/秒甚至更高,单个计算机无法同时处理这么多的访问,需要构建由大量计算机构成的分布式系统来满足用户需求。

（4）提高计算机的可靠性和可用性。

网络中的每台计算机都可以通过网络互相备份,一旦某台计算机出现故障,可由其他计算机代替它完成任务,可避免单机故障引起整个系统瘫痪的问题,提高了系统的可靠性。当网络中某台计算机负担过重时,网络又可以将任务分发给网络中较空闲的计算机完成,以均衡负荷,从而提高了每台计算机的可用性。

思考题 互相通信的两台计算机之间需要遵守某些共同的约定或者规则,这些约定和规则由谁来制定呢? 又如何保证制定的约定和规则得到共同遵守呢? 如果没有这些规则或者约定会发生什么情况?

6.1.2 计算机网络的分类

今天的计算机网络已经是一个范围相当广泛的概念,在日常应用中也会遇到各种各样的网络概念,例如,P2P 网络、局域网、因特网等。这些说法所代表的都是不同类型的网络,由此产生了下面的问题。

问题 6-2 网络分类的依据是什么? 常见的网络类型有哪些?

分析 对任何学科来说,分类都是一种基本的方法。分类就必须有依据或者标准,对计算机网络来说,有多种分类依据。

1. 根据地理上的分布范围划分

从地理上的分布范围看,网络分为局域网、广域网与城域网 3 种类型。

（1）局域网。局域网(Local Area Network,LAN)一般是某一个机构内部的专用网络,按照目前的技术水平,其地理上的覆盖范围可以达到几十千米甚至数百千米。例如,大学校园或者企业园区内,当然,也可以在一个办公室或实验室内。局域网的基本特征如下。

① 范围相对较小,即使传输范围达到了几百千米,仍然还是较小的。

② 基于广播的传输技术,大部分局域网都是采用以太网技术,以太网技术的基本思想就是广播式传输。

③ 拓扑结构相对简单,一般采用星形或者总线拓扑。

可以将 LAN 理解为规模相对较小的网络,即由数量有限的计算机、通信链路及其他外围设备组成的网络。它用于联接一个机构内部的计算机以共享资源并交换信息。LAN 是构成更大网络(如 Internet)的组成单位。

(2) 广域网。广域网(Wide Area Network,WAN)的覆盖范围一般都比较大,可以覆盖一个国家甚至全球,规模庞大而复杂。Internet 是目前最大的广域网。

在广域网中,用户计算机与连接计算机的网络可能会分属不同的机构。按照传统习惯,将用户计算机称为主机,将连接主机的网络称为通信子网。广域网的传输介质通常由专门负责公共数据通信的电信公司提供,也不仅由一家公司提供。

随着全球化进程的加快,许多企业的业务已经拓展到全世界,相应产生了对跨越多个国家或地区的广域网的需求。企业的广域网一般有两种构建方式。一种是各分支机构直接连接到 Internet,不同分支机构之间通过虚拟链路相互连接,形成虚拟专用网络(Virtual Private Network,VPN)。另一种是租用专用线路,将分布在不同地理位置的公司分支机构连接起来。相比较而言,第一种方式更加经济也更加灵活,但缺点是缺乏对底层资源的控制。第二种方式正好与第一种相反,成本高、扩展比较困难。

(3) 城域网。传统上,城域网(Metropolitan Area Network,MAN)的规模比局域网大,能够覆盖一个城市或地区。早期的城域网包括宽带城域网和有线电视网。随着局域网技术的快速发展,传统城域网技术已经逐步退出市场。近几年得到广泛关注的WIMAX(World Interoperability for Microwave Access)提供了一种基于无线的高速城域网解决方案。

随着网络技术的发展,个域网(Personal Area Network,PAN)作为一种特殊的网络类型得到了广泛的应用。它允许设备围绕一个人进行通信,一般在 10m 左右的范围内,使用蓝牙、红外线等无线技术代替有线电缆连接一组个人数字设备,例如笔记本电脑、个人数字助理(Personal Digital Assistant,PDA)等。

2. 根据网络节点之间的关系划分

网络的基本功能是共享资源。在网络中,将提供资源供其他用户共享的计算机称为服务器,将访问其他节点资源的计算机称为工作站或者客户机。

在一个网络中,如果有计算机专门充当服务器,其他计算机仅仅充当客户机角色,这样的网络就是客户机/服务器(Client/Server,C/S)网络。服务器一般要安装专门的服务器软件。例如,学校的教务系统就是一个典型的基于客户机/服务器网络的应用系统。如果在一个网络中,每一台计算机既作为服务器,又作为客户机,即所有计算机的作用都是对等的,则称这个网络是对等(Peer to Peer,P2P)网络,如图 6-1 所示。

实际上,网络的划分标准较多,还可以根据网络传输介质、拓扑结构、带宽以及通信协议等将网络划分为不同的类型。例如,从连接方式上可将计算机网络分为有线网络和无线网络。

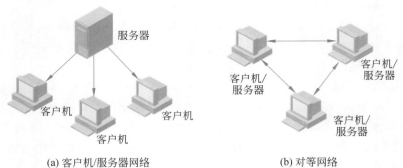

(a) 客户机/服务器网络   (b) 对等网络

图 6-1　客户机/服务器网络与对等网络

6.1.3　网络拓扑

网络中的每个设备或者组件都是一个连接点,也叫作节点。这些设备或者组件总是要处于一个具体的物理位置上,如果不考虑具体的位置,仅仅考虑它们在网络中的排列或者连接方式构成的几何形状,也就是结构和布局,就是网络拓扑。网络拓扑结构对网络的可靠性、安全性以及覆盖范围都有一定的影响,主要的网络拓扑有总线、环形、星形等,如图 6-2 所示。

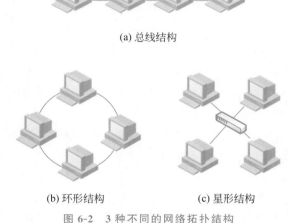

(a) 总线结构

(b) 环形结构   (c) 星形结构

图 6-2　3 种不同的网络拓扑结构

1. 星形拓扑

星形拓扑结构的网络是由一个中央节点连接所有的服务器、客户机以及外部设备。传统上,中央节点通常是一个称为交换机的网络设备,用于向所有的接入计算机发送广播数据。当前使用的大多数局域网,从具有一定规模的园区网络,到一幢楼、一个实验室或者一个房间内的几台计算机联网,都采用星形拓扑。

星形拓扑的优点主要体现在两方面。第一,网络易于扩展。只要增加到中央节点的线缆就可以方便地增加新的节点。第二,单个连接的故障只影响一个设备,不会影响到全网。星形拓扑的主要缺点体现在两方面。第一,网络性能和安全过多地依赖于中央节点,中央节点一旦出现故障则全网瘫痪。第二,需要的线缆较多,每个站点直接和中央节点相连,从而需要大量电缆,增加了工程与安装成本。

随着网络覆盖范围扩大,单一星形结构不能够完全满足需要,目前比较常用的是多层星形拓扑结构,例如大学的学生宿舍等,如图 6-3 所示。

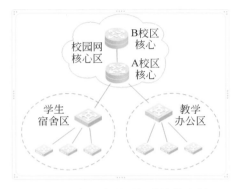

图 6-3　多层次星形拓扑结构案例

2. 总线拓扑

总线拓扑结构中,所有的节点都通过相应的硬件接口直接连接到同一条主干链路(总线)上。每一个节点发送的信号均沿着总线向两个方向广播,能够被其他所有节点接收,传送的信号最后终止于链路两端的"终端连接器"。

总线网络的结构比较简单,构建网络的成本较低,但是,当接入网络的计算机超过几十台后,网络的性能会严重下降。如果主干链路出现故障,整个网络就会瘫痪。

3. 环形拓扑

在环形拓扑结构中,所有的节点连接成一个环,每个节点有两个相邻设备。数据沿着环路单向地从一个节点传送到另一个节点,路径固定。在这种拓扑结构中,电缆的消耗较少,但是任何节点的故障都会影响整个网络。为提高可靠性,一些大型计算机网络的主干部分会采用双环拓扑。

在构建网络时,拓扑结构的选择取决于多种因素。在一个具有一定规模的环境中,不仅与机构的组织结构、建筑物布局以及传输介质有着紧密的关系,还要考虑到网络的灵活性、可扩展性以及可靠性等因素。目前,大规模网络一般都使用星形与环形混合的拓扑结构,例如校园网、企业园区网等。

6.1.4　网络传输介质

从直观上看,网络都是通过某种传输介质连接起来的。常用的传输介质包括光纤、双绞线等有线介质,也包括无线电波、微波等无线介质。

1. 光缆

光缆是传输光信号的介质,中间是一定数量的光纤(芯)按照一定方式组成的缆芯,外包有护套,有的还包括保护层。一根光缆中包含的光纤数量从 4 芯、6 芯到 48 芯乃至更多。光缆比铜线电缆具有更大的传输容量,传输距离长、体积小、重量轻且不受电磁干扰,已经成为长途通信以及数据传输的主要介质。一根典型的 6 芯光缆的外观及截面结构如图 6-4 所示。

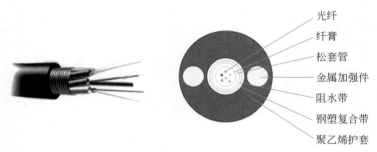

图 6-4　一根 6 芯光缆的外观及截面结构

光纤又分为单模光纤和多模光纤。多模光纤中有许多条不同角度入射的光线在同时传输,光脉冲在传输时会逐渐被展宽,造成失真,传输距离相对较小,只适合近距离传输。单模光纤按工作波长只能传输一个传播模式的光纤,纤芯很细,其直径只有几微米,制造成本较高,但衰耗较小,在 10Gbps 的高速率下可传输数十千米甚至更远。

单根光纤的数据传输速率通常能够达到若干 Gbps(Gigabit per second,Gb/s),并还在不断提升。光纤一般用于主干网络连接,但随着光传输技术的进步,其成本不断下降,光纤入户现在已经成为常见的网络接入方式。根据光缆的使用环境,可分为架空、直接地下埋设以及管道间铺设等不同的安装类型。

2. 双绞线

双绞线是局域网中应用最为广泛的传输介质。不管是家庭或者办公室内部的小型网络,还是校园网或企业网,都离不开双绞线。用于数据通信的双绞线一般都是 4 对 8 芯,由具有绝缘保护层的铜导线组成。把两根绝缘的铜导线按一定密度互相绞在一起,可降低信号干扰的程度,每一根导线在传输中辐射的电波会被另一根线上发出的电波抵消。如果把一对或多对双绞线放在一个绝缘套管中便成了双绞线电缆,如图 6-5 所示。双绞线嵌入 RJ45 插头(也称为水晶头)后,就可以插入计算机的有线网卡接口,或者房间墙面的信息面板中,实现网络的物理连接。

与其他传输介质相比,双绞线在传输距离、信道宽度和数据传输速度等方面均受到一定限制,但价格较为低廉。在传输期间,双绞线内信号的衰减比较大,比较适用于较短距离的信息传输。根据传输速率的不同,双绞线又被分为 3 类、5 类及 6 类等不同类型,分别记为 Cat3、Cat5 及 Cat6,它们对应的传输速率分别为 10Mbps、100Mbps 及 1000Mbps。目前广泛使用的为 5 类、6 类双绞线。

另外,本来用于传输有线电视信号的同轴电缆被广泛用于早期的局域网和宽带网络

(a) 双绞线　　　　　　(b) 嵌入RJ45插头的双绞线　　　　　(c) 信息面板

图 6-5　主要用于局域网的双绞线

中。一根同轴电缆能够连接几十台计算机。同轴电缆的带宽取决于电缆质量,可以达到 1Gbps～2Gbps 的数据传输速率。由于同轴电缆故障的诊断和修复都比较麻烦,已逐步被光纤或双绞线所取代。

3. 无线介质

除了上面提到的双绞线及光缆等有线介质外,微波、无线电、红外线、卫星和激光等也是常见的网络传输介质。与有线介质相比,无线介质有其独特的优势,特别是在一些无法铺设有线电缆的地方或者一些需要临时接入网络的地方,例如,比较偏僻的建筑物或者室外会场等。

思考题　观察你使用的网络,列举出至少两种传输介质,并说明网络的拓扑结构。

6.1.5　网络协议

计算机网络中有许多计算机,它们的体系结构不完全相同,运行的软件也是各种各样,相互之间未必兼容,当这些结构及功能各异的计算机之间交换信息时,为了保证能够成功传输并相互理解,需要遵守一些共同的规则与约定,这就是协议。

1. 什么是协议

网络协议(network protocol)是网络中的通信双方用来交互与协商的规则和约定的集合。网络中通信的各方只有遵守相同的规则,才能保证网络通信工作的有序与规范化,才能保证成功传输与相互理解。正如日常生活中的交通规则一样,大家在出行时都要遵守,才能保证交通运输正常有序地进行。

问题 6-3　网络协议的作用是什么?它如何保证数据的成功传输?

分析　从一般意义上考虑,协议要给出相关各方都必须遵守的规则。网络协议的基本任务是保证成功传输和相互理解,类似于传统的邮政运输,需要对接收方地址、发送信息封装等做出详细规定。直观上看,网络协议的作用及传输方式如下。

(1) 将信息分成包。文件、电子邮件等信息被发送上网络后,并不是以一个整体传输到目的地,而是被分割成许多称为“包”的小的数据块,或者称其为数据包,每个数据包都独立在通信链路中传输,到达目的地后,这些独立的包被组合还原成原始消息,如图 6-6

所示。

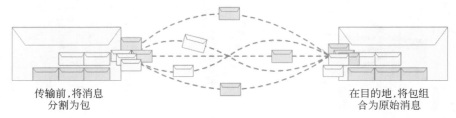

传输前,将消息　　　　　　　　　　　　　　　　在目的地,将包组
分割为包　　　　　　　　　　　　　　　　　　　合为原始消息

图 6-6　数据包的分割、传输与重新组合

（2）在包中加入地址信息。网络上的所有设备都有地址,地址是网络上每个节点的唯一标识。在不同的协议标准中,地址有不同的格式。例如,通常所说的 IP 地址是由 TCP/IP 协议规定的,而 MAC 地址则是以太网协议规定的。

每个数据包一般包括发送方地址、接收方地址以及其他一些保证数据正确性的校验信息。在数据包中加入地址信息后,当它在网络中传输时,网络中的转发设备(一般是路由器)会检查其地址,并将其发送到目的地。

协议的其他功能还包括启动传输、控制数据流、检查传输错误、对已经传输的数据进行确认以及在有必要时通知发送方重传数据包。

2. 制定协议的组织

协议是通信各方都必须遵守的,因此,必须由具有一定公信力及权威性的机构或者组织来制定。基本的网络协议模型是由国际标准化组织(International Standard Organization,ISO)制定的开放系统互连(Open System Interconnection,OSI)参考模型,提供了一个描述联网的有效方法。尽管该模型从来没有真正实现过,但是,它给出了网络作为开放系统所应该遵循的一系列基本规则,并有效屏蔽了不同网络供应商之间的差异性,因而 OSI 参考模型还是被当作标准的网络协议而得到了广泛的应用。

常用的网络通信协议包括 IEEE(Institute of Electrical and Electronics Engineers,电气与电子工程师学会)802 委员会制定的关于局域网的 IEEE 802 系列标准,这个标准是关于局域网的,包括最初的 10MB 以太网,和今天的 G 级、10GB 级以太网。

3. OSI 参考模型

网络传输是一项比较复杂的系统性任务,需要网络各组成要素之间的分工负责和有效协同。计算机科学与技术处理复杂问题的基本思想之一是分层或者"分治",将复杂问题的处理过程分解为若干相对独立的层次,每一层处理一系列相对独立但又互相联系的任务。ISO 的 OSI 参考模型同样采纳了这一基本思想,将联网划分为一系列的相关任务,每个任务都抽象为通信过程的一层,共由 7 层组成,如图 6-7 所示。

（1）物理层。保证在通信信道上传输原始比特流信号,在发送方将比特转换为信号,在接收方,将信号转换为比特。物理层还规定了传输介质与计算机之间的接口方式。

（2）数据链路层。通过校验、确认和反馈等手段将物理连接改造成无差错的数据链路,负责将数据帧从发送方正确传输到接收方。

（3）网络层。负责控制通信子网的运行,将数据单元从源发送到目标。网络层同时

图 6-7　OSI 参考模型下的通信

也是网络传输的"交警",处理传输路径(路由)选择及拥塞控制等事项。

(4) 传输层。为上层用户将数据通过网络从发送方传输到接收方,实现端到端的透明优化的数据传输服务。

(5) 会话层。负责组织和同步不同主机上各种进程之间的对话。

(6) 表示层。为上层用户提供共同需要的数据或信息语法表示的变换。

(7) 应用层。负责为用户提供各种直接的应用服务。

尽管有了网络介质和网络协议,网络上的计算机要真正接入网络中,还必须运行或者调用支持网络协议的程序,这个程序是网络操作系统(Network Operating System,NOS)的一部分,能够控制哪些计算机和用户可以访问网络资源。目前常见的网络操作系统包括 UNIX、Linux 以及 Windows Server 等。

6.1.6　网络性能指标

网络性能指标是网络服务质量(Quality of Service,QoS)的量化表示,常用的指标包括带宽、误码率以及传输延迟等。

1. 带宽

带宽是通信信道的数据传输能力,数字信道上的度量单位是比特/秒(bps 或 b/s),又称为比特率或者信道的传输速率,是指每秒所传输的二进制代码的有效位数;模拟信道上的度量单位一般是 MHz,有兴趣进一步学习的读者可查阅相关资料。

对于计算机网络来说,带宽就是最大传输速率。用户在入网时,运营商已对接入带宽作了规定,例如"百兆宽带"是 100Mbps、"千兆宽带"是 1000Mbps 等。需要注意的是,带宽的单位是比特/秒,实际上网时,如访问网页或观看视频,均按 B(字节),因此百兆宽带在测速软件中显示的带宽不超过 100 /8＝12.5MB(兆字节)。

2. 误码率

误码率指传输出错的码元数占传输总码元数的比例,也称为出错率。局域网的误码率一般在 10^{-5} 或者更低。当有误码的数据到达时将直接丢弃,发送方将重传数据,会占用网络带宽,从而会导致网络速率的降低。

3. 传输延迟

信号从源端到达目的端需要一定的时间,这个时间叫作传输延迟,也叫作时延。这个时间与源端和目的端的距离有关,也与具体的通信信道中的信号传播速率有关。传播速率又与传输介质有关,一般来说,光纤的传输速率比双绞线要高。

思考题

(1) 双绞线与 RJ45 插头连接时有一定的线序排列要求,请了解这些要求是哪些机构确定的,具体要求有哪些。

(2) 除了本节提及的因素外,导致网速变慢的因素还有哪些? 高校学生宿舍网络会在特定时间段变得比较拥堵,可能的原因及解决办法有哪些?

6.2　认识局域网

今天,局域网已成为大多数机构的基础工作平台,大多数用户面对的网络是局域网,不管在办公室还是在家中,用户的计算机都是先通过某种传输介质接入一个局域网络,成为这个网络中的一个节点,再通过局域网络连接到 Internet。

6.2.1　以太网

以太网如此流行,以至于它成为了局域网的代名词。它有多种类型,其中 10Base-T 指的是以双绞线为传输介质的传统 10MB 以太网,已经逐步发展到 100MB、1000MB 和 10GB,甚至 40GB,但是网络基本原理与工作方式仍然没有太大变化。

1. 以太网基本工作原理

以太网的基本传输思想是将数据包广播到网络中所有的设备上,但只有那些指定的目标节点才会接收,如图 6-8 所示。

以太网中所有节点共享网络传输介质,这种共享必然导致两个或更多节点试图同时发送数据包的情况。当有两个不同的站点发送的数据包在网络上传输时,"碰撞"就会产生。CSMA/CD(Carrier Sense Multiple Access with Collision Detection,带冲突检测的载波侦听多路访问)协议能够解决"碰撞"问题,它在检测到"碰撞"后,删除有冲突的信号并且重新设置网络。发送碰撞数据包的站点必须等待一个随机时间以避免碰撞的再次发生,然后再进行下一次传输。

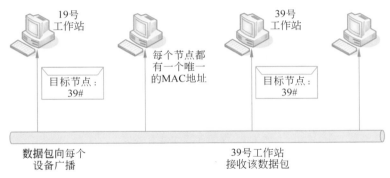

图 6-8　以太网中的数据广播

2. 以太网的主要类型

在网络发展的不同时期，先后有过多种不同类型的以太网。早期使用的是基于同轴电缆的总线网络，现在使用较多的则是基于光缆或者双绞线的星形结构网络，其标准及数据传输速率均有一定差异，如表 6-1 所示。

表 6-1　以太网的主要类型

以太网标准	IEEE 标准代号	速　　率	传 输 介 质
10Base-T 以太网	IEEE 802.3	10Mbps	Cat3 或者 Cat5
快速以太网	IEEE 802.3u	100Mbps	Cat5 或者光纤
1000MB 以太网	IEEE 802.3z	1000Mbps	Cat5 或者光纤
10GB 以太网	IEEE 802.3ae	10Gbps	光纤

一般称 10MB 以太网为标准以太网，即数据传输速率可以达到 10Mbps，协议标准是 IEEE 802.3；快速以太网的数据传输速率可以达到 100Mbps；1000MB 以太网称为千兆以太网，10GB 以太网为万兆以太网，它们除了在速率上不一样外，传输介质也有所区别。目前，大多数大学校园网络之类的园区网络都采用局域网技术，主干传输速率能够达到万兆，到达楼层或者桌面的一般为千兆或者百兆。

3. 以太网设备

以太网设备包括计算机、以太网网卡、以太网交换机、通信电缆以及各种外围设备等。当然，外围设备不是必需的，通常只将那些需要共享的设备连接到网络上。

为了将计算机接入以太网，需要在它的内部扩展槽中安装以太网网卡，如图 6-9 所示。现在的台式计算机一般默认配置了以太网网卡。以太网网卡的作用是提供与外部电缆连接的接口，向电缆上发送二进制位组成的比特流并支持以太网协议。以太网交换机的基本作用是通过双绞线将计算机以星形结构的方式连接到一起，它本身是一个中央控制节点。在小型办公室或者家庭网络中，使用最普遍的线缆是双绞线。

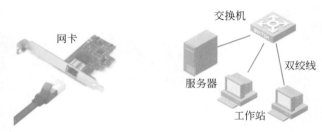

图 6-9　网卡和以太网交换机

6.2.2　无线局域网

无线局域网络通过无线电波传输数据,它的最大优点在于其移动性,连接到无线局域网的用户可以在移动的同时保持与网络的连接,基本不需要布线,从而使得网络的接入更加简单。但无线局域网也存在传输速率相对较慢、抗干扰性差和缺乏安全性等不足,当然,随着网络技术的发展,这些问题正在逐步得到解决。

1. 通信协议

无线局域网协议标准的制定者是 IEEE,主要的协议标准如表 6-2 所示。

表 6-2　无线局域网的主要协议标准

协　议	发布年份	频　带	最大传输速度
802.11	1997	2.4～2.5GHz	2Mbps
802.11a	1999	5GHz	54Mbps
802.11b	1999	2.4GHz	11Mbps
802.11g	2003	2.4GHz	54Mbps
802.11n	2009	2.4GHz 或者 5GHz	600Mbps
802.11ac	2013	5GHz	1300Mbps
802.11ax	2019	2.4GHz＋5GHz	10Gbps

通常所说的 Wi-Fi(Wireless Fidelity,无线保真)是基于 IEEE 802.11b 的无线网络,由 Wi-Fi 联盟推广使用,其使用比较广泛,甚至成为了 WLAN 的代名词。当前普遍使用的是 IEEE 802.11n 的标准,是在 IEEE 802.11g 和 IEEE 802.11a 基础上发展起来的一项技术,主流速度为 300Mbps,属于 4G Wi-Fi。IEEE 802.11ac 的主流速度为 433Mbps,属于 5G Wi-Fi。IEEE 802.11ax 的主流速度是 600Mbps,属于 6G Wi-Fi。

2. 设备

无线局域网接入设备主要包括无线接入点(Access Point,AP)和无线网卡,如图 6-10 所示。在联网节点较多的大型网络中,核心交换机需要配置支持无线局域网的板卡。

无线 AP 类似于以太网中的交换机或者路由器,如图 6-11 所示,负责将无线电信号

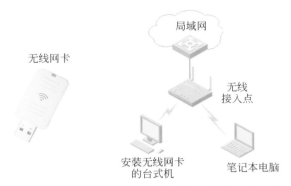

图 6-10　无线局域网常用接入设备包括无线网卡和无线 AP

广播到安装了无线网卡（必须与 Wi-Fi 标准兼容）的设备中，例如笔记本电脑。安装了无线网卡的计算设备或者智能终端通过无线 AP 接入网络中。此外，无线 AP 还配有连到以太网交换机或者路由器的接口，通过该接口，无线 AP 成为局域网络中的一个节点。无线网卡包括能够传输信号的信号发射器、信号接收器以及天线。用于笔记本电脑的无线网卡通过一个特殊的插槽——PCMCIA 与计算机系统连接在一起。

(a) 华为 AX3 Pro 支持 Wi-Fi6

(b) TP-LINK AC2600 支持 Wi-Fi5

(c) 小米 4C 支持 Wi-Fi4

图 6-11　不同类型的无线 AP

6.2.3　无线通信技术

无线网络越来越重要，无线通信技术在不断发展，除了基于 IEEE 802.11 的无线局域网技术外，蓝牙、红外等无线通信技术也被广泛用于无线接入。

1. 蓝牙

蓝牙是一种短距离无线通信技术，用于电子设备之间的连接，不需要使用电线或电缆，但连接的设备均需要安装蓝牙协议并开启。目前，绝大多数计算机外部设备及消费类电子设备都有支持蓝牙技术的产品。蓝牙协议使这些设备能够互相发现并连接，实现设备之间的安全数据传输，如图 6-12 所示。

需要注意的是，无线鼠标、键盘等外部设备通常基于两种短距离通信协议：一种为基于 2.4GHz 短距离传输协议；另一种基于蓝牙协议。两者的重要区别之一是前者需要无线接收器（通常采用 USB 接口），实现一对一的连接；蓝牙技术则不受此限制。例如，无线鼠标的接收器损坏后,该鼠标通常无法使用,除非重新购置兼容的接收器。

图 6-12　主板与外部设备之间通过蓝牙连接

　　目前的智能手机和笔记本电脑通常都具有蓝牙功能,两者都开启蓝牙功能后,可以进行文件传输等通信。图 6-13 为智能手机与笔记本电脑通过蓝牙传输文件的过程:首先开启两个设备的蓝牙功能(计算机端通过控制面板中"蓝牙和其他设备"界面开启),计算机端将发现该智能手机并提示是否配对;配对成功后将在计算机的蓝牙设备清单中出现该手机;接下来即可传输文件:在计算机中右击文件,选择"发送到"→"蓝牙设备",选择该手机即可。

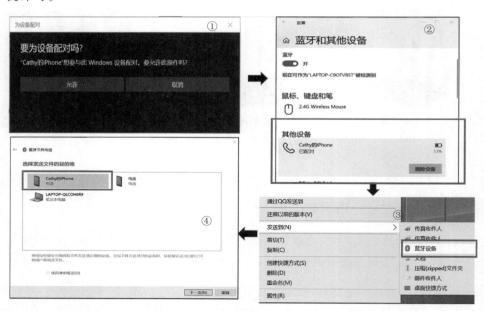

图 6-13　智能手机与笔记本电脑通过蓝牙传输文件的过程

2. ZigBee 技术

　　ZigBee 是一种运行于无线传感器网络的低耗能无线通信技术。ZigBee 使用多种可靠的传输方式,可与 IEEE 802.11(Wi-Fi)、蓝牙共同使用 2.4GHz 频带,有效传输范围为 10～50m,支持最高传输数据为 250kbps。ZigBee 具有低功耗、低成本、支持大量网络节点、支持多种网络拓扑、低复杂度、可靠、安全等特性。

ZigBee 的应用非常广泛，如智能电网(intelligent power grid)、智慧医疗与健康照护(intelligent medicine and healthcare)和智慧生活(smart life)等。这些应用主要通过结合各种不同的智能终端，提升人类的生活质量。

例如，在衣服中嵌入可感测人体生命体征(如心跳、血糖或血压)的生理感应芯片，并通过 ZigBee 低耗能通信技术将生理信息传到网络上，可让衣服成为智慧医疗与照护中的智能对象，用以感测病人及老年人的生命体征有无异常。由于 ZigBee 技术可有效地对机器、设备及人员的状态进行控制、监控与查询，受到了广泛的关注。

思考题 与有线网络相比，无线网络的优势是什么？ 在您使用无线网络的过程中，遇到过什么样的问题和困难？ 导致这些问题和困难的原则是什么？

6.3 认识 Internet

Internet 已经覆盖了全世界每一个国家和地区，其应用渗透到了人类生活和工作的每一个领域。基于 Internet 的信息获取、发布及交流已经成为现代社会中每一个人都应该具备的基本能力。那么，是什么原因使得 Internet 有如此强大的生命力？ 能够让遍布全球的各种计算机连接到同一个网络中的原因又是什么？

6.3.1 Internet 概述

Internet，中文名称为因特网或互联网，是一个覆盖全球范围的广域网络，在这个网络中包含了难以计数的大小和结构各不相同的计算机网络。这些网络在 TCP/IP 协议的支持下，实现了相互之间的通信和资源共享，成为全球范围的信息交流平台。

1. ARPANET 及其演变

ARPANET 是互联网的始祖，由美国国防部高级研究计划局(Defense Advanced Research Projects Agency，DARPA)于 1969 年初步建成，连接了加利福尼亚州大学洛杉矶分校、加利福尼亚州大学圣巴巴拉分校、斯坦福大学以及犹他州大学 4 所大学的 4 台大型计算机。其后，ARPANET 的规模迅速增加，一些大学、研究机构以及军事部门的计算机也加入进来。到了 20 世纪 70 年代后期，联网计算机数量已经达到 100 多台，并且不断有新的机构和计算机加入。尽管如此，也只有少数机构和少数人能够进入这个系统。

设计开发 ARPANET 的最初动机是为了研究探索适应美国军方需要的潜在技术。在军方的计算机网络系统被部分摧毁后，其余部分仍然能够保持通信联络甚至正常运行；通过计算机网络提升计算能力、实现数据的分布式存储并寻找大规模分发信息的方法。ARPANET 的最初应用主要包括收发电子邮件、传输文件以及通过网络上的超级计算机进行科学计算等。

1980 年左右,DARPA 启动了将异构计算机网络互联的 The Interneting Project 项目,并于 1983 年将 ARPANET 的核心协议替换为 TCP/IP 协议,由此形成了早期的 Internet,也就是因特网。1984 年,美国国家科学基金会(NSF)建立了 NSFnet,为更多的大学、研究机构及企业提供了接入机会,发展非常迅速。另一方面,ARPANET 由于其军方背景等因素,对接入及使用有一定的限制,在一定程度上影响了其发展。NSFnet 渐渐地超过并取代了 ARPANET,成为 Internet 的主干网。1990 年,ARPANET 停止使用。

20 世纪 90 年代,由于个人计算机及图形用户界面的问世,接入与访问 Internet 更加方便。WWW 以及浏览器的问世,极大地丰富了 Internet 上的共享资源,也进一步简化了访问 Internet 的手段,对 Internet 的发展产生了极大的促进作用。现在,任何一个用户,只要具备连接网络的基本条件并愿意支付一定的服务费用,都可以使用 Internet,并通过它获取信息、发布信息以及开展各种交流活动。

1994 年 4 月 20 日,中国成为世界上第 77 个接入 Internet 的国家。目前,我国已经建成了包括 CHINANET、UNINET、CMNET、CERNET 以及 CSTNET 等在内的多个全国性网络。截至 2021 年底,我国网民规模超过 10 亿,互联网普及率达 73%。

2. Internet 的结构

Internet 并不是一个具体的网络,而是全球最大的、开放的、由众多网络互联而成的网络集合,又被称为"网络的网络",如图 6-14 所示。它允许各种使用 TCP/IP 协议的计算机及智能终端通过有线或者无线方式接入。所有接入 Internet 的计算机、智能终端及网络也成为了它的一部分。

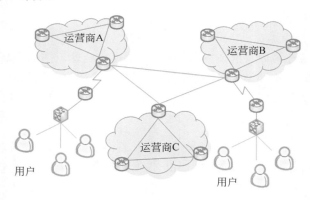

图 6-14　Internet 的基本组成

思考题　各种计算设备能够相互连接、通信的原因是什么?

6.3.2　Internet 协议

Internet 之所以能够将众多不同结构的计算机及网络互联起来,实现彼此间的通信与信息共享,与它所采用的 TCP/IP 协议是密不可分的。实际上,TCP/IP 协议不仅指 TCP 及 IP 两个协议,而是一个协议簇,包括 TCP、IP 以及其他协议。当然,TCP 与 IP 是其中最重要的两个协议。

1. TCP/IP 协议

TCP/IP 是传输控制协议/网际协议(Transmission Control Protocol / Internet Protocol)的缩写,也是一种分层协议,但它只有 4 层,分别是应用层、传输层(TCP)、网络层(又叫作网络互联层)以及网络接口层,它与 OSI 参考模型的对应关系如图 6-15 所示。

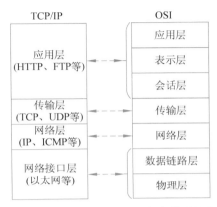

图 6-15　TCP/IP 协议与 OSI 参考模型的比较

TCP/IP 协议并不对应于具体的网络,它可以在 Internet 上使用,也可以在局域网或者一般的广域网以及其他的物理网络中使用。只要有互联的要求,就可以使用 TCP/IP 协议。从某种程度上讲,TCP/IP 协议已经成为事实上的网络互联标准。

2. IP 地址

TCP/IP 协议中的 IP 定义了一种地址格式,即 IP 地址。通过 IP 地址能够识别 Internet 上的计算机或者其他网络设备,所以又被称为因特网地址。每一台接入 Internet 的计算机,都需要一个唯一的 IP 地址。网络上其他的计算机与这台计算机通信时,都是通过 IP 地址进行的。

IP 地址采用了一种全球通用的地址格式,由网络标识和计算机标识两部分组成。网络标识称为网络号或网络地址,是全球唯一的;计算机标识称为计算机号或计算机地址,在某一特定的网络中必须是唯一的。

通常所说的 IP 地址有两个版本:IPv4 和 IPv6。IPv4 版本中,每个主机都有一个唯一的 32 位二进制地址,该地址包括网络号和主机号两部分。网络号标识一个网络,主机号标识网络中的一个主机。为了书写及阅读方便,将每个字节作为一段并以十进制数来表示,每段之间用"."分隔,又称为"点分十进制法",如图 6-16 所示。

202.38.64.1

八位组　八位组　八位组　八位组

图 6-16　IPv4 地址

根据网络号所占用的位数,可以将 IP 地址分为 A、B、C、D、E 5 类,分配给一般用户使用的是前 3 类,如表 6-3 所示。

表 6-3　IP 地址分类及其范围

类　　型	第一字节数字范围	应 用 环 境
A 类	1～126	大型网络
B 类	128～191	中等规模网络
C 类	192～223	局域网
D 类	224～239	多址广播地址
E 类	240～254	试验性地址

随着 Internet 用户数量的激增,IPv4 的地址已经被分配完毕,无法再为新接入的计算机网络分配地址空间。IPv6 由此应运而生,它的地址长度为 128 位,其地址空间数量约为 3×10^{38},据说可以为全世界每一粒沙子分配一个网址,数量足够使用。IPv6 地址用冒分十六进制形式表示,如图 6-17 所示。

2001:0DA8:0000:0000:200C:0000:0000:00A5

图 6-17　IPv6 地址

IPv6 的部署相对要更加困难。尽管与 IPv4 有许多相似之处,但它并没有与 IPv4 实现真正的兼容与互通。另一个困难是,用户并不知道为什么一定要用 IPv6,也不知道什么时候应该迁移到 IPv6。在 IPv4 和 IPv6 并存的时期,可以通过双栈技术、隧道技术、翻译技术等实现从 IPv4 到 IPv6 的连接。但是,从物联网时代万物互联的需求考虑,IPv6 几乎是目前唯一可靠的解决方案,不仅因为它提供的巨大地址空间,也因为它能够实现更加安全、更加方便、更加可靠的网络接入。

3. 域名

IP 地址可以标识 Internet 中的每一台计算机,但这种纯数字的地址很难记忆,也使人们难以直接认识和区别互联网上的计算机。为此,Internet 上的许多计算机,特别是服务器,都有一个简单且容易记忆的名字,如 www.baidu.com、www.yahoo.com.cn 等,其中的 baidu.com 以及 yahoo.com.cn 叫作"正式域名",简称为域名。

Internet 域名采用了层次树状结构的命名方法,任何一个连接到 Internet 上的计算机或路由器,都可以有一个唯一的层次结构的名字,即域名。域名的结构由若干分量组成,各分量之间用点隔开,每一级的域名都由英文字母、数字组成,级别最低的域名写在最左边,最高的顶级域名写在最右边,完整的域名不超过 255 个字符。

国家代码又称为项级域名,由 ISO 3166 规定,常见的部分国家代码如图 6-18 所示。

国家	中国	英国	法国	德国	日本	加拿大	意大利	韩国
国家代码	cn	gb	fr	de	jp	ca	it	kr

图 6-18　部分国家域名

类型域名一般被称为二级域名,表示计算机所在单位的类型。在实际应用中,类型域名和行政区域域名都可能被当作一级域名。常见的类型域名如表 6-4 所示。

表 6-4   部分机构域名

机 构 域 名	适 用 对 象	机 构 域 名	适 用 对 象
edu	教育部门	net	网络机构
gov	政府部门	org	非营利组织
mil	军事部门	int	国际组织
com	商业部门		

有了域名后,Internet 上的计算机的名字可以表示为"计算机名.域名",其中的计算机名是在注册时由用户决定的。

需要说明的是,域名仅仅是为了方便人的记忆,它一般都对应一个唯一的 IP 地址,有的也会对应一组 IP 地址。在 Internet 上,还是依赖 IP 地址识别并寻找指定的计算机。域名与 IP 地址的对应关系通常由"域名系统(DNS)"管理与维护。

如果要获得 IP 地址和域名的对应关系,在 DOS 命令提示符对话框中输入 nslookup 命令,继续输入要查询的域名(如 www.edu.cn)或 IP 地址,则可以获得对应的 IP 地址或域名,如图 6-19 所示。与域名 www.edu.cn 对应的有两个 IPv4 地址、1 个 IPv6 地址。

图 6-19   nslookup 命令的使用

全世界公认的 Internet 域名及地址分配机构是 ICANN(Internet Corporation for Assigned Names and Numbers),它又授权一些分支机构处理用户的域名请求。我国的国家顶级域名".cn"的管理机构是中国互联网信息中心(China Internet Network Information Center,CNNIC),CNNIC 指定了一些域名注册服务机构管理用户的域名申请工作,当然,这些行为是商业性的。

6.3.3　接入 Internet

要访问 Internet,首先要将计算机或者智能终端等节点接入 Internet。所谓"接入"有两个层次的含义:一方面,建立到 Internet 的物理连接,提供相互通信与交换数据的物理信道;另一方面,建立逻辑连接,让节点能够与其他节点互相识别并交换数据。目前常用的接入方法包括光接入、LAN 接入以及无线接入等。

1. 确定接入方式

用户计算机必须先通过 Internet 服务提供商(Internet Service Provider,ISP)提供的接入方式连接到 ISP 的网络,才能实现 Internet 连接。接入之前,要确定域名系统(Domain Name System,DNS)服务器 IP 地址和分配给本地机器的 IP 地址,也与 ISP 提供的接入服务有关。目前的互联网一般都是 IPv4/IPv6 地址并存,由于 IPv4 地址较为紧张,都采用动态分配自动获取的方式。

国内主要的 ISP 有中国教育科研网以及中国电信、中国移动、中国联通等公用网络,其中,中国教育科研网的接入单位通常为高校等教育机构,不面向个人开通服务。高校的网络信息中心负责向本校师生提供网络服务,也可以看作一个 ISP。

各运营商所提供的接入方式均以光接入为主。另外,许多机构或单位都建设了自己的与 Internet 互联的局域网,这样单位内部用户便可以基于 LAN 接入 Internet。在无线通信技术已经相当普及的今天,无线接入也已经成为了主流接入方式。

2. 通过 LAN 接入

局域网接入 Internet 后,就可以成为局域网中用户接入 Internet 的通道。在网络线路覆盖的范围内,只要有接入端口,新的用户随时可以申请加入。为了访问 Internet,用户需要在自己的计算机上配置 IP 地址等信息,基本操作过程如下。

(1) 在 Windows 设置窗口中,选择"网络与 Internet"选项,选择"更改适配器选项"→"以太网"命令,在随后显示的以太网属性对话框中选择"Internet 协议版本 4(TCP/IPv4)",显示如图 6-20 所示的属性对话框。

(2) 如果使用固定的地址,则在相应的输入框中分别输入 ISP 提供的 IP 地址、子网掩码、默认网关以及首选 DNS 服务器,例如,210.45.165.227,255.255.255.0,210.45.165.254 以及 210.45.160.1。如果 ISP 采用自动获得地址方式,分别选中"自动获得 IP 地址"和"自动获得 DNS 服务器地址"。

3. 通过无线接入

随着无线通信技术的迅速发展,用户利用无线接入手段随时随地上网成为可能。如果要接入 WLAN,首先必须有该 WLAN 的接入密码。例如,打开计算机或手机的WLAN 开关后,搜索附近的 WLAN,显示如图 6-21 所示。假设有其中的 TP-LINK_6A9BA2 密码,选择该连接,输入密码即可。

每个 WLAN 都有一个用于标识的 SSID(Service Set Identifier,服务集标识),在无线路由器初始设置时,可以根据自己的需要调整,如图 6-22 所示。

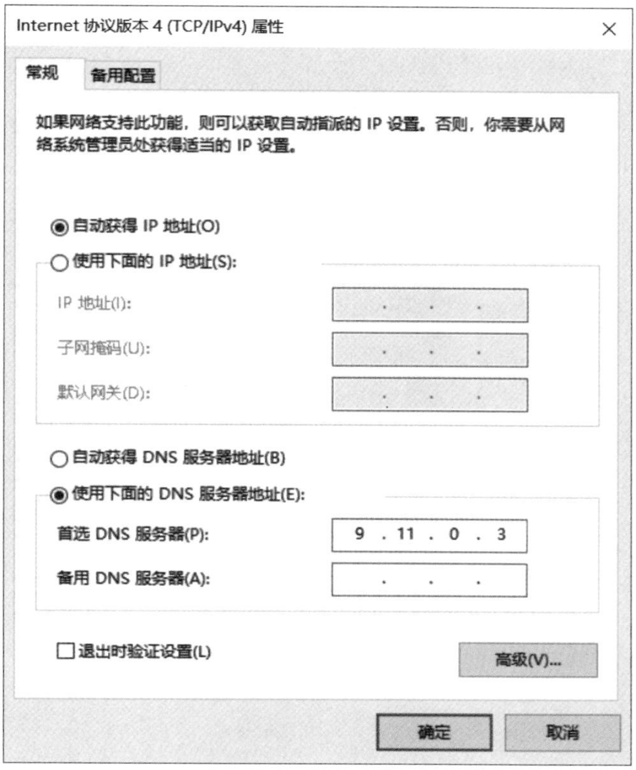

图 6-20　"Internet 协议版本 4（TCP/IPv4）属性"对话框

图 6-21　连接到无线网络

　　配置了移动通信卡的智能手机,可以通过无线局域网 WLAN 接入 Internet,也可以通过 4G 或者 5G 等方式接入 Internet。智能手机在通过 4G 或者 5G 接入 Internet 后,还可以当作便携式无线热点为其他智能设备提供网络接入服务。

　　4. 通过光接入

　　为了更快地下载视频文件,更加流畅地欣赏各种在线高清视频节目,光是最理想的接入方式。光纤到户（Fiber To The Home,FTTH）,也就是将光纤一直铺设到用户家庭,是当前各大电信运营商主要采用的接入方式,如图 6-23 所示。其中 ONU（Optical

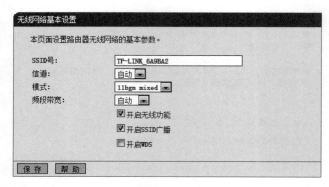

图 6-22　设置无线网络的 SSID

Network Unit）是一种光电转换设备，又称为光纤猫，OLT（Optical Line Terminal）为连接光纤干线的终端设备。

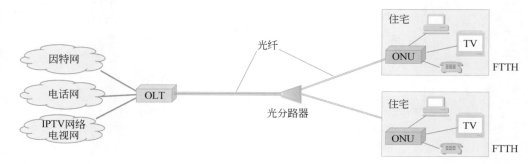

图 6-23　光纤到户接入示意图

6.3.4　网络接入故障与解决方法

在使用计算机时，经常会遇到不能上网等问题，在具备了初步的计算机网络基础知识之后，可以对常见网络接入故障进行分析并探讨解决办法。

问题 6-4　用户在正常启动计算机后，发现不能通过浏览器访问某个网站。遇到这样的问题，通常会从哪些方面来分析网络故障？怎样来解决呢？

分析　直观上考虑，不能访问某个网站可能有几方面的原因：该网站有故障不能访问、浏览器软件有故障无法使用、网络有故障无法连接。如果其他网站均可访问，说明该网站有故障。进一步地，所有网站都无法访问，且通过域名和 IP 地址都不能访问，说明是网络有故障，可能的原因包括用户设备接入故障、配置故障或者主干网络故障。

1. 用户端的线路故障

首先查看网络连接是否正常，这和当前网络是有线网络还是无线网络有关。有线网络一般使用 RJ45 头做成的网络连接线（简称"网线"），一端连接墙面的信息座，一端连接计算机中的有线网卡接口，如图 6-24 所示。无线网络一般与无线路由器连接，图 6-25 所示为华为公司的一款无线路由器。

图 6-24　网线

图 6-25　无线路由器

（1）有线网络。如果任务栏的本地连接显示标识中有符号×，需要检查网线是否正确连接到网络插口上。如果已经连接，进一步检查网线接头与网络插口的接触是否牢固。可以重新插拔一下，或者换用其他能正常使用的网线。如果是网线两端的 RJ45 头有损伤，重做 RJ45 头或更换网线。

（2）无线网络。查看无线路由器是否工作正常（例如家庭用户）。简单的方法是确定其他设备是否能够正常连接到这台路由器。如果不可以，说明路由器可能有问题，尝试重启或者重新配置，最坏情况是更换路由器；如果路由器工作正常，则是计算机本身的问题。

2. 用户计算机的网络配置错误

用户主机上网需要配置 IP 地址、DNS 信息等，在确保用户线路无故障后，检查主机是否正确获取了 IP 地址相关信息。如果 ISP 提供的是静态 IP 地址，在如图 6-26 所示的"Internet 协议版本 4（TCP/IPv4）属性"对话框中检查 IP 地址是否正确；如果是动态分配，需要查看 DHCP 服务是否启动。

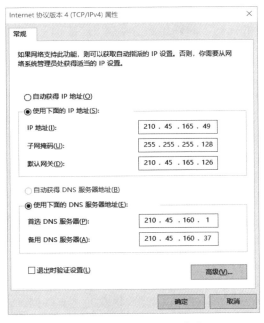
图 6-26　静态配置 IP 地址

3. 主干网络故障

如果本地连接、IP 地址和 DNS 等均正常，计算机仍不能上网，并且本网内其他用户也不能正常上网，则考虑是局域网或网络提供商的主干链路出现故障，可以咨询相关网络管理人员进行解决。

思考题

（1）你的个人计算机的 IP 地址属于哪一类地址？在 IP 地址配置时，实际上还有网关、子网掩码一类的地址，它们的作用是什么？

（2）与固定分配 IP 地址相比，自动获得 IP 地址为什么能够节省 IP 地址？

6.4　认识物联网

随着计算机技术与联网技术的不断发展，物理世界中的"物"也被接入了网络，接入了 Internet，实现了人与物以及物与物之间的相互感知、交流和控制，形成了通常所说的物联网，也催生了万物联网的世界。

6.4.1　物联网的定义与特征

物联网（Internet of Things，IoT）被认为是继计算机和 Internet 之后，信息技术领域的新一轮发展浪潮。因为将现实世界中的"物"连接到了网络，物联网内在特征、体系结构与组成与传统计算机网络有显著的差异。

1. 物联网定义

物联网技术自问世至今一直处于快速发展进程之中，其定义在不同时期有一定的差异。在物联网发展的早期阶段，大约 2010 年前后，普遍认为物联网是通过射频识别（Radio Frequency Identification，RFID）、红外感应器、全球定位系统、激光扫描器等信息传感设备，按约定的协议，把任何物品与 Internet 连接起来，进行信息交换和通信，以实现智能化识别、定位、跟踪、监控和管理的一种网络。也就是说，物联网实现了任何物体在任何时间、任何地点的连接，并且能够实现人与物及物与物的相互感知和智能操纵。

随着物联网应用的不断普及，其重要性越来越明显。有观点认为，物联网发展到今天已不仅是一种技术，而是一种新型基础设施。工业与信息产业部等 8 部门于 2021 年 9 月印发的《物联网新型基础设施建设三年行动计划（2021—2023 年）》中将物联网定义为"以感知技术和网络通信技术为主要手段，实现人、机、物的泛在连接，提供信息感知、信息传输、信息处理等服务的基础设施"。

从上述内涵不完全相同的定义可以看出，物联网是互联网的延伸和扩展，联网设备包含了现实世界中的任何物品。国际电信联盟（ITU）在《ITU 互联网报告 2005：物联网》中指出，一根牙刷、一个轮胎、一座房屋，甚至是一张纸巾都可以作为物联网的联网终端，即世界上的任何物品都能连入网络；物与物之间的信息交互不再需要人工干预，物与物之间可实现无缝、自主、智能的交互。换句话说，物联网以互联网为基础，主要解决人与人、人与物以及物与物之间的互联与通信。

2. 物联网中的"物"

物联网中的"物"不仅是现实物理世界中传统意义上的"物"，而是在传统"物"的基础上嵌入或者融合了"感知""通信"与"计算"能力的物。例如，在电饭煲中植入嵌入式 CPU 以及相应的存储、通信组件，再贴上 RFID 标签，这台电饭煲就变成了物联网中一个具有"感知""通信"与"计算"能力的智能物体。类似地，在智能家居中，安装了光传感器的智能照明控制开关、冰箱及插座等也都变成了智能物体。

3. 物联网的特点

物联网的工作过程类似于人对于外部客观物理世界的感知与处理。人的感知器官用来获取信息，如眼、耳、鼻、舌头、皮肤各司其职。眼睛能够看到外部世界，耳朵能够听到声音，鼻子能够嗅到气味，舌头可以尝到味道，皮肤能够感知温度。神经用于传输信息，各个感知器官感知的信息由神经系统传递给大脑。大脑根据各种感知信息和存储的既有知识来做出判断，以选择处理问题的最佳方案。类似地，一个物联网系统也包括感知、传输、处理及应用 4 个层次，相应地，物联网的特征可以概括为全面感知、可靠传输、智能处理及广泛应用，如图 6-27 所示。

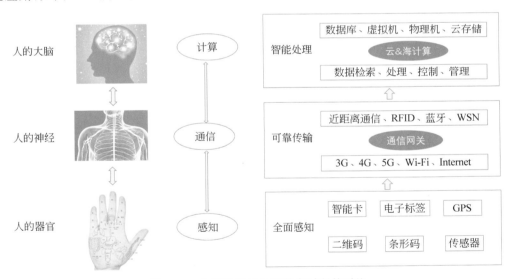

图 6-27　人和物联网处理信息过程的对比

（1）全面感知。"感知"是物联网的基础。物联网的联网对象是物品，为了让物品具有感知能力，需要在物品中安装不同类型的识别装置和传感器。常用识别装置包括电子标签、条形码与二维码等。传感器的类型更加丰富，有感知物品自身状态或者特性的传感器，也有感知环境状态的传感器。利用这些装置或者设备，可随时随地获取物品自身及其周边环境的信息，实现对物品状态及时空环境信息的全面感知。

（2）可靠传输。可靠的数据传输是保证物-物相连的关键。物联网为了将大量的感知设备、物品以及计算机、服务器和云计算平台等连接起来，采用所有可能的有线或无线通信与网络技术，包括有线和无线局域网技术、蓝牙或 ZigBee 以及 3G/4G/5G 等移动通信技术。但是，不同的联网物体及联网技术可能会采取不同的协议，为保证设备及信息的互联与集成，需要通过相应的软、硬件进行协议转换，这就需要一个称作网关的设备。例如，智能家居系统一般都需要配备一个家庭网关，实现家庭内部网络不同通信协议之间的转换和信息共享，并负责智能设备的管理和控制。

（3）智能处理。通过感知设施采集的数据，通过网络传输到数据库，还需要进一步处理才能为不同应用系统提供支持。应用系统一般都会提出对各种物品（包括人）进行智能化识别、定位、跟踪、监控和管理的要求，这就需要智能信息处理平台的支撑，并通过云计算、人工智能等智能计算技术，对海量数据进行存储、分析和处理，针对不同的应用需求，实施智能化的控制。

6.4.2　物联网的应用

应用是物联网发展的驱动力和目的。物联网的应用范围非常广泛，几乎覆盖了日常生活、工作与学习的所有领域，目前应用比较成熟的有智慧医疗、智慧家居、老人健康照护、自动驾驶、智慧农业等多个不同领域。

1. 智慧医疗

智慧医疗是将物联网等技术应用于医疗领域，通过 RFID、传感器与传感网、无线通信以及人工智能等技术与医疗技术的融合，实现医疗器械与药品管理的数字化、实现医疗的精准化及远程化，在将有限医疗资源提供给更多人共享的同时，提升全社会疾病预防、治疗及健康管理的水平。

通过物联网等新兴信息技术，能够大幅度改善病患就医体验，提升医疗质量。例如，将如血压计、血糖仪、体重计、超声波及 X 光摄影等设施连接到网络，可及时将各种生理数据提供给医生参考，帮助医生更加全面精准地分析和判断病情，进而改善医疗质量。此外，在各种医疗器械上加装 RFID，在流程追踪及医疗废弃物处理方面能够发挥更大的作用，如图 6-28 所示。

2. 智慧家居

智慧家居是将基于物联网技术的各种居家设施应用到家庭及生活环境，构建以满足人的需求为主要目标的舒适、便利、安心、可持续的智慧生活环境。典型的智慧家居系统如图 6-29 所示。房间内部安装了各种环境传感器，在此基础上，构建了调整窗帘的自动窗帘系统、调节灯光的自动照明系统、调节冷气的舒适度系统，以及利用红外线传感器和摄影装备监控是否有人进入的门禁系统等。

3. 老人健康照护

随着人口老龄化进程的加快，各类面向老人的健康照护服务需求越来越强烈。通过物联网技术，可以在家中部署智能传感器收集老人的活动、生理及相关环境数据，通过数

图 6-28　物联网在医疗领域的应用

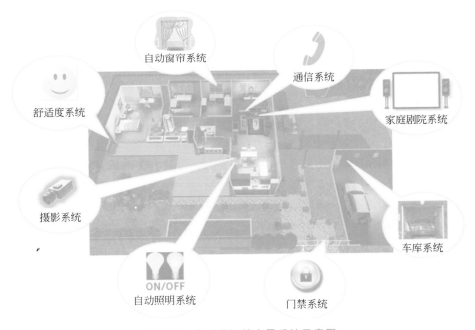

图 6-29　典型的智慧家居系统示意图

据融合、处理及智能分析,能够精准掌握老人的行为、生理状态与精神状态。例如,是否正常吃饭、睡眠质量、看电视及上厕所的情况等,如果发现异常,可以通过相应的健康照护系统,及时通知照护人员、家属或者医师。也可以通过各类微传感器,如心跳、血压与眼压传感器等,在家中做日常医疗检测并采集相关数据,有利于医生在诊疗时更加准确了解老年人的身体状况,如图 6-30 所示。

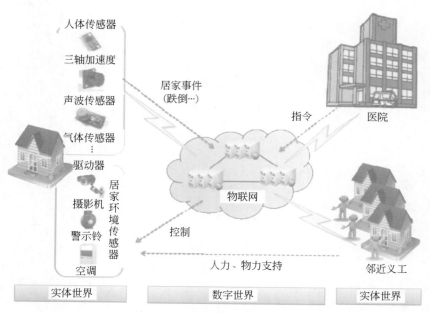

图 6-30　老人健康照护应用系统示意图

4.自动驾驶

目前,世界各大汽车厂商都在努力将各种传感器及具有图像等智能处理能力的微处理芯片集成到车辆之中,目的是改善车辆的性能及安全性,并代替人执行驾驶工作,实现智能无人驾驶。基于人工智能技术建立的驾车模型可代替人的大脑进行分析、判断与决策,通过对车辆、行人、红绿灯及交通标志等各类影响驾驶行为的因素的分析,决定应该执行的驾驶操作。在理想情况下,乘客只需输入目的地,车辆就会自动规划最佳路线,自动驶向高速公路或者其他适宜的道路,路面上所有车辆彼此沟通,以最快的速度运行,安全准时抵达目的地,如图 6-31 所示。

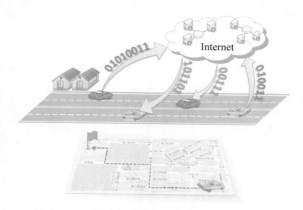

图 6-31　智能车辆将可以联网及实现自动驾驶

5. 智慧农业

在智慧农业应用中,农作物从播种、生长、采收、储存、运输到销售的全过程均可使用条码或 RFID 之类的识别技术进行生产过程的记录与溯源,也可以通过传感设备及智能农业机械实现对其生长过程的监控、调节或控制。在养殖业中,通过在动物的耳朵上嵌入 RFID 标签可以辨识动物并记录其生长过程,包括身份、产地、品种、预防针、体重及生长过程的各种数据,以形成食品履历。此外,通过行为识别可提早掌握动物生病或感染传染病的风险。

在种植业中,近几年陆续问世了一批喷洒农药和施肥方面的智能农机设备,包括无人机等,也都采用物联网技术,通过传感器及摄影摄像设备等,帮助判断农产品受虫害的影响程度以及需要喷洒的农药品种、数量及范围,也可以判断需要追施的肥料种类、数量及范围,实现精准喷药和施肥,以提升农产品的品质与产量,也为产销及物流运输提供了溯源的重要依据。

6.4.3 物联网技术发展趋势

物联网问世时间虽然不长,但技术、应用及产业的发展都非常迅速。从技术方面看,其发展具有以下趋势。

1. 基础化

在早期的物联网应用系统中,底层感知设施与上层应用紧密关联,应用系统需要有自己专用的感知设施,感知层与应用层呈现紧耦合特点。现在,物联网已经成为一种独立于上层应用,能够为多种应用提供感知信息和数据支撑的新型通用信息基础设施与平台,也促进了大规模开环式应用及物联网应用新业态的发展。

2. 智能化

在物联网系统中,由于大量的物的接入以及物的动态复杂性,全面的人工操纵显然不可能,必然要求感知、操纵等均具有一定的智能。人工智能(AI)与物联网(IoT)技术的不断融合,物物感知、数据处理及应用均呈现出明显的、越来越智能化的特点,并因此催生了智能物联网(Artificial Intelligent IoT,AIoT)的概念。

3. 普适化

通信技术的快速发展为大规模物联网接入提供了保障。柔性传感等多种新型感知技术的涌现使得感知设施与环境及物体融为一体,几乎看不见甚至感觉不到其存在。新型感知技术与通信技术的融合,提供了几乎难以察觉却又无处不在的接入。

4. 融合化

物联网技术及其应用涉及多种新兴信息技术,并呈现出越来越明显的跨界融合与集成创新特征。物联网与边缘计算、人工智能及区块链等新兴信息技术的融合将会催生许多新应用、新模式乃至新业态,也会对传统应用及传统模式形成挑战,甚至可能会产生颠覆性影响。

(1) 从自己身边的需要出发,思考有哪些将"物"连接到网络的需求以及将"物"连网带来的好处。

(2) 将"物"连接到网络的难点是什么？与传统互联网相比,有新的安全风险吗？

习 题 6

一、选择题

1. 计算机网络最基本的功能是(　　)。

  A. 信息流通　　　　B. 数据传递　　　　C. 资源共享　　　　D. 降低费用

2. 接入局域网的、需要互相通信的计算机必须在计算机上插入一块(　　)。

  A. 调制解调器　　　B. 网卡　　　　　　C. 显示卡　　　　　D. 声卡

3. 协议是通信双方为实现(　　)所作的约定或对话规则。

  A. 互斥　　　　　　B. 通信　　　　　　C. 数据传输　　　　D. 协调工作

4. 以太网的协议标准是(　　)。

  A. IEEE 802.1　　　B. IEEE 802.2　　　C. IEEE 802.3　　　D. IEEE 802.5

5. 使用 Windows 10 来连接 Internet,应使用的协议是(　　)。

  A. Microsoft　　　　B. IPX/SPX　　　　C. NetBeui　　　　D. TCP/IP

6. 常用的有线通信介质包括双绞线、同轴电缆和(　　)。

  A. 微波　　　　　　B. 红外线　　　　　C. 光纤　　　　　　D. 激光

7. 构建的 WLAN 范围在 40 米以内,且希望有较高的速率,则建议使用的无线网络协议是(　　)。

  A. 蓝牙　　　　　　B. IEEE 802.11b　　C. IEEE 802.11a　　D. IEEE 802.11g

8. 能唯一标识 Internet 网络中每一台计算机的是(　　)。

  A. 用户名　　　　　B. IP 地址　　　　　C. 用户密码　　　　D. 使用权限

9. Internet 是由(　　)发展而来的。

  A. 局域网　　　　　B. ARPANET　　　　C. 标准网　　　　　D. WAN

10. 域名 www.huaihai.gov.cn 中的 gov、cn 分别表示(　　)。

  A. 商业、中国　　　B. 商业、美国　　　C. 政府、中国　　　D. 科研、中国

11. 下列 IP 地址中,不是合法的 IP 地址的是(　　)。

  A. 259.197.184.2 与 202.197.184.144　　B. 127.0.0.1 与 192.168.0.21

  C. 202.196.64.1 与 202.197.176.16　　　D. 251.255.255.0 与 10.10.3.1

12. 下列选项中,关于 Internet 协议描述错误的是(　　)。

  A. 采用 TCP/IP 协议

  B. 采用 ISO/OSI 七层协议

C. 用户和应用程序不必了解硬件连接的细节

D. 联网计算机都有 IP 地址

13. 以下关于物联网与互联网区别的描述中,错误的是(　　)。

　　A. 互联网提供信息共享与信息交互服务

　　B. 互联网数据主要是通过自动方式获取的

　　C. 物联网提供行业性、专业性、区域性服务

　　D. 物联网是可反馈、可控制的闭环系统

14. 以下不属于物联网 3 层结构模型的是(　　)。

　　A. 感知层　　　　　　B. 网络层　　　　　　C. 控制层　　　　　　D. 应用层

二、思考题

1. 计算机网络怎样实现两台计算机或多台计算机之间的通信?局域网、广域网和互联网是怎样组建起来的,其核心设备有哪些?在组建过程中,协议和分层起到什么作用?

2. 计算机网络体系结构为什么要采用分层次的结构?试举出一些与分层体系结构的思想相似的日常生活中的例子。

3. 结合你对 Internet 的日常使用,说一说计算机网络的发展在哪些方面改变和促进了人们工作与思维方式的变化。

4. 要使一台计算机接入互联网,主要的接入方法有哪些?简述每个方法的接入过程。

5. 利用 TCP/IP 协议进行网络传输的过程是怎样的?简述其过程。

6. 局域网/广域网,万维网/因特网,因特网/物联网,它们有什么主要的不同?计算机网络发展的脉络是什么?

7. 根据你对 Internet 的日常使用,列出 Internet 可提供哪些类型的服务?每一类型服务有什么主要功能?

8. 请分析无人超市使用了哪些物联网智能技术,谈谈你对无人超市的发展有哪些新的设想。

9. 网络技术在不断地发展和变化,你还知道哪些新兴网络技术,它们有哪些应用?

10. 结合中国互联网的发展趋势,谈谈新时代大学生该从哪些方面规范上网行为、维护网络秩序?

第**7**章

互联网应用

互联网(Internet)已经覆盖了全球的每一个国家和地区,随着社交网络、电子商务和移动互联网的快速发展与普及,其应用渗透到了人类生活和工作的每一个领域。人类已经进入了互联网时代,衣食住行以及学习、工作和娱乐对互联网的依赖在迅速增加,甚至到了不可或缺的程度。基于互联网的信息检索、获取、发布乃至购物订票等已经成为现代社会中每一个人都必须具备的基本能力。

本章主要内容:

* WWW 服务;
* Web 的工作过程;
* 网站及网页的基本概念;
* 常见的其他 Internet 服务;
* 在 Web 上发布信息;
* 网页设计与制作的初步知识。

本章学习目标:

* 在有需要时能够利用 Internet 获取相应的服务;
* 理解 Web 的工作过程;
* 熟练使用 WWW、电子邮件、FTP 和即时通信软件;
* 掌握使用搜索引擎获取信息的方法;
* 掌握在 Web 上发布信息的方法与基本规范;
* 了解网站建设的基本过程,能够制作简单网页。

7.1　互联网与万维网

随着技术的快速发展,互联网的应用范围在不断扩大。但是,传统的 WWW(又称为万维网)、电子邮件、远程登录、文件传输以及信息检索等应用仍然有其强大的生命力,也是许多新兴应用的重要支撑,而 WWW 仍然是 Internet 上应用最广泛的。

7.1.1　Web 的工作原理

Web 技术问世于 20 世纪 90 年代，是在英国科学家 Tim Berners-Lee 提出的 HTML、HTTP 以及 URL 规范的基础上逐步发展起来的。浏览器的问世，促进了 Web 的普及，使得 Web 成为 Internet 上使用最为广泛的一种资源。

1. WWW、Web、万维网

WWW 是 World Wide Web 的缩写，简称 Web，中文也翻译为万维网。Web 提供信息浏览服务，也称为 WWW 服务或 Web 服务。使用 Web 服务的过程实际上是通过浏览器访问 Web 中的网页资源的过程。

2. URL、HTTP 与 HTML

WWW 采用统一的资源定位、访问和组织方式，因此，极大地促进了其快速发展。

（1）统一的资源定位方式：URL（Uniform Resource Locator，统一资源定位器），即网址。标识出网络上的各种资源。

问题 7-1　Web 中的资源难以计数，如何区分和访问 Web 中的资源？

分析　访问任何 Internet 资源都需要知道其地址，通常用 URL 表示。换言之，URL 代表了具体的资源，由资源类型、存放该资源的计算机地址和资源文件名 3 部分组成。资源大部分为 Web 资源，如图 7-1 所示，也有非 Web 资源，如 ftp://chandler.mit.edu 是麻省理工学院一台 FTP 服务器的地址，提供 FTP 文件传输服务。

图 7-1　URL 的组成

（2）统一的资源访问方式：HTTP（Hyper-Text Transport Protocol，超文本传输协议）。访问 Web 的过程是通过超文本传输协议实现的。也就是说，HTTP 既能够将浏览器发出的 Web 资源访问请求发送到 Web 服务器，也可以将 Web 服务器的响应传回给浏览器。

（3）统一的信息组织方式：HTML（Hyper-Text Markup Language，超文本标记语言）。HTML 是创建 HTML 文档时需要遵循的一组规范，这些规范保证了服务器端的 HTML 文档显示在用户的浏览器窗口中时，就是直观的网页。

3. Web 的工作过程

从用户角度看，一个完整的 Web 系统由 Web 服务器与 Web 浏览器组成。在其背后，还涉及一系列的技术或者规范。HTML 是表示信息的规范，它将 Web 服务器中的信息存储为 HTML 文档（即网页），HTTP 则用于传输超文本信息，URL 则帮助浏览器在浩瀚的 Internet 海洋中定位 Web 服务器，它们之间的关系如图 7-2 所示。

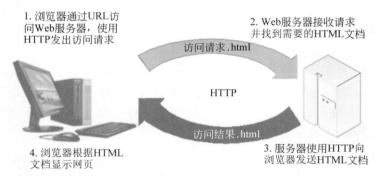

1. 浏览器通过URL访问Web服务器，使用HTTP发出访问请求

2. Web服务器接收请求并找到需要的HTML文档

访问请求.html

HTTP

访问结果.html

4. 浏览器根据HTML文档显示网页

3. 服务器使用HTTP向浏览器发送HTML文档

图 7-2　Web 浏览器与 Web 服务器之间通过 HTTP 交换 HTML 文档

Web 站点存放在 Web 服务器中，用户要访问 Web 站点，需要称为"浏览器"的客户端软件，并在浏览器的地址栏中输入 URL，如图 7-3 所示。URL 代表了一个 Internet 上的 Web 站点，浏览器就会向该 Web 站点发出访问请求。如果 URL 存在，则 Web 服务器将接收到这个请求。当用户端接收到服务器的响应信息后，响应信息中的主要内容是 HTML 文档。浏览器将纯文字的 HTML 文档，用可视化方式显示出来，就是人们看到的包含文本、图像、视频以及超链接的网页。

在地址栏输入URL　　　　　　用户看到的可视化的网页

图 7-3　在浏览器的地址栏中输入 URL

在 Web 服务器方面，它一直监听着来自 Internet 的 HTTP 访问请求。当请求到达后，Web 服务器对其进行检验，找到请求的网页并将其发送到用户的计算机。完成这些工作后，服务器会继续监听及处理其他的访问请求。

Web 服务器是一台运行 Web 服务器软件的计算机，能够同时处理多个 HTTP 访问请求，因此保证了一个网站可以同时被多人访问。CPU、内存、I/O 能力和操作系统等都会对同时处理请求的能力产生影响。大型 Web 系统，如银行官网，网购平台等，其域名通常对应多个 IP 地址以提高响应速度。另外，如果网站的访问量较小，一台服务器上可以配置多个 IP 地址和域名，即一台服务器中包含多个不同网站，如图 7-4 所示。

大学计算机——概念、思维与应用

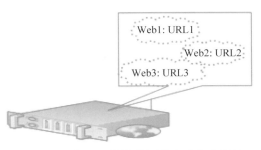

图 7-4　一台 Web 服务器可能包含多个网站

7.1.2　网站、网页与超链接

网站就是通常所说的 Web 站点,存放在 Web 服务器之中。Web 站点是 WWW 的基本组成元素,也可以将 WWW 理解为所有 Internet 上 Web 站点的集合。

1. 网站的组成

每个网站由一组网页文件及相关的文件组成,如图片、声音和动画文件等,通过网页中的超链接将这些网页、相关文件构成一个整体。

网页是网站的主要组成部分,根据网页的作用,可以分为主页、列表页、内容页等;根据采用的技术,则可以分为静态与动态两种类型。

图 7-5(a)所示的是某网站主页,图 7-5(b)所示的是网站的某个栏目的二级页面,其形式为列表形式,也称为列表页。

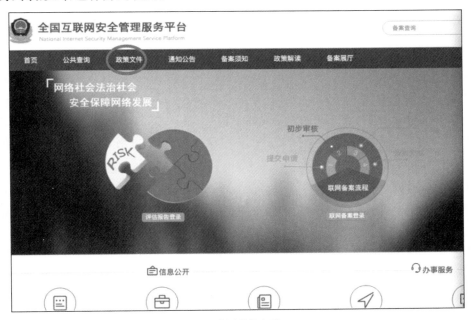

（a）某网站的主页

图 7-5　某网站的主页、二级页面（列表页）

(b) 某网站的二级页面(列表页)

图 7-5 (续)

2. 主页和首页

问题 7-2 如果 URL 中没有包含网页地址,例如 http://www.edu.cn,服务器将返回什么网页给浏览器呢?

分析 用户输入网站 URL 后看到的第一个网页称为主页(HomePage)。在 Web 服务器上可以设置由哪个网页作为主页,设置为主页后,即使 URL 中没有文件名,也会自动打开已经设置好的主页。因此,在浏览器中输入 http://www.edu.cn 时,将会返回设置好的默认页面。

主页的内容通常是网站主要栏目和最近更新内容的展示,通过主页能访问网站中的任何网页和文件,主页的文件名通常为 index.html,index.jsp 等。主页一般都是网站的首页,但也有例外,如有的网站喜欢在首页放置一段进入动画,并将主页的链接放置在首页上,浏览者需要单击首页的链接再进入主页。

3. 网站的分类

网站的功能通常与其表示对象的特征有关,根据其表示对象的不同,可以大致地将网站分为以下几种类型。

(1) 个人网站。由特定的个人设计并发布,一般用于展示发布者的个人信息,如教育背景、专业特长、工作成绩以及个人观点等,也可以用于发布者与访问者的交互。

(2) 商业网站。用于展示公司形象或开展电子商务活动,内容包括公司基本信息以及商品的详细信息、销售以及售后服务等,图 7-6 所示的是某 IT 公司网站首页。

(3) 教育网站。一般由各类教育机构建设,围绕教育与培养展示信息并与访问者、学习者

图 7-6　一个典型的商业网站的示例

进行交互,开展在线的教学活动等,如学校网站、教育主管部门网站、其他教学资源网站等。

（4）服务网站。这类网站包括的范围比较广泛,如政府单位、医疗机构、提供各种服务的企业、搜索引擎以及电子报刊等。

在不同建设目标的指导下,各种网站的功能、内容及风格等都各有特点,但从总体上讲,它们的功能可以归纳为信息展示与传输、与访问者进行交互以及提供访问信息系统的界面 3 方面。

4. 超文本和超链接

网页中的文本、图片均可以设置超链接,链接到网页和其他任何类型的文件,一个网站中包含的网页及各类文件正是这样互相链接形成的一个链接体,如图 7-7 所示。正如 Tim Berners-Lee 所说,"Web 是一个抽象的(想象中的)信息空间。在网络(net)上,可以找到 Web 中的计算机、文件、声音、视频以及信息。网络中计算机之间用电缆连接,而在

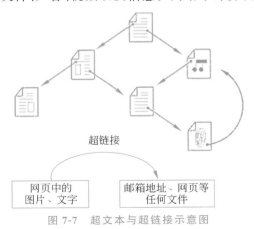

图 7-7　超文本与超链接示意图

Web 上,是通过超链接来连接的。"

文本设置超链接后称为"超文本"。鼠标移到超文本上通常有"手状"提示,有时为了区分,超文本的字体或颜色不同,标有下横线。图片可以设置链接,设置后并无明显变化,只是鼠标移上去有"手状"提示。

网站主页的名称一般为 index.XXX,其中 XXX 为扩展名。index 有"索引"之意,表示通过主页可以访问到其他页面。事实上,在任何一个网站中,都是通过主页中的链接访问到第二层页面,通过第二层页面,又可以访问到第三层页面。同时,为了方便用户找到最关心的内容,常常在主页上放置第二层或第三层页面的内容链接。因此,可以认为网站之间的链接是网状的,也可以是"层次+网状"的。

思考题 人们是如何访问网页中信息的? 需要什么工具,要遵循什么协议?

7.2 Web 开发技术

1994 年成立的中立性技术标准机构 World Wide Web Consortium(W3C)组织先后发布了数百项 Web 技术标准及实施指南,为 Web 技术的发展发挥了重要作用。Web 的实现涉及多种技术,其中,由客户端浏览器负责解释运行的部分,称为 Web 前端开发技术,运行在服务器端的则称为 Web 服务器端(后端)开发技术。

7.2.1　HTML

HTML 是一种标记语言,W3C 先后发布了多个版本的 HTML,目前的最新版为 HTML5。HTML 文档中的标记有单标记和双标记两种类型。

1. 单标记
格式:

<标记名 属性="属性值"/>

例如,<img src="night.jpg" alt="夜色" width="371" height="255" />　表示一张图片,图片文件名为 night.jpg,当图片不能显示时,图片区域出现"夜色"文字,图片宽为 371 像素,高 255 像素。

2. 双标记
格式:

<标记名 属性="属性值"> 值 </标记名>

例如,<title>静夜思</title>,表示网页的标题为"静夜思",即浏览器窗口的标题

内容为"静夜思"。

3. HTML 文档的结构

一个 HTML 文档包含多个标记，从结构上看，一般由"头部"和"主体"两部分组成，如图 7-8 所示。网页中的各种可见元素，如图片、文字、水平线、超链接、视频、声音等都有相应的标记，都放在 <body></body> 中间。

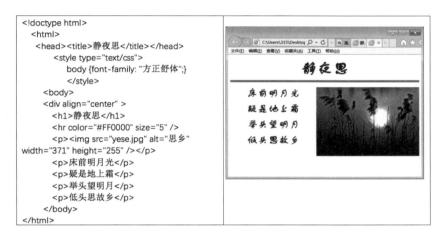

图 7-8　一个网页的 HTML 代码及其在浏览器中的显示效果

7.2.2　CSS 样式

层叠样式表（Cascading Style Sheet，CSS）是定义样式的一种语言。CSS 可以应用于 HTML 文档，也可以应用于 XML 等其他类型的标记文档。CSS 能对任意网页元素，例如文本、超链接、图片、表格、层、表单等，设置字体、段落、背景、鼠标效果、叠加层次、浮动、边框、位置等属性，并通过与 JavaScript 的结合呈现出绚丽的动态效果。CSS 已经成为网页设计必不可少的技术之一。

例如，P {font-size：20px；font-weight：bold；line-height：20px；font-family："方正舒体"；}表示段落的字符大小为 20 像素，加粗，行高为 20 像素，字体为"方正舒体"。

目前比较流行的网页设计方法是，使用 HTML 标记设置网页的内容，使用 CSS 来设置所有网页元素的样式。这样就实现了内容与样式的分离，有助于网页的更新。

7.2.3　Web 编程语言

基于 HTML 设计的网页只能以静态方式显示，如果需要通过网页实现与用户的互动，或者需要对网页显示内容进行动态调整，就需要 Web 编程语言编写相应的程序。根据程序运行在客户端还是服务器端，Web 编程语言通常分为包括客户端脚本语言和服务器端脚本语言。与 C、Java 等编程语言相比，脚本语言的语法相对更为简单，且通常以解释方式运行。

1. 客户端脚本语言

HTML 语言是一种标记语言，不是程序设计语言，无法支持网页交互。1995 年，Netscape 公司开发了一种嵌入在 HTML 文档中的编程语言——JavaScript，并逐渐成为了最流行的脚本语言。与通常的程序设计语言相比，脚本语言的编写和运行更为简单。下面是一段 JavaScript 程序代码，作用是用浏览器打开网页后，无法使用鼠标右键（右击没有任何反应），达到禁止复制页面内容的作用。

```
document.oncontextmenu = function(){
    return false; }
```

Javascript 脚本语言能够通过程序，控制网页中各元素的显示方式，接收用户的输入信息（包括鼠标的操作和键盘操作）并进行相应处理，以及数据的存储等。为了吸引用户，绝大多数网页中都包含了脚本语言的程序代码，在浏览器中查看"网页源代码"就能看到网页的 HTML 代码，其中，＜script＞＜/script＞ 标记中间的代码就是客户端脚本代码，仅在用户的浏览器中运行。

2. 服务器端编程语言

服务器端的编程语言有多种，如 Java、C♯、Python 等，编写的程序运行在 Web 服务器上，在客户端的浏览器中无法查看这些程序代码，只能看到程序运行后的结果。图 7-9 所示的浏览器中看到的报名信息，其实是用服务器端编程语言 Java 编写的，通过查询 Web 服务器中数据库里该准考证号的记录，找到该记录中的姓名、准考证号、性别等信息，并显示在网页中，这些操作均在服务器上完成。因此，从服务器上传送网页文件到客户端时，这些内容已经不再是脚本语言的代码，而是可以被浏览器直接"看懂"的 HTML 标记了。

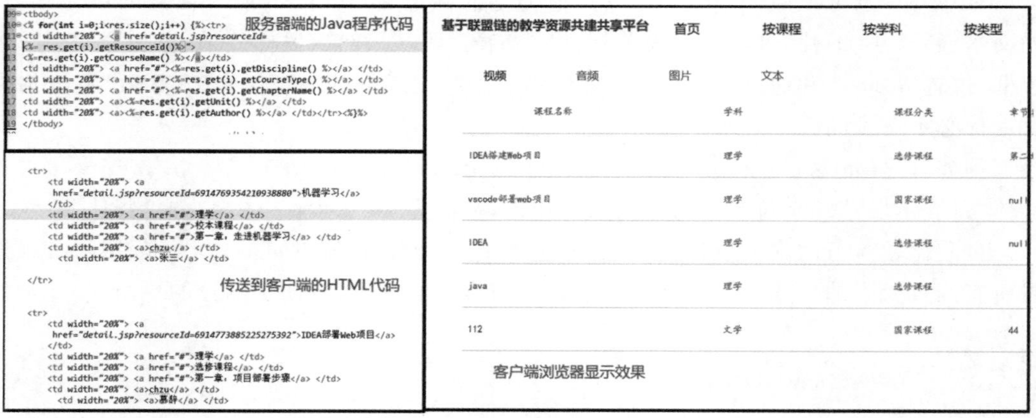

图 7-9　一个网页的代码及其在浏览器中的显示效果

3. 静态网页与动态网页

静态网页的内容发布后不能够自动更新，如果要想改变网页显示的内容，就必须重新修改网页文件并上传到服务器上。静态网页文件扩展名通常为 htm 和 html 等。

早期的网站一般都是由静态网页组成。静态网页包含了一些动画效果,如.GIF 格式的动画、FLASH 动画以及滚动字幕等,但这些"动态效果"仅仅是视觉上的,并不是显示内容的"动态"变化。

动态网页技术,又称为动态 Web 技术,包括客户端脚本语言、服务器编程语言、CSS 等。通常将 HTML、CSS、Javascript 称为 Web 前端技术,即用户浏览器中显示的网页所包含的技术。Java EE(使用 Java 编写)、ASP.net(使用 C♯ 或 VB 编写程序)、PHP(类似 C 语言),以及早期的 CGI 等都是服务器端开发技术。与静态网页不同,动态网页存放在服务器端的内容,与在客户端所看到的是不同的,且每个用户看到的也可能各不相同。

在动态网页文件中,不仅具有 HTML 标记,还包含一定的程序代码,最常用的是用于连接数据库的操作,当数据库中的数据发生改变时,网页显示的信息会自动同步改变。动态网页能够为不同访问者显示不同的内容,更新也比较方便,可以直接在后台进行。例如,在教学网站根据不同的用户,显示不同的课程列表。再如,学校主页上的新闻总是显示最新发布的几条等。目前,人们访问到的网页几乎都是动态网页。图 7-9 中的网页也是动态网页。

4. 常用工具

任何一个文本编辑器都可以创建、编辑并保存 HTML 文档。但是,在文本编辑器中手工输入 HTML 标记,要求用户熟记 HTML 语法,且效率低、无法直观看到效果。而网页制作和开发的专门工具,通常都具有自动补全代码、代码测试、效果预览、管理站点文件等多重功能。常用的工具包括 Dreamweaver、开源工具集 Eclipse、微软公司的 Visual Studio Code、擅长 H5 编辑的 Hbuilder、前端开发工具 Reac 等。

在设计网页时,一般还要使用图片、动画、视频等多媒体元素。这就需要使用多媒体编辑工具,具体见第 5 章。网页设计工具各具特色,在实际的开发过程中要结合使用,以便发挥它们的优势,实现整体最优的效果。

思考题 你经常访问哪些网站?它们属于什么类型?可能使用了哪些 Web 技术?

7.3 网站的制作与发布

Web 系统是一个运行在互联网上的软件系统,涉及 Web 前端开发技术、Web 服务器端开发技术、数据库技术、软件工程等内容。互联网上的服务,绝大多数都是通过 Web 系统提供的,例如网上店铺、微博、12306 官网、各类网站、学校的智慧校园平台等,根据其功能和性能的不同,这些网站的复杂度差异较大。

问题 7-3 创建网上店铺、在微博中发布帖子、在学工系统中申请奖学金等,都是在已有的 Web 系统中发布信息,即使用该 Web 系统提供的发布信息功能。那么,如何自己制作一个 Web 系统呢?

分析 Web 系统的开发过程,通常遵循软件工程的规范,一般包括需求分析、系统设计、系统开发、系统测试、运行与维护等步骤。下面,以某高校计算机系的官网为例,介绍网站类的 Web 系统的设计、开发和管理过程。

7.3.1 需求分析

需求分析是网站设计与制作的基础,通过需求分析确定网站目标、功能及主要内容,还需要进一步确定网站的风格,虽然网站风格通常与其功能有一定的关联,但更多受网站所有机构的文化及风格影响。

1. 网站的内容

每一个网站都有其特定主题和访问对象,根据主题和访问对象确定网站的内容,通常以栏目体现。在开始制作网页之前,设计人员需要与相关的管理人员、业务人员进行交流,了解并思考网页中需要显示哪些信息,如何对这些信息分类,是否要为访问者提供信息交互的界面等。另外,还需要考虑如何吸引访问者的点击。在此基础上,设计一份网站内容计划书,并就该计划书与相关人员进行多轮讨论,以确定最终的网站方案。

2. 网站的外观

网站的外观包括网站标识(logo)、颜色体系、网页的布局以及显示风格等。一些大型或者有特色的企业还会要求网站风格与企业文化保持一致,并将企业的识别系统作为企业文化的一部分,例如理念识别、视觉识别、行为识别等,当然,从网站设计与制作角度考虑,视觉识别是必须遵循的基本外观风格,理念识别、行为识别是网站内容应该体现的企业内涵。例如,某高校计算机科学系的网站中,其 logo 设计为 Computer Science 的英文及汉字变形,颜色体系选择蓝色,风格为简约科技风,在设计网站的其他页面时应该尽量与这个风格保持一致。

7.3.2 系统设计

在确定了网站的目标、功能、主要内容及外观之后,就要着手开展系统设计,主要包括网页版面、网页之间的逻辑关系以及人-机交互方式等。

1. 规划网页版面和网站结构

网页的版面是指浏览器中看到的一个完整页面的大小和结构等。为了在不同分辨率下都能完整地显示页面,通常将每个网页的宽度设置在 1000px 左右。高度则不受限制,一般设置在 800px 以内,可以在一屏中全部显示。每个网页一般包括网站标志、横幅(banner)、导航栏、主内容区、页脚等部分。

根据网站内容进行版面设计,包括应该有多少个页面,每一个页面应包含哪些内容,页面与页面之间的结构关系是什么,每一个页面的布局,总体的版面风格与外观以及每一个版面的外观等。设计的结果通常包括一个总体框架图以及关于页面的说明,大多数情况下,框架图是"层次+网络"的混合结构。

大学计算机——概念、思维与应用

例 7-1　某高校"计算机科学与技术系"网站的规划设计。

（1）网站主题为"介绍某高校的计算机科学与技术系"。

（2）本网站通过主页链接其他栏目页面,主要栏目之间互相链接,如图 7-10 所示。

（3）网站 logo 为计算机科学与技术系的中文,字体为微软雅黑,深蓝色。

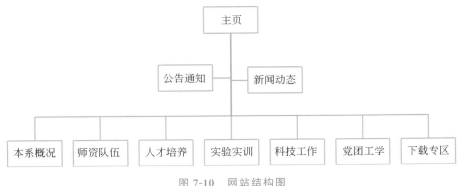

图 7-10　网站结构图

2. 人机交互设计

Web 系统是与访问者互相交流的界面。大多数网站都需要考虑如何与访问者互动,提供什么样的互动界面,如何让访问者快速找到网站中的内容。为此,需要精心设计网站的文字、图片的链接,包括颜色、形状、位置等。

本网站在设计上,将计算机科学与技术系的资讯划分为导航栏中的各项信息。此外,在主页发布用户最关注的新闻、通知等动态信息。用户通过超链接与网站进行交互。

7.3.3　系统开发

制作网站的过程包括一定的系统开发工作,既需要对相关资料及素材进行必要的技术处理,也包括网站的前端开发与服务端开发。

1. 资料和素材处理

需要收集与网站内容相关的各类文字资料、图片及音视频资料等,还需要根据这些资料加工制作相关图片、动画、音频和视频文件。以制作某计算机系网站为例,需要准备该系的简介、教学科研、招生就业、通知、新闻等文字及图片资料,还需要制作网站的 logo、横幅、宣传标语等图片或动画。这些原始资料一般都需要进行处理。例如,文本性的内容要注意语言的规范性,并尽可能简洁。图片一般应转化为 jpg、png 或 gif 格式,音频则尽可能使用流媒体格式。

2. 网站前端开发

选择合适的开发工具,如 Dreamweaver、VS code、Hbulider 进行前端页面的设计。在制作过程中,每个网页应及时进行测试。

网站的前端设计就是设计和制作各个页面的外观,包括图片、文字、表格等各类需要显示的内容。通常首先制作主页,再制作其他页面。为了在不同设备中都能完整地显示页面,通常利用 CSS 样式设计样式,如字体、字号、行距、颜色,超链接设置鼠标移上时的变化样式等。此外,还需利用 Javascript 语言设计页面的交互动态效果,例如编写一个轮播程序实现,页面中的 banner 中轮流播放多张图片等。

为了让网页在不同的终端上都能以最佳的方式显示,通常利用 CSS 的响应式布局技术。以下 CSS 代码能够根据不同设备显示相应的样式:用户终端宽度为 599px 及以下时(如手机),新闻动态和通知公告两个栏目所在的 content 图层总宽度为 600px,且内容换行,即新闻动态和通知公告的内容各占一行显示,如图 7-11(a)所示;用户终端宽度为 800px 以上时(如 PC),content 图层总宽度为 1000px,且内容不换行,即新闻动态和通知公告两块内容在一行中显示,如图 7-11(b)所示。

```
@media only screen and (max-width:599px) { /*599px 及以下的手机等设备*/
#content {
    width:600px;
    display:flex;
    flex-wrap:wrap;
    align-items: stretch;
    }
}
@media only screen and (min-width:800px) {/*800px 及以上的 PC 等设备*/
    #content {
    width:1000px;
    display:flex;
    flex-wrap:nowrap;
    flex-direction:row;
}
}
```

主页创建完成后,再依次创建网站中其他网页,相近的网页可以通过复制后修改来实现。除了主页外,网站中的其他页面可以分为两类:列表页和内容页,如图 7-12 所示。列表页为单击某个栏目后的显示页面,如单击"本系概况""师资队伍"等链接后打开的页面;内容页则是单击某个具体的新闻、通知的显示页面。

3. 网站的服务器端程序开发

前面采用静态网页方式,网站中的每个页面都需要制作。采用动态网页技术,则可以将网页中的标题、内容、作者等信息均存入数据库,通过程序读出数据库的内容并显示在网页中,这样就不需要制作成百上千的静态页面,而只需要编写程序页面,如主页、列表页、内容页、添加信息页、删除信息页、修改信息页等有限数量的动态页面。

采用动态网页技术,首先需要设计数据库和表,然后编写服务器端网页程序。根据使用的服务器开发使用的编程语言不同,选择相应的开发工具。例如,采用 Java 语言为服务器端编写语言,利用 MyElipse 等开发工具编写 JSP 页面,编写 Java servlet、Java Bean

(a) 手机端显示效果   (b) PC端显示效果

图 7-11   网站主页图在手机端和 PC 端呈现不同效果

(a) 列表页   (b) 内容页

图 7-12   列表页和内容页

程序等。读者可以通过 Web 编程、JavaEE 开发等课程学习此部分内容。

7.3.4   系统测试

在正式发布网站及网页之前，应该进行充分的测试。测试的内容包括功能、性能、可用性和安全性等多个方面。例如，可用性测试中通常包括浏览器兼容性的测试，可以测试不同的浏览器中,网页是否正常显示;链接测试能够检查每一个链接是否能正确地链接目标位置,确保不存在死链接(打不开该链接指向的网址或文件)和错链接(打开了错误的链接地址)。为了提高测试效率,可以利用测试工具软件对网站进行测试,Dreamweaver 之类的制作软件提供了链接测试、浏览器兼容性测试等功能,也可以用专门的测试软件。

7.3.5 运行与维护

发布和管理网站,最后要做的工作是将制作的网站发布到 Web 服务器上,更准确地说,发布网站是将与网站相关的文件上传到某一台 WWW 服务器的特定存储空间中。这台服务器可以由用户自己投资并安装,也可以向 ISP(或者 ICP)申请,如阿里云、华为云等。在其中选择"云服务器",缴费后即可获得一个专属的服务器,具有唯一的 IP 地址,将制作好的网站资料上传到该服务器上,进行相关配置后,制作好的网站就可以通过 IP 地址实现全球访问了。

思考题 制作网站的一般过程是什么? Web 系统的开发过程和网站制作过程有什么区别?

7.4 互联网应用

随着互联网技术的发展,互联网中的服务器和客户机快速增长,互联网中包含的知识越来越多,上网用户越来越多,新的应用层出不穷。互联网变得似乎无所不能。

7.4.1 互联网传统应用

互联网中不计其数的服务器提供了多种应用,除了最常用的 WWW 服务外,还有电子邮件、远程登录、文件传输等服务等。

1. 电子邮件

电子邮件的工作过程与传统的邮件类似,当然这一切都是在互联网环境中通过一定的协议、规范实现的。

(1)电子邮件的基本工作过程。

一个完整的电子邮件系统包括传送、操作电子邮件的软件,对邮件进行分类、存储、发送及接收的电子邮件服务器,以及为用户操作提供支持的个人计算机,其基本工作过程如图 7-13 所示。

在电子邮件工作过程中,有 3 个主要的协议,其中 SMTP 负责发送电子邮件,POP 及 IMAP 则负责接收电子邮件。

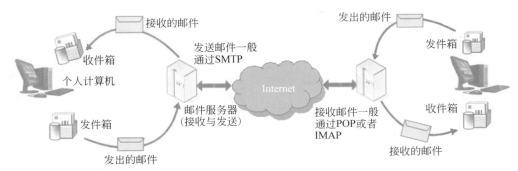

图 7-13　电子邮件的基本工作过程

（2）使用电子邮件工具。

目前，电子邮件服务大多通过浏览器实现，即以网页的形式提供电子邮件服务。对用户而言，只需要通过浏览器即可使用邮件服务，但在邮件收发两端的服务器上，仍然需要安装支持邮件收发协议的软件。一些大型邮件服务商则不仅提供网页版，也提供相应的客户端。电子邮件客户端是一个应用软件，通常分为 PC 端和移动端等，与网页版相比，功能更丰富，例如日程管理、自动收邮件并通知等，适合高频使用的用户。

2. Telnet

Telnet（Telecommunication Network）是一种登录到远程计算机的方式，它使用 TCP/IP 协议簇中的 Telnet 远程终端协议，采用客户机/服务器模式，把本地计算机连接到网络上另一台远程计算机上，就像那台计算机上的本地用户一样共享其硬件、软件、数据甚至全部资源，或者使用该机提供的各种 Internet 信息服务。

在早期的互联网及大型主机系统中，Telnet 几乎是不可或缺的应用，但由于它采用明文在网络中传输包括口令在内的各种数据，有较大的安全风险。一种专为远程登录会话和其他网络服务提供安全性的协议 SSH（Secure Shell）得到了快速普及。

使用 Telnet 协议进行远程登录时需要满足以下条件：在本地计算机上安装支持 Telnet 协议的客户程序；知道远程计算机的 IP 地址或域名；有登录的账号与密码。常见操作系统都会自带 Telnet 客户程序，以方便用户使用。SSH 的使用方法基本类似。

例 7-2　使用 Telnet 连接服务器

（1）运行 Telnet 客户程序。

单击"开始"按钮，在搜索栏中输入 telnet 命令，显示命令提示符对话框，如图 7-14 所示。

（2）建立连接。

① 选择远程计算机系统。例如，输入"telnet 210.45.160.1"，按回车键。

② 建立与远程计算机的连接，若连接正确，提示用户输入账号和密码进行登录。

③ 登录成功。登录成功后，即可对远程计算机进行各种操作。例如输入 ls（list 的缩写）命令，可显示该计算机中的文件和文件夹。

3. FTP

FTP（File Transfer Protocol）的中文含义是文件传输协议，FTP 服务通过客户机和

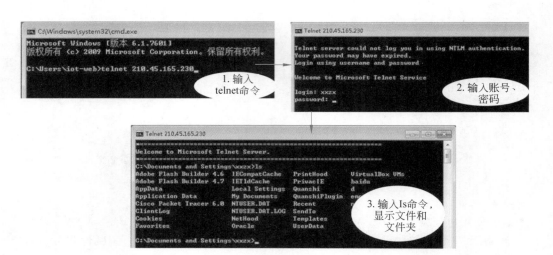

图 7-14   Telnet 登录窗口

服务器端的 FTP 应用程序实现远程文件传送,包括从 FTP 服务器上下载文件,或上传文件到服务器,具有传输速度快,中断后续传,可同时执行多个上传、下载任务等优点。

当前,即时通信软件(微信、QQ 等)、电子邮件等也能进行文件传输,但即时通信软件无法长期保存文件、不支持批量下载等,有的电子邮件的附件大小有限制,无法传送大文件等。

(1) FTP 权限。

要使用 FTP 服务前,首先需要使用 FTP 服务器的账号和密码进行登录。不同账号权限不同。FTP 服务器通常开设一个匿名账号——anonymous,密码可以自行设定,也可以不设密码。任何用户都可以通过匿名账号登录,但一般只允许从服务器下载文件。

(2) 使用 FTP 客户端软件。

例 7-3   使用 CuteFTP 软件进行文件传输。

① 打开 CuteFTP 9.0 英文版,显示的工作界面如图 7-15 所示。

② 输入 FTP 服务器的地址、账号和密码,单击"连接"按钮,显示服务器端可下载的资源列表,可以直接拖到本地,或者选中文件(夹)后单击"下载"按钮,下载到本机。

③ 如果服务器上开放了上传权限,单击"上传"按钮,可将文件(夹)上传到服务器。

(3) 在浏览器中使用 FTP 服务。

通过浏览器可以使用 FTP 服务。在浏览器地址栏中输入包含 FTP 协议在内的服务器地址,例如 ftp://co.chzu.edu.cn(此处 ftp:// 不能省略,它代表 FTP 协议),弹出如图 7-16 所示的登录对话框,输入用户名和密码,单击"登录"按钮后将显示该账号权限内可访问的文件夹及文件列表。

思考题   为什么 FTP、电子邮件等互联网传统应用越来越多地以网页方式,通过浏览器提供服务?

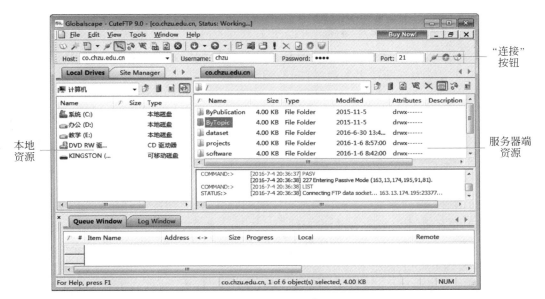

图 7-15　CuteFTP 窗口

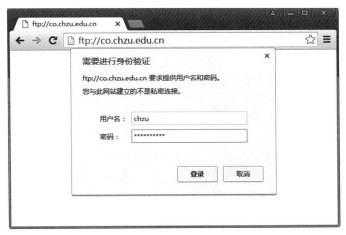

图 7-16　FTP 登录窗口

7.4.2　互联网新兴应用

受技术快速发展及应用需求不断变化的驱动,互联网应用一直处于快速发展过程之中,各类新兴应用不断涌现并对现实世界产生了革命性的影响。

1. 社交媒体

社交媒体又被称为社交网络(Social Network Site,SNS)或者社交网站,通过提供在线互动以及发布日志、保存相册、音乐视频等站内外资源分享等功能,为网络用户搭建了一个功能丰富、高效的分享和交互平台。

社交网络平台的形式多种多样。有以图文为主的博客系统，如博客园、新浪微博、腾讯微博、网易微博、Twitter 等；有支持照片及文件传输的微信、Facebook（脸书）平台；也有以视频分享交流为主的社交平台，如抖音、Youtube 等。

微博的内容通常比较简短，在智能手机上即可编辑、转发，已经成为新媒体的重要形式。从实际情况看，官方微博通常为某个组织或机构的官方权威发布，而个人微博的内容通常为博主的所见、所闻或者所感。随着微信的广泛应用，基于微信的公众号也日益成为组织和机构在网上发布权威内容的载体。

2. 即时通信

即时通信（Instant Massager，IM）是指能够即时发送和接收互联网消息的应用，已经成为继电话、电子邮件之后的第三种现代通信方式，一些官方机构将其作为信息发布和民众沟通的重要方式。当前的 IM 软件集成了电子邮件、文件传输、音乐、游戏等多种功能。流行的 IM 软件有 QQ、微信等。

大多数即时通信软件都是基于客户机/服务器模式工作，遵循的协议有所不同，主要有 IRC（Internet Relay Chat）、MSNP（Mobile Status Notification Protocol）等。

例 7-4　使用即时通信软件将手机上拍摄的照片上传到个人计算机中。

以腾讯 QQ 为例，可以在智能手机和个人计算机上同时登录 QQ，然后用手机拍摄照片后，长按图片，在显示快捷菜单后选择"发送到我的电脑"命令，即可将图片传送到个人计算机中，如图 7-17 所示。

图 7-17　将图片"发送到我的电脑"

QQ、微博等社群网络系统均提供信息发布功能,例如 QQ 个人空间的"说说"等。通常这些平台提供的界面,无须编程就能发布图文并茂的内容。图 7-18 为在 QQ 空间中发表的一篇"日志"。

图 7-18　在 QQ 空间中发布"日志"

3. 网络视频会议

通过网络召开视频会议,进行学习或工作交流,已经成为企业、学校等组织开展活动的重要形式。视频会议系统的人数最少 2 人,最多可达数万人,适合教学授课、学术讲座、会议讨论、汇报答辩等多种场景。可以实现语音、图像+语音+屏幕分享等多种形式的交流,并能设置候会、禁言、举手、聊天、录制会议过程等,如图 7-19 所示。

尽管一些社交软件的"群聊"等功能也能实现多人视频聊天,但功能比较简单,不能满足正式会议的细节功能,且人数受限。

7.4.3　ERP 与 URP

ERP(Enterprise Resource Planning,企业资源计划)是通过信息技术对企业各类资源和事务进行统一处理的 Web 信息系统,如采购、生产、销售、人员招聘解聘、费用报销等都在该系统中进行处理。

ERP 的思想延伸到学校等领域,称为 URP(University Resource Planning),通常体现为学校的智慧校园平台。这些系统通过一定的界面,通常是表单的形式,使用户无须编程就能非常方便地发布信息。当然,信息正式发布前需要经过审核,图 7-20 所示的是一

图 7-19　腾讯会议官网的功能宣传图

个网站管理系统后台的信息发布界面。

图 7-20　在网站管理系统后台发布信息

7.4.4　在线办公软件

　　传统上，用户必须在本地计算机上安装好应用软件，才能开展相应的业务处理工作，例如，安装 Photoshop 来处理图像、安装 WPS 演示软件来制作演示文稿等。现在，基于云服务，用户可以在线创建各种常用文件，包括图像、Word 文档等。用户还能与其他的合作者共同在线编辑或者浏览文档。

1. 使用腾讯在线文档

目前提供在线文档处理的主要有腾讯在线文档、Google 文档，以及"百度在线Office"等平台。

使用 Google 文档前需要注册 Google 账户并登录，账户名通常为电子邮箱地址。使用方法与一般的 Windows 软件相同。

在腾讯 QQ、微信等即时通信软件中能够方便地创建在线文档，包括 Word、表格等。在腾讯的 QQ 好友窗口中，单击在线文档，即可创建 Word 文档、电子表格，还可以利用模板快速创建工作日报等文档，如图 7-21 所示，使用方法与一般的 Office 软件相似。不同之处在于，文档保存在云端的服务器上，不会丢失，也可以将文档导出下载到本地。

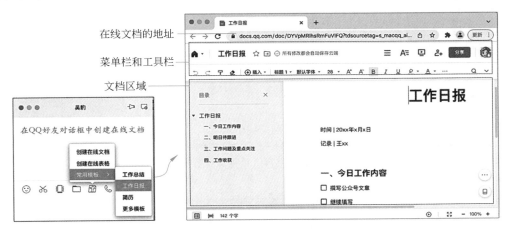

在线文档的地址
菜单栏和工具栏
文档区域

图 7-21　腾讯在线文档

2. 网络存储

个人计算机的存储空间总是有限的。随着网络带宽及各种资源的快速增加，一些企业或机构提供网络硬盘实现存储，如百度云盘、360 云盘、华为云盘等。用户注册后免费或支付一定的费用，可获得几百吉字节乃至更大的存储空间。手机中的数据也能备份到云盘中，例如通讯录、通话记录、照片等。网盘都采用了多种备份策略，能有效防止数据丢失。图 7-22 为百度云盘的网页版界面。

网络存储只要联网就可以上传或下载数据，比传统移动存储更方便、安全、更易于共享和传递数据。用户可以建立多个文件夹和子文件夹以便分类管理，并可保存手机通讯录、通话记录等。

3. 在线图像处理

美图秀秀是比较流行的在线图像处理软件，可以快速实现常见图像处理，其操作过程为，打开美图秀秀网站→打开一张图片→进行编辑→保存下载或分享给他人。

可进行的编辑操作包括：裁切、调整图像的色彩、亮度、去除人像面部斑点、增加边框、添加文字、添加动态文字、多图拼合为一张大图等。此外，还能够自动识别出人像的脸部区域,一键生成眨眼等动画表情,如图 7-23 所示。

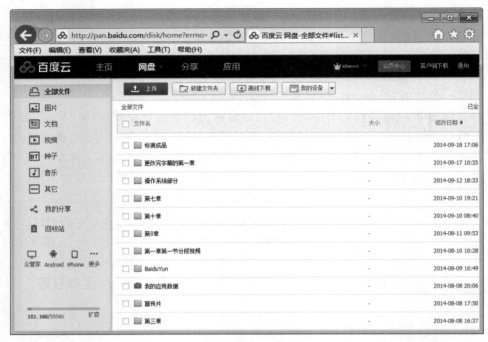

图 7-22　百度云盘网页版界面

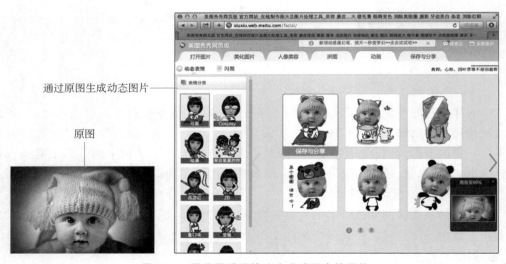

通过原图生成动态图片

原图

图 7-23　用美图秀秀快速生成动画表情图片

思考题　互联网蕴含了大量信息,互联网的应用和功能日益丰富,请思考如何有效利用互联网促进学习。

7.4.5 网上交易

电子商务平台中的每个网上店铺都是一个网站。电子商务平台一般都会为用户提供以模板方式创建网站的支持,普通用户无须编程即可创建功能丰富、界面美观的网站。

例 7-5 在淘宝平台上创建一个网上店铺。

(1)经过注册账号和实名认证后,即可进入卖家中心。

(2)选择免费开店,经过淘宝审核后,即可得到一个淘宝店铺,即得到了一个包括店铺主页、搜索页和宝贝详情页的网站。店铺管理中有两项最重要的工作:发布宝贝和店铺装修。

(3)店铺装修就是对店铺主页、搜索页和宝贝详情页等进行编辑。以店铺主页为例,只需分别编辑"店铺招牌""导航条""卖家推荐"等模块即可。编辑时,只需单击"编辑"按钮,如需增加一个新的模块,则从左侧列表中选择新增模块即可,如图 7-24 所示。操作均在浏览器中进行,这是因为创建店铺等功能是淘宝平台提供的一项功能。

图 7-24 店铺装修界面

思考题 你经常使用哪些互联网应用?谈谈这些应用的优点和不足。

7.5 信息检索与网络学习

今天的互联网能够提供满足绝大多数人需要的信息,但高效准确地获取有质量的信息对用户而言是一个挑战。不仅如此,基于互联网,在获取各类信息的同时,还可以根据需要学习任何自己想要掌握的新知识或者新技术,但需要掌握一定的学习方法与途径。

7.5.1 网络信息检索

快速有效地获取信息已经成为信息时代人们生活与工作中必备的技能。网络信息搜索(Internet information retrieval)一般指利用网络引擎软件从网络信息资源中找出所需信息的过程。网络信息资源包括网页数据、网络数据库、网络出版物、软件资源等。下面简要介绍网页数据信息和网络数据库信息的检索。

1. 使用搜索引擎

搜索引擎分为全文搜索引擎和目录搜索引擎。著名的目录搜索引擎有搜狐、新浪等。全文搜索引擎有百度、Google、搜狗、中国搜索、爱问等。如果要快速查找专业学术信息，可以使用学术搜索引擎，如国内的百度学术，国外的 Google 学术、INFOMINE 等。各类搜索引擎的使用方法类似，合理选择"搜索关键字"和"搜索策略"最为重要，基本技巧如下。

(1) 缩小查找范围，在尽可能少的查询结果中找到更有效的结果。

(2) 选择描述性强的词汇作为检索关键词。

(3) 使用 AND、OR、空格等检索符号。使 AND 或者空格表示"并且"，如"互联网 and 农业"。使用 OR 表示"或者"，例如"ThinkPad or Apple 11 寸笔记本电脑"，将查找品牌为 ThinkPad 或 Apple 的 11 寸笔记本电脑。

2. 访问数字图书馆

数字图书馆一般都包括了大量的网络数据库，中文常用的有万方数据、读秀等，英文常用的有 IEEE、ACM、Springer 以及 Elsevier 等机构的学术数据库。

例 7-6　在中文学术数据库中搜索机器学习算法方面的论文。

分析　搜索学术论文一般都要借助于某个专门的学术数据库，不同的数据库特点与优势不尽相同，本例通过万方数据库检索相关论文。

(1) 通过学校图书馆网站中的链接，打开万方数据库。

(2) 在搜索地址栏中输入"机器学习"，单击"检索"按钮。

(3) 在"排序"中选择"相关度"倒序排列显示。

(4) 输入"算法"，单击"在结果中检索"按钮，将显示机器学习算法相关的文献，可下载或在线阅读，如图 7-25 所示。

(5) 选择"结果分析"，将以图表方式对检索到文献按出版年份、关键字、作者等进行分析。例如，选择"作者"显示发表该主题论文最多的作者信息，如图 7-26 所示。

3. 访问英文学术网站

在今天的全球化时代，通常都会有使用多种语言的文献资料为自己工作提供支撑的需要，访问英文的学术网站就不可避免。一般来说，访问英文学术网站的方法与中文的基本相同，关键是确定好搜索的关键词或者主题词，并设置必要的搜索条件以尽可能缩小搜索范围，并使搜索结果符合预期。

图 7-25　在万方数据库中搜索论文

图 7-26　对搜索到的文献进行分析

例 7-7   访问 IEEE 的文献资料库,并搜索大数据智能处理方面的文献。

> **说明**
>
> IEEE 的文献资料库的全文并不是免费开放的,个人用户需要有得到授权的账号才能够访问、阅读并下载,无授权的用户只能看到检索结果的关键词及摘要等基本信息。目前,国内大多数高校及科研机构都购买了 IEEE 的访问授权,通过这些机构的内网可以获得 IEEE 的访问权限。

(1) 访问 https://ieeexplore.ieee.org/Xplore/home.jsp,打开 IEEE 文献库主页,如图 7-27 所示。

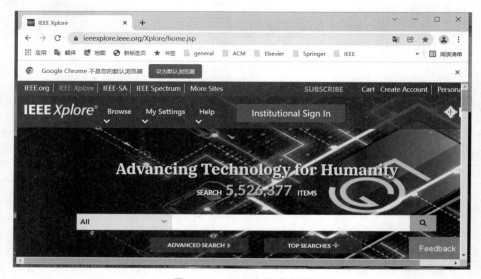

图 7-27   IEEE 文献库主页

(2) 在搜索栏中输入关键词,例如 Big Data、Artificial Intelligence。

(3) 显示搜索结果,在 2022 年 1 月 5 日的访问中能够看到 12440 条检索结果,这个结果显然太多了。

(4) 为了缩小范围,可以对文献出版的时间、文献来源等进行限制,也可以在显示的搜索结果中进行二次检索。

(5) 还可以选择 ADVANCED SEARCH 设置更多的检索条件,以使检索结果更加精准。

7.5.2   网络学习

网络化学习简称网络学习,突破了传统学习对时间和空间的限制,可以实现个性化学习,已经成为信息时代学习的重要形式,也是终身学习的主要形式。具备信息时代的学习能力更是信息时代的安身立命之本。

1. 学习管理系统

网络学习通常需要学习管理系统(Learning Management System,LMS)的支持。学习管理系统一般都会针对教师、学生和管理员等不同角色赋予不同的功能。例如，教师负责发布课程资源、设置评分规则、进行作业评定等，学生则可以访问学习资源、提交作业、在线测验、提问讨论等，而管理员负责软件的设置，如角色的管理等。

目前，主流的学习管理系统通常都以网页形式提供服务，例如，中国大学 MOOC、学堂在线、畅课、泛雅等。图 7-28 所示的是畅课平台的教师功能界面。为了方便用户基于移动设备开展学习，平台提供了相应的移动端 App，如中国大学 MOOC 对应的"慕课堂"、泛雅平台对应的"学习通"，有的还提供了基于第三方开源平台（如微信等）的小程序，如"雨课堂"，还有一些开源的 LMS，如 Moodle 等。

图 7-28　畅课平台的教师的功能界面

2. OCW

OCW（Open Course Ware），通常是由大学等机构创建的开放课程，免费在互联网上供浏览者学习。OCW 最早出现在 20 世纪 90 年代末，全球最著名的开放课程为麻省理工学院（MIT）的 OCW 项目，卡内基·梅隆大学、耶鲁大学、密歇根大学等名校的开放课程也广受好评。一些著名的开放课程主讲教师受到了来自世界各地的学习者的关注和赞誉。

与国外 OCW 相似，我国教育部于 2003 年启动国家精品课程计划，这些课程经过严格的申报评选。除此之外，各省和各高校还建设了数量更多的省级精品课程和校级精品课程；一些互联网企业开始提供开放课程，如网易的云课堂等。

3. MOOC

MOOC（Massive Open Online Course）是大规模开放在线课程的缩写，首次于 2008

年被提出,2012 年开始,在世界范围内迅速成为一种流行的学习模式,2012 年也因此被称为 MOOC 元年。MOOC 提供短小精悍的 15 分钟左右的教学视频(又称为微视频),学习平台能够记录学习过程的各种数据,一般还会配备强大的教师团队以便及时、有效地解决学生学习过程中的各种问题等。

MOOC 的兴起引发了教育工作者的高度关注,世界上知名高校纷纷通过联盟等形式建立 MOOC 平台,并推出相应的 MOOC 课程,并以免费或者部分免费的方式向全世界开放。绝大多数国家纷纷建立了自己的 MOOC 平台。我国建设了数十个 MOOC 平台,知名的包括爱课程(中国大学 MOOC)、清华大学的学堂在线、智慧树等,已经累计提供各类 MOOC 数万门。2019 年起,已经有 2000 多门 MOOC 被认定为国家级一流课程。可以说,MOOC 的发展有力推进了全民终身学习的进程,让学习也像购物一样,随时随地、自由挑选。

4. SPOC

SPOC(Small Private Online Courses,私播课)是继 MOOC 之后,提出的一种课程形式,与 MOOC 的主要区别是,SPOC 仅面向特定人群开放,在大学中应用广泛。MOOC 与传统的在线课程、OCW 的区别可以通过开放性、课程资源、学习过程支持与评价等方面进行比较,如表 7-1 所示。

表 7-1　几种常见网络学习形式的比较

比 较 项 目	OCW	MOOC	SPOC
开放性	开放	开放	向特定用户开放
注册要求	有的无须注册	必须注册	必须注册
视频资源	长视频	短视频	短视频
其他资源	很少	齐全	齐全
学习过程的支持	弱	强	强
学习评价的支持	弱	强	强
对学习结果的关注	不关注	强	强
学习形式	线上自学	线上自学	线上学习＋线下学习
课程学习时间	长期开放	短,10 周左右	长,16～18 周
完课率	/	低	高
学生人数	多	多	少

5. 微课

微课通常是教师围绕一门课程的某个知识点进行讲解的微型视频,时长通常在 5～15 分钟。例如,"在英语写作中如何借用他人观点"微课属于"大学英语"课程。由于学习者更喜欢短视频,微课的视频形式与 MOOC 中的视频相似,短小精炼,适合随时随地进行学习。但由于微课通常不完整,仅介绍某课程中的某个知识点,无法实现系统地学习某门课程的内容,通常作为传统课堂学习的补充。

思考题 如果想通过网络学习提升英文水平,如何选择学习平台和学习内容,如何安排学习进度,以及通过哪些措施确保完成学习任务呢?

习 题 7

一、单项选择题

1. HTML 是_____。

    A. 超文本标记语言   B. 超文本语言

    C. 标记语言   D. 超文本链接语言

2. 使用浏览器访问网站时,第一个被访问的网页通常被称为_____。

    A. 网页   B. 网站   C. HTML 语言   D. 主页

3. 在网页制作中,为了了解访问者的意见,通常用_____让用户输入信息。

    A. 文字   B. 表格   C. 表单   D. 框架

4. Internet 上有许多应用,其中用于传输文件的是_____。

    A. WWW   B. FTP   C. Telnet   D. Gopher

5. 网站开发制作过程中最先开始的工作是_____。

    A. 需求分析   B. 系统设计   C. 系统开发   D. 系统测试

6. 网页中的最主要信息是_____。

    A. 文字   B. 图片   C. 声音   D. 动画

7. 以下为网页文件的扩展名的是_____。

    A. doc   B. htm   C. xls   D. mpg

8. 一段文字的大小为 12px,要设置该段文字的 CSS 样式为首行缩进效果,应设置_____。

    A. text-indent：24px   B. text-align：12px

    C. text-height：24px   D. color：24px

9. 以下能够应用在任何对象上的 CSS 样式是_____。

    A. ♯content-left   B. ♯navi   C. .content-title   D. p

10. 用于显示表格的标记为_____。

    A. p   B. marquee   C. table   D. title

二、思考题

1. 请以访问某网站的过程,说明 Web、网站、Web 服务器、网页及超链接的关系。

2. 调研同学中流行的 Internet 应用,尝试分析其流行的原因。

三、操作题

1. 设计并制作一个学院网站,网站内容参考你所在学院的网站。在网上申请免费空间和免费域名,并发布网站,在百度上登记自己的网站。

2. 使用社群网络软件,如微博或 QQ 等,发表一篇图文帖子并转给你的同学。

3. 利用搜索引擎找到一门关于"信息素养"的 MOOC、关于 MOOC 的论文,根据搜索结果和自己的经历与体会,写一篇关于 MOOC 的文章,字数为 800 字左右。

4. 使用手机拍摄一张校园美景,使用在线软件处理,将原图和处理后的图片发布到免费网络存储中。

5. 注册一个在线学习平台,尝试用思维导图总结该平台的功能。

第**8**章

信 息 安 全

在日常生活中，可能会遇到各式各样导致人身或者财产损失的安全问题，如交通事故、财产失窃等。在高度信息化的社会中，日常生活、工作以及社交娱乐等都与数据息息相关。相应地，现实物理世界中遇到的安全问题不可避免地出现在信息世界，每一个计算机用户都有可能面临各式各样影响其系统或者信息安全的问题，这些问题也许不会直接造成物质上的伤害，但一样有可能造成巨大的经济与社会损失。

本章主要内容：

* 常见数据（信息）安全问题的描述；
* 导致安全问题的主要因素；
* 保障数据（信息）安全的基本措施；
* 数据备份及恢复的基本任务、技术与策略；
* 病毒基本特征及其预防与清除；
* 个人隐私与保护。

本章学习目标：

* 建立对信息系统安全风险及其影响的认识；
* 能够理解并恰当描述引发安全问题的主要原因；
* 能够根据系统特点及安全需求采取恰当的防护措施；
* 能够认识到数据备份的重要性并制定合适的备份策略；
* 能够熟练进行数据备份和恢复操作；
* 具有对计算机病毒的敏感性并能够采取恰当的防护措施；
* 建立隐私保护的意识并能够采取恰当的隐私保护措施。

8.1 信息安全概述

什么样的问题属于信息安全问题？设备发生故障导致系统停止运行、网络因为受到攻击而不能正常传输甚至陷入瘫痪状态、数据受到破坏或者被盗窃等。从根本上来说，这些问题都可以被看作信息安全问题，因为对用户来说最重要的是数据中蕴含的信息，最终受影响的还是用户信息的安全性。

8.1.1　常见安全问题

可能对用户应用产生影响的信息安全问题包括信息（或者数据，以下将不加区分地使用"数据"及"信息"这两个术语）的丢失、被盗及损坏。

数据丢失是指数据不能被访问，一般是由于数据被删除引起的。删除的原因可能是偶然的误操作，也可能是故意的破坏。当然，计算机系统或者存储设备的硬件故障也可能导致数据丢失而无法访问。

数据被盗通常指未经授权的访问或者复制。对于具有重要价值的机密数据来说，被盗所带来的损失可能要远远大于其他方面问题引起的损失。如果系统没有很好的安全措施，就很难发现数据已经被盗，由此导致的损失或影响可能会更加严重。

数据损坏是指数据发生了非正常改变，从而不能反映正确的结果。改变的原因可能是偶然的，例如不正确地关闭系统、临时的电源故障或者其他硬件故障；也可能是蓄意的破坏，通常是一些人为的恶意攻击。

另外，还可能会遇到系统及网络等方面的安全问题。例如，由于操作系统的安全漏洞，导致计算机系统被恶意攻击，从而造成数据的丢失、被盗及损坏；由于蠕虫的快速扩散导致了网络堵塞，从而造成无法访问数据等现象。这些安全问题带来的损失及处理方法各不相同，但最终结果仍然是影响了数据的安全性。

从信息安全角度考虑，为了防止数据丢失、被盗和损坏等各类安全问题的发生，都可以归结到确保机密性、完整性和可用性 3 个基本安全属性上，如图 8-1 所示。

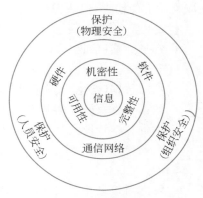

图 8-1　信息安全属性

1. 机密性

机密性也称为保密性，指的是对信息资源开放范围的控制，确保信息没有非授权地泄露或者访问，不被未经授权的个人、组织和计算机程序使用。需要保密的信息可以是国家秘密，也可以是企业或研究机构的核心知识产权，以及银行账号、手机号码等个人信息。因此，信息的机密性问题是人人都需要面对的。例如，曾经在网络上引起较大震动的某连锁酒店住店客人数据泄露，就是破坏了信息的机密性。

2. 完整性

完整性是保证信息从真实的发送者（保存者）传送给真实的接收者（访问者），传送（访问）过程中没有被非法用户添加、删除、更改或替换等。完整性的关键是保护数据不被未授权方修改或删除，并确保授权人员在进行不恰当的更改时，有完整记录从而可以降低损害。例如，学生查询课程成绩时，必须可以看到真实的成绩，这就是完整性。

3. 可用性

可用性是为了确保数据和系统随时可用,系统、访问通道和身份验证机制等都必须正常工作。也就是说,无论什么时候,只要得到授权的合法用户有需要,信息系统都必须是可用的,不能拒绝服务。例如,学生在教务系统中选课时,由于系统受到某种破坏导致系统不能访问或选课不成功等,就是破坏了可用性。

8.1.2 引发安全问题的非人为原因

通常都会将安全问题的引发原因与恶意攻击或破坏联想到一起。但从实际情况看,错误的产生并不像想象得那么复杂,许多数据出现问题仅仅是因为一个偶然的操作失误、不正常的电力供应或者硬件的故障等。

1. 操作失误

每个计算机用户都可能会犯这样的偶然错误。例如,在花了一个晚上时间修改好一份报告,终于完成并准备做一个备份时,却用旧的版本覆盖了新的版本;在一次漫不经心的操作中删除了需要保存的文件。用户只有熟练地掌握操作方法并养成良好的操作习惯才能最低程度地减少失误。随着计算机技术的发展,有些软件能够帮助用户避免这一类错误的发生。

2. 电源问题

电源可能是整个系统中最脆弱的环节。偶然的断电、突然的电压波动都会对系统产生严重影响。断电会使正在运行的程序崩溃,保存在内存中的数据将全部丢失。电压的波动可能会损坏计算机的电路板及其他部件。针对这些问题可以采取以下措施。

(1)数据中心机房采用双路供电。也就是有两条不同的市电供电线路,当一条出现故障时,可以立刻切换到另一条线路上。当然,增加一条线路的费用比较高。

(2)配备不间断电源(Uninterruptible Power Supply,UPS)。UPS 包括主机及电池组,如图 8-2 所示。在市电供应中断时,UPS 可以在一定时间内向设备提供电力,维持设备的正常运行。UPS 提供的电力及其时间主要由电池组决定,有一定的局限性。

图 8-2　UPS 的主机及电池组

（3）安装稳压电源。稳压电源能够避免过高或者过低的电压波动,使得电压始终在一个相对安全的区间变化。与 UPS 相比,稳压电源的价格要便宜得多。

另外,为计算机供电的电力系统要有较好的接地及防雷设施。对于一些安全要求较高的数据中心机房或者网络设备中心,在设计阶段,就要严格按照有关标准进行设计。施工过程中,要进行严格的测试,最终要认真地按标准验收。

3. 硬件故障

任何高性能的机器都不可能长久地正常运行,几乎所有的计算机部件,都有可能发生故障。I/O 接口损坏、磁介质损坏、板卡接触不良等都是很常见的硬件故障,而内存错误导致的系统运行不稳定也时有发生。

有些硬件设备,例如一些重要的服务器、存储数据的磁盘存储系统、网络上的核心交换机等,如果停止运行将会严重影响各种应用系统的正常运转甚至导致工作的中断。解决这类问题的办法是硬件冗余,例如服务器双工技术可以有效解决因服务器故障而导致的系统崩溃,而磁盘双工或者镜像技术则可以解决因为磁盘故障导致的数据丢失。

4. 自然灾害

自然灾害主要包括各种天灾,如火灾、水灾、风暴等。自然灾害是难以避免的,应该考虑的是当灾害发生后,如何控制损失,使损失降低到最小甚至是零。数据的异地备份可以让灾后数据完全恢复成为可能。

8.1.3　引发安全问题的人为原因

除了前面提到的偶然因素外,更多的安全问题是由于人为原因造成的。病毒造成的损害已是人尽皆知,黑客的攻击也引起了广泛的关注。在信息安全领域,攻击与防御将会永远较量下去。

1. 人为制造的破坏性程序

常见的蠕虫、特洛伊木马和间谍软件等都是人为制造的破坏性程序。这些程序本身数据量都不大,但其破坏性与造成的损失却非常惊人。

（1）蠕虫。蠕虫是一种小型计算机程序,也是病毒的一种。蠕虫病毒感染计算机系统之后,能够独立且自动地从网络上的一台计算机复制到另一台计算机,也可以控制文件或信息的传输。最危险的是,蠕虫可以大量复制,可以向电子邮件地址簿中的所有联系人自动发送副本,被发送蠕虫副本的计算机也将执行同样的操作,结果造成多米诺效应,使得网络通信负担加重,导致内部网络甚至整个 Internet 的性能下降,严重时能够导致网络瘫痪。蠕虫的种类很多,已知的蠕虫主要有 Sasser 蠕虫、Blaster 蠕虫等。

（2）特洛伊木马。在神话传说中,特洛伊木马表面上是"战利品",实际上却藏匿了袭击特洛伊城的希腊士兵。在计算机系统中,特洛伊木马是指表面上有一些实用功能,实际目的却是危害计算机安全、盗窃或者破坏数据的程序,通常被简称为"木马程序"。特洛伊木马多以电子邮件形式出现,例如,某些电子邮件声称包含的附件是 Microsoft 安全更新程序,实际上是一些试图禁用防病毒软件和防火墙软件的木马程序。一旦用户禁不起诱惑,运行了此附件,木马程序便会趁机传播。有些木马程序可能包含在免费下载软件中,要注意不能随便从不信任的站点中下载软件。

(3)间谍软件。间谍软件是执行某些行为的软件的总称,这些行为包括未经用户允许播放广告、收集个人信息或更改计算机设置等。间谍软件对计算机系统的破坏性正在迅速上升。如果出现以下情况,计算机系统中就可能存在间谍软件或其他有害软件。

① 不在 Web 上也会看见弹出式广告;

② 浏览器默认打开的页面或浏览器搜索设置已在用户不知情的情况下被更改;

③ 浏览器中有一个用户不需要的新工具栏,并且很难将其删除;

④ 计算机完成某些任务所需的时间比以往要长;

⑤ 计算机崩溃的次数突然上升。

间谍软件通常和显示广告的软件(称为"广告软件")或跟踪个人信息的软件联系在一起,但这并不意味着所有提供广告或跟踪用户在线活动的软件都是恶意软件。例如,用户可能希望获得免费的音乐服务,但免费的代价是让供应商跟踪用户操作、收集某些个人信息并发送广告。注册时,供应商会要求用户阅读并同意包含相关条款的协议,如果用户同意该协议并进行了确认,供应商的相关行为就是合法的。当然,供应商对所收集的用户个人信息及行为数据的使用也必须有明确的说明并征得用户同意。

间谍软件或其他有害软件有多种方法可以侵入用户计算机系统。常见伎俩是在安装需要的软件期间偷偷地安装间谍软件。用户在安装程序时,要确保已经仔细阅读了所有的公告,包括许可协议和隐私声明。因为有时在特定软件安装中,可能已经记录了包含有害软件的信息,但是此信息一般出现在许可协议或隐私声明的结尾。

随着网络应用的普及,计算机领域面临的安全问题日益复杂。通常遇到的安全问题可能并不是孤立的,所以采取的安全措施与技术越来越复杂。例如,一个计算机系统,既要避免病毒的感染,又要防止黑客的攻击。

2. 黑客

黑客(hacker)的最初定义是"喜欢探索软件程序奥秘、并从中增长其个人才干的人。"传统黑客恪守永不破坏任何系统(Never damage any system)这一基本准则,他们近乎疯狂地钻研更深入的计算机系统知识并乐于与他人共享成果,为推动计算机技术发展起了一定的作用。有些黑客还认为,信息、技术和知识都应当被所有人共享,而不能为少数人所垄断。大多数黑客都具有反传统的色彩,但又十分重视团队的合作精神。

后来,少数怀有不良企图的黑客为了谋取私利,利用非法手段或者系统可能存在的安全漏洞获得系统访问权,盗窃或破坏重要数据,制造各种麻烦。现在,黑客已经成为入侵者与破坏者的代名词,他们会在 Internet 上利用自己的网站介绍攻击手段、免费提供各种黑客工具软件、出版网上黑客杂志等。这使得普通人很容易下载黑客工具,并学会使用一些简单的黑客手段对网络进行某种程度的攻击,恶化了网络安全环境。

3. 其他行为

在 Internet 上,还存在着许多很难准确界定其性质的破坏性行为。例如,偷窥他人的隐私或秘密信息,在网络中非法复制、散播违禁、违法信息或者个人隐私等。但是随着一些网络行为造成的影响越来越严重,社会及公众对其认识和定位在改变,相关的法律越来越完善。

> **思考题** 请对自己的上网方式及常用操作进行认真思考与分析,列出潜在的影响信息安全及隐私的风险点,进一步思考可能导致的危害,并进一步思考如何避免这些风险。

8.2 信息安全管理的基本内容与方法

为了保证信息系统及信息的安全,需要从安全制度、安全技术、安全设施以及资金等方面进行系统、全面的考虑,应根据计算机系统及数据的重要性确定预期安全目标,并在目标与资金开销之间寻求平衡,据此设计相应的安全管理方案(策略)并确保实施,这就是通常所说的信息安全风险管理,或者信息安全管理。

8.2.1 制定信息安全管理方案

信息安全管理是通过保护信息的机密性、完整性和可用性等,来保证信息系统及数据的安全性,降低安全风险。一般来说,安全管理方案包括以下 4 方面内容。

1. 定义信息安全管理的范围

应根据信息系统及数据的责任归属,确定信息安全管理的范围和边界。信息安全管理的范围一般可以根据整个机构或机构内若干部分进行界定,可以包括机构所有的信息系统及数据,或者部分指定的系统与数据,有时还可以包括与组织有特定关系的外部信息系统与数据。

2. 根据数据性质确定安全需求及目标

根据系统内各种信息或数据的属性分析其直接与间接价值,确定其访问许可范围与权限,以及希望达到的安全目标。例如,如果是一个对所有访问者开放的信息系统,其安全目标是数据不被非法修改或者删除;而类似于学生成绩管理之类的信息系统,其安全目标至少应该包括防止非法访问、非法修改及删除等。

3. 开展系统的安全风险评估

从保密性、完整性和可用性等方面,结合安全需求及目标,分析可能存在的安全风险,例如可能的非法访问途径、非法访问者可能的非法操作等,进一步考虑潜在安全风险对信息保密性、完整性和可用性可能造成的破坏及其影响,评估安全风险发生的概率或可能性。具体工作包括数据资产识别与估价、威胁评估、现有安全控制措施及其脆弱性与有效性评估、损失及其影响评估等。

4. 制定安全技术措施和管理措施

制定安全技术措施和管理措施包括制定各类技术措施,如身份识别与认证、访问控制、日志审计、加密等；对系统开发、维护和使用实施的管理制度及具体措施，如安全策略、安全保障等，以及用来保护系统规范操作的机制与流程，例如人员职责、操作规范、安全培训等。

为确保制定的技术与管理措施得到实际的执行，定期执行监督、评审与反馈，以保障信息安全管理方案得到规范执行与落实；同时，根据执行的情况，定期或实时调整，持续改进与完善安全管理方案。

8.2.2　安全管理的技术措施

安全管理的重要内容之一是采用技术防护措施，主要包括配备良好的物理运行条件、配备合理的安全保护系统、加强操作系统的安全性、提升应用软件的安全性和强化数据加密防护。

1. 配备良好的物理运行条件

良好的物理运行环境能够保证信息系统稳定可靠地运行，确保信息系统在对信息进行采集、传输、存储、处理等过程中不会因为自然因素、人为因素等原因导致服务中断、数据丢失、程序破坏等。物理保护需要面对的是环境风险及不可预知的人类活动，一般针对数据中心或者大型计算机系统。个人计算机对物理环境并没有非常严格的要求。

大型计算机系统及数据中心对运行环境有特殊要求，一般包括温度、湿度、接地、抗电磁干扰、抗静电以及供电系统等。例如，A 类数据中心机房的温度一般应该保持在 10～25℃；湿度应维持在 40%～70%，不能过于干燥以避免静电对电子部件及存储设备的损害，还要建立电源保障系统，以避免停电或者电压波动对系统或者数据造成损害。

数据中心机房从空间上来看，一般应该被设定为安全区域，并对该区域进行保护，建立安全屏蔽，限制人员进入及其对信息系统的物理接触。安全区域出入防护的主要措施包括使用电子门禁系统，能够对非法闯入进行检测和记录，例如，部署视频监控系统、非法闯入探测器（如红外、声控等），当然，也包括部署安保人员。

2. 配置合理的安全保护系统

随着技术的进步以及对信息安全重视程度的不断提升，对系统与网络进行有效保护的技术和产品越来越多，有基于软件的，也有基于硬件的，还有硬件与软件相结合的。目前常用的安全保护技术包括防火墙技术、入侵检测技术及相应产品。

（1）防火墙技术。防火墙是一种实用性很强的网络安全防御技术，也是一种网络安全产品，通常设置在内部网络与公共网络之间，以提高内部网络（局域网）的安全性，如图 8-3 所示。防火墙能够对来自外部网络的各种访问进行监听、记录和审计，能够在一定程度上识别恶意攻击或非法访问行为，并及时进行阻挡或者发出警告信息；也可以作为内部网络用户访问外部网络的代理，以屏蔽内部网络架构及用户的部分信息。

用于对内部网络进行保护的防火墙一般都是软硬件一体的专用设备，功能相对比较完善。另一种类型的防火墙是独立的或者与操作系统捆绑在一起的软件系统，运行在某一台计算机上，用于保护该计算机的安全，也被称为个人防火墙。图 8-4 所示的就是

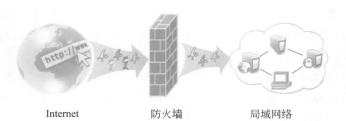

Internet   防火墙   局域网络

图 8-3   防火墙位于局域网的边界上

Windows 操作系统提供的个人防火墙。

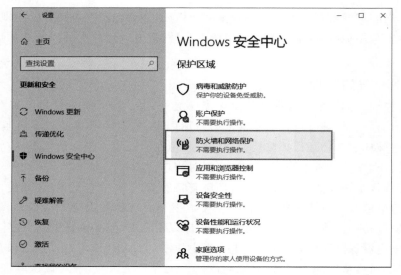

图 8-4   Windows 操作系统提供的个人防火墙

（2）入侵检测技术。入侵是指在未经授权的情况下，试图非法访问信息系统及相关信息，可能会导致数据被窃取、篡改甚至删除，破坏信息的机密性、完整性及可用性。入侵来源可能是外部网络未经授权的用户，也可能是内部网络中合法用户超越授权的访问。

入侵检测系统（IDS）能够对来自内部和外部的攻击以及误操作等进行侦测，并在信息系统受到危害之前拦截这些攻击。入侵检测还能够发现信息系统合法用户的越权使用行为，尽量发现系统因软件错误、认证模块失效、不适当的系统管理等引起的安全性缺陷，并帮助用户采取相应的补救措施。

3. 加强操作系统的安全性

安全涉及计算机系统的方方面面。由于操作系统的基础性地位，其安全性对计算机系统的影响相对更大，常用的保护操作系统安全的方法主要包括合理的访问控制、及时安装系统安全补丁等。

（1）合理的访问控制。

访问控制也叫作权限控制，在实现用户对系统资源最大限度共享的基础上，对用户的访问权进行管理与限制，防止对信息的非授权篡改和滥用。访问控制能够保证合法用户在符合系统安全策略要求时正常工作,也能够拒绝合法用户越权的服务请求,还能够拒绝非法用户的非授权访问请求。访问控制的过程如图 8-5 所示。

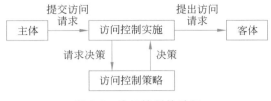

图 8-5 访问控制的过程

访问控制模型可以分为自主访问控制模型、强制访问控制模型和基于角色的访问控制模型等。基于角色的访问控制(RBAC)应用最为广泛。在大多数操作系统中,管理员可以根据不同的用户类型为其设置不同的访问权限,这就是访问控制。操作系统还可以为文件设置访问控制列表,以指定特定用户对该文件的访问权限。

例 8-1 在一些计算机实验教学的实验室中,计算机经常需要设置多个登录账号,甚至需要为不同账号配置不同的文件夹操作权限,这些配置具体是在哪里完成的呢?

分析 为保障计算机系统的安全性,需要对用户的使用权限进行适当控制。相应地,操作系统应该对用户账号及权限进行管理。从合理及方便的角度考虑,一个用户一种权限并不合适。比较合理的是,为某一类用户分配相同的权限,由此也要求操作系统能够按组对用户进行管理和授权。

在 Windows 10 系统环境中,右击任务栏中的"开始"图标,在打开的菜单中选择"计算机管理(G)",显示如图 8-6 所示的窗口。通过"本地用户和组"配置用户和组的隶属关系,并进一步配置用户账号及其权限。

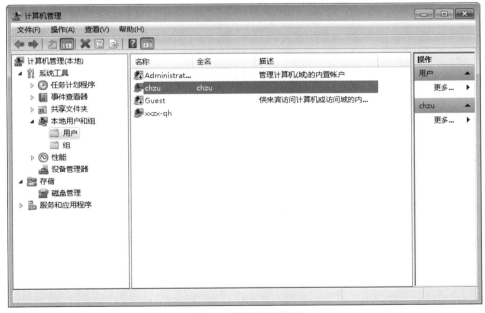

图 8-6 用户权限管理

此外，右击用户名，在弹出的菜单中选择"设置密码"命令，可以修改用户密码，如图 8-7 所示。为保证系统安全，一般建议 3 个月左右修改一次密码。

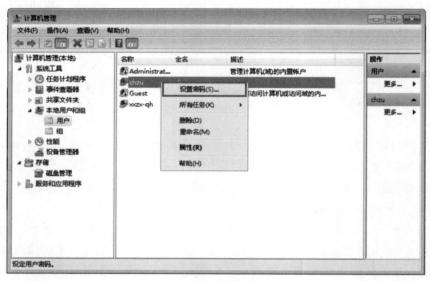

图 8-7　设置账号密码

配置好组和用户之后，可以进一步配置对文件及文件夹的访问权限。在文件"属性"窗口的"安全"选项卡中，选择某个组或用户名，相应权限会显示在下面的窗格中，单击"高级"按钮，可以重新配置组或用户对指定文件的访问权限，如图 8-8 所示。

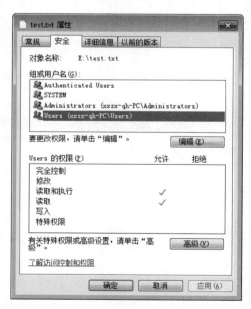

图 8-8　文件权限配置

（2）及时安装系统安全补丁。

一般来说，任何一个系统软件或应用软件都会存在某些"缺陷"，这些"缺陷"就会成为所谓的"安全漏洞"或者"后门"。目前，许多病毒或黑客程序都是利用系统的安全漏洞感染或攻击系统。相应地，操作系统及软件开发商会定期或不定期提供一种称为"补丁"的程序，以堵塞系统的安全漏洞或者后门，用户需要及时下载并安装。

目前，大多数软件，特别是系统软件都提供了自动在线升级功能。只要用户打开了操作系统自动更新功能，计算机就可以自动连接软件官方网站并下载、安装软件的升级补丁。而对于不再提供更新服务的操作系统（如 Windows XP 等）及应用软件，存在很大的安全风险，应谨慎使用。如果可能，应将系统升级到最新的版本，以保障系统安全。

以 Windows 10 操作系统为例，内置的更新系统程序通常默认设置为"自动"，即无论何时，当用户打开计算机后，系统就会自动连接 Microsoft 网站，只要发现有可用的更新就自动下载并安装。通过"开始"→"设置"→"更新和安全"可以查看具体配置。用户也可以在"高级选项"中进行相应的设置，包括更新选项、更新通知等。

（3）采用 NTFS 文件系统格式。

相对 UNIX 及 Linux 操作系统而言，Windows 系统面临着更多的安全威胁，采用 NTFS（新技术文件系统）能够在一定程度上提高系统的安全性。NTFS 是一个特别为网络和磁盘配额、文件加密等管理安全特性设计的磁盘格式，用户可以为任何一个磁盘分区/目录单独设置访问权限，把敏感信息分别存储在不同的磁盘分区/目录中，如图 8-9 所示。

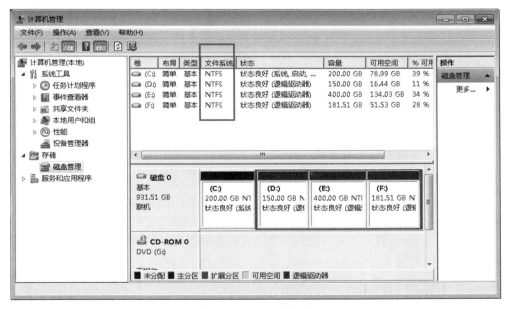

图 8-9　磁盘分区信息

（4）关闭不必要的服务。

Windows 系统提供了许多服务，每个服务都默认对应一个端口号，有些端口号可能成为攻击或者泄露敏感信息的通道。对于某些并不是必要却又可能成为攻击通道的端口,可以将其关闭。例如,在没有特殊需求的情况下,可以关闭 69、139、135、445、3389 等端口。具体操作可以在"高级安全 Windows 防火墙"的"入站规则"和"出站规则"中通过新建规则进行设置,如图 8-10 所示。

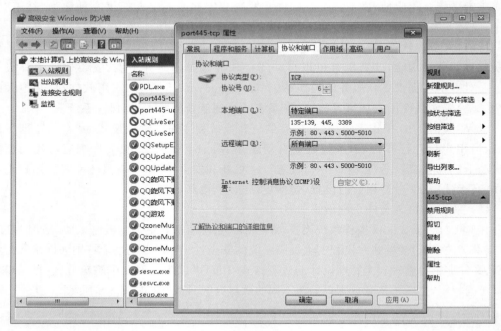

图 8-10　防火墙端口控制

（5）开启事件日志。

开启日志服务无法阻止入侵,但是通过日志记录入侵者的行踪,就可以分析入侵者在系统上做过什么操作,给系统造成了哪些破坏及隐患,留下了什么样的后门程序等,还可以分析服务器存在哪些安全漏洞。当然,并不是所有的入侵都会留下痕迹,某些技术高明的入侵者有可能会将入侵痕迹擦除干净。

4. 提升应用软件的安全性

应用软件的安全是计算机系统安全的一个重要方面。为了保证应用软件的安全性,一般会通过基于角色的访问控制模型,限制不同用户对软件或者其数据的访问权限。但是,应用软件存在安全漏洞具有一定的必然性,主要原因包括开发者缺乏安全意识、相关知识和安全开发相关工具等。

（1）用户出于市场和业务等因素考虑,将软件交付期和软件的新特性作为首要考虑因素,而不是软件的安全性。在没有用户关注与压力的情况下,软件开发厂商没有足够的资源（资金、人力等）和动力去关注软件本身的安全性。

（2）软件规模的增大和复杂度的提高,减少安全漏洞和错误的难度更高。然而,软件开发人员通常难以同时具备软件工程和网络安全的知识及能力。

（3）尽管已经有许多安全开发和测试的专业工具,但只有部分软件开发团队配置了这类工具。同时,检测软件总是滞后于安全漏洞的产生,需要持续进行检测。有时,即使检测出了安全漏洞,但因为软件的版本等原因,修复漏洞可能导致软件无法正常运行。

5. 强化数据加密防护

加密技术与方法的使用有悠久的历史。从古至今,加密都是在敌对环境下,尤其是战争和外交场合保护通信的重要手段。在信息技术高度普及的今天,这门古老的技术具有更加重要的意义。

加密与计算机密码学密切相关。尽管密码学中的数学原理比较复杂,但加密的概念相对比较简单。加密就是把数据和信息转换为不可辨识的密文,要想知道密文的内容,就需要将其转换为明文,这就是解密。

加密、解密的过程组成了一个完整的加密系统,明文与密文均称为报文。任何加密系统通常都包括 4 个组成部分,分别是待加密的报文,也称为明文;加密后的报文,也称为密文;加密、解密的装置或算法;用于加密和解密的钥匙,简称为"密钥",它可以是数字、词汇或语句等。加密过程如图 8-11 所示。

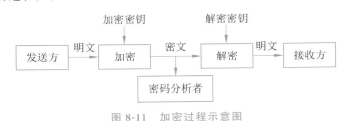

图 8-11　加密过程示意图

加密系统是否安全与加密算法的安全性有较大关系。加密算法的安全性主要取决于计算复杂性。理论上大部分的加密算法都是可以通过计算破解的,但如果为了解密需要长达数年甚至更久的运算时间,这样的加密算法可以认为是安全的。常用加密算法的安全级别及算法复杂度如表 8-1 所示。

表 8-1　加密算法的安全级别及算法复杂度

序号	算　　法	安 全 级 别	算法复杂度
1	DES,MD5	薄弱	$O(2^{40})$
2	RC4,SHA-1	传统	$O(2^{64})$
3	3DES	基准	$O(2^{80})$
4	AES-128,SHA-256	标准	$O(2^{128})$
5	AES-192,SHA-384	较高	$O(2^{192})$
6	AES-256,SHA-512	超高	$O(2^{256})$

思考题　当访问网页时,有时系统会发出警告提示。你遇到过哪些警告?这些警告有什么意义?如果执意访问该网页,发生过什么问题?或可能会发生什么问题?

8.2.3 安全管理的非技术措施

解决信息安全问题需要从技术和管理两方面综合考虑。安全技术是信息安全控制的重要手段,但仅有技术还不够,还需要有合适的管理制度和程序。技术和产品是基础,而管理,也就是非技术措施其实更加关键。

1. 制定合理的制度

制度和程序是关于使用计算机系统的规则及条例,通常由管理者制定。制度和程序本身是一种约束,完全遵守会带来一定的操作复杂性,有些用户会因此回避制度与程序的约束,但是,很多计算机系统安全事故都是由于未完全遵守制度和程序引起的。

在制定制度时,要结合单位实际,明确具体要求。其中,技术方面的制度应该对操作程序及规范做出明确规定,例如,关于数据备份的要求,应明确谁负责备份、何时进行数据备份、备份的类型以及备份时的操作步骤等。管理方面的制度,应明确相关组织和个人的权利和义务,事务处理的流程等,例如发生地震等自然灾害后,哪些部门应介入,分别做什么等。在实际中,很多制度通常不仅包括技术要求,也包括非技术要求。

2. 保证制度得到切实执行

一个好的制度必须容易操作且规定明确,职责明确、流程明确、考核明确,才能成为每一个相关工作人员的行为准则。通过长时间的约束,制度可以演化为每个人的习惯性工作程序。一旦个人形成了良好而规范的工作程序,出现偶然错误的概率将会大大下降。此外,必要的监督、考核、追责和惩戒条款,也有助于制度的有效执行。

安全管理的非技术措施还包括网络与信息安全的相关法律。近年来,我国先后颁布了《中华人民共和国网络安全法》等相关的法律法规,对计算机系统的安全做了明确要求,所有网络与信息相关的单位必须执行,否则即为违法行为。

思考题 你认为应该如何更好地保护信息系统安全? 可能影响安全保护策略实施的因素有哪些? 你所了解的安全保护措施和技术还有哪些?

8.3 病毒防护

病毒并不是一个新概念。在人类生存的自然环境中,存在大量生物病毒。谈到病毒,很容易将其与传染、复制、破坏性及其对人体健康的影响联系在一起。随着计算机应用的日益广泛,计算机病毒成了影响信息安全的重大挑战。

8.3.1 什么是计算机病毒

计算机病毒与生物学意义上的病毒有一些相似之处,它们都具有传染性、破坏性等。

但从根本上讲,计算机病毒是一种有破坏性的计算机程序。

1. 病毒的定义

最初的病毒定义是"附着于程序或文件中的一段计算机代码,它可以在计算机之间传播,并且一边传播一边感染计算机。"一般情况下,病毒的危害是盗取数据以及损坏软件、数据和文件。但在物联网时代,病毒可能会损坏硬件。病毒的危害程度有一定差异,轻者可能没有明显的破坏性或者仅产生轻微的干扰,重者可以彻底摧毁数据、文件甚至导致硬件设备的失效,也可能会给网络带来沉重负担,导致网络严重堵塞甚至瘫痪。

从上述定义可以看出,病毒是一个可执行的计算机程序代码段。传统上,这个代码段不是独立的程序,通常会寄生在其他合法的程序中,当合法程序运行时,病毒代码也得到了执行,从而发挥它的破坏作用。

随着计算机技术的发展,病毒程序在不断变化之中,一些破坏性程序,如木马、蠕虫等,它们本身就是一个独立的程序,且具有破坏性。现在一般并不严格地区分病毒与其他有破坏性的程序,而统称为病毒或者病毒程序。

2. 主要特征

类似于生物病毒,计算机病毒通常具有以下部分或者全部特征。

(1)寄生性。计算机病毒通常并不是以一个独立文件的形式出现在计算机系统中,而是附着在操作系统以及各种可执行文件中,因而在其潜伏阶段不容易被发觉。

(2)传染性。病毒程序传输或者被执行时通过复制自身或自身的变体来感染正常文件,通过传染求得生存与发展。现在计算机病毒的主要传染途径都与网络有关,例如通过电子邮件、网页等方式传播。

(3)破坏性。病毒侵入计算机系统后,都会对系统的正常使用或者安全性造成影响,如木马病毒会盗取用户的账号、密码,勒索病毒会锁定计算机使其无法使用等。感染病毒后,既可能产生数据安全问题,也可能会导致系统性能降低甚至完全崩溃。

另外,计算机病毒还具有非授权性、隐蔽性、潜伏性和可触发性等特征。

3. 分类及判断

计算机病毒的分类方法有多种。传统上按寄生方式将病毒分为引导型、文件型和复合型。引导型病毒是将正常的计算机引导记录挪至其他存储空间。在引导计算机系统的过程中,它将入侵系统,并驻留在内存中监视系统运行,伺机传染和破坏计算机系统。文件型病毒以应用程序为攻击对象,将病毒寄生在应用程序中并获得控制权,注入内存并寻找可以传染的对象进行传染,通常可以感染可执行文件或数据文件。复合型病毒是指具有引导型和文件型病毒寄生方式的计算机病毒,这种病毒扩大了病毒程序的传染途径,它既感染磁盘的引导记录,又感染可执行文件。

按传染方法,计算机病毒分为驻留型病毒和非驻留型病毒。驻留型病毒感染计算机后,把自身驻留在内存中,这一部分程序挂接系统调用并合并到操作系统程序中,始终处于激活状态,直到计算机关机或重新启动。非驻留型病毒在激活时并不感染计算机内存。

按传播媒介,计算机病毒可以分为单机病毒和网络病毒。单机病毒的载体多为移动式载体(如 U 盘等)。通常,病毒可能从 U 盘传入硬盘,感染系统后再传染其他系统或者 U 盘,这样就能不断地传染不同的计算机系统。网络病毒的传播媒介是通信信道,这种病毒的传染力更强,破坏范围更大,造成的后果也更加严重。

8.3.2　病毒的检测与清除

应对计算机病毒也像对付生物病毒一样,应该以预防为主,防患于未然。以下是一些为预防病毒而建议采取的措施。

(1) 在计算机系统中安装防病毒软件及防火墙,并及时更新;

(2) 及时安装操作系统和应用软件厂商发布的补丁程序;

(3) 在联网的系统中尽可能不要打开未知的邮件及其附件;

(4) 不浏览未知的或者有潜在风险的站点;

(5) 避免直接使用未知来源的移动介质和软件,若要使用,应该先用防病毒软件进行检测;

(6) 不需要使用的移动介质,可设置为"只读"状态;

(7) 定期与不定期地进行磁盘文件备份工作。

目前,病毒检测技术大致分为两种:一种是根据已知计算机病毒程序中的关键字、特征程序段内容、病毒特征及传播方式、文件长度的变化规律等,在特征分类的基础上,对病毒进行检测;另一种是采用自身检验技术,即对文件或数据段进行检验和计算并保存其结果,以后定期或不定期地重新计算并对照保存的结果,若出现差异,即表示该文件或数据段已遭到破坏,从而检测到病毒的存在。后一种技术不针对具体病毒程序,一般常将两种方法结合使用。

大多数用户都使用防病毒软件自动检测计算机是否感染了病毒。其实,通过对计算机系统的仔细观察,如发现有以下情形,人工也能大致判断计算机是否已感染病毒。

(1) 计算机启动时间变长或引导时死机;

(2) 计算机运行速度或者网络速度无原因地明显变慢;

(3) 即使计算机有较大的内存,也会出现内存不足的错误信息;

(4) 文件没有原因地发生变化,如大小、属性、日期、时间等发生改变;

(5) 文件莫名其妙地丢失或提示无法打开,打开时总是报错;

(6) 无法在计算机上安装防病毒程序,或安装的防病毒程序无法运行;

(7) 防病毒软件被禁用,并且无法重新启动。

随着技术的快速发展,病毒检测软件不仅能够检查隐藏在磁盘文件和引导扇区内的病毒,还能检测出内存中驻留的计算机病毒。病毒的清除不能只是删除染毒文件,在去除病毒的同时需要尽可能地恢复被病毒破坏的文件和数据,它应是病毒传染程序的一种逆过程。多数防病毒软件在检测到病毒时会尝试清除病毒,如不能清除,可以对染毒文件进行隔离处理。

8.3.3 使用防病毒软件

随着对信息安全重视程度的提升,防病毒软件得到了快速发展和应用。很多厂商提供适应个人(家庭)用户和企业用户的防病毒产品,有的产品还具有防火墙的功能。目前,个人(家庭)用户常用的防病毒软件有 Symantec(赛门铁克)的 Norton AntiVirus、Trend Micro(趋势科技)的 OfficeScan、ESET 的 NOD32、卡巴斯基、360 安全卫士以及金山毒霸等。下面通过案例说明防病毒软件的使用方法。

例 8-2　在计算机系统中安装卡巴斯基防病毒软件,对其进行设置与更新,并通过该软件对计算机系统进行检测。

分析　杀毒软件有免费和收费的,具体可以根据自己的实际情况选择,本例中选择免费的卡巴斯基杀毒软件进行操作讲解。

通过搜索引擎搜索"卡巴斯基",进入卡巴斯基官方网站,下载免费版本并进行安装。由于使用的是免费版本,软件功能会受到一定的限制。为提升防毒软件的防护能力,安装完成后,在运行的防病毒软件界面中选择"数据库更新",即可打开软件的自动更新程序,实现病毒特征库的自动更新,从而能够查杀新出现的病毒。

思考题　网络病毒层出不穷,为了避免计算机系统感染病毒,用户应该或者可以采取哪些措施?

8.4　数据备份与恢复

尽管采取了各种措施,但仍然不能保证系统的绝对安全。因此,必须考虑万一系统出现了安全问题,如何保障数据的完整性。数据备份是数据保护的最后一道防线,数据备份已经发展成为一个相当重要的产业。

8.4.1　什么是数据备份

对于一个安全的系统而言,为了保证数据不会因为自然灾害、物理故障或攻击而破坏,或者在遭受破坏后能够及时恢复,需要对数据进行及时有效的备份。一旦系统发生故障,可以利用备份数据进行恢复,并尽可能保持数据的完整性和一致性。

1. 数据备份的任务

直观而言,数据备份就是为数据另外制作一个拷贝,或者说制作一个副本。副本内容与正本相同。当正本被破坏时,可以通过副本恢复原来的数据,将数据遭受破坏的程度减到最小。备份是一种被动的保护措施,但也是计算机系统中最重要的保护措施之一。

要开展数据备份,必须制定数据备份策略。备份策略是一系列的规则,包括备份的数据或者文件类型、备份周期、备份方式以及备份数据的存储方式等。

2. 备份系统的组成

一个完整的备份系统应该包括相应的硬件设备和软件系统。

（1）硬件设备。备份系统中的硬件设备包括计算机、备份设施以及相应的存储介质。常用的存储介质主要有磁介质（硬盘等）和光介质（光盘等）两种类型。在数据中心，经常使用由多个相对廉价的硬盘组成的磁盘阵列（Redundant Arrays of Independent Disks，RAID）实现可靠备份。RAID 技术将多个独立的硬盘以不同的组合方式形成一个逻辑硬盘，提高磁盘读取性能和数据安全性。个人则可以用移动硬盘进行备份，移动硬盘的容量通常可达 1TB 以上。

（2）软件系统。软件系统在备份系统中起着十分重要的作用。它的功能包括备份硬件设备的管理、备份操作以及备份数据的管理等。

备份软件一般有两类：一类是操作系统附带的备份软件，可以对计算机系统中的数据进行备份，可以满足一般的备份要求；另一类是专用备份软件，功能强大，可以设置多种备份方式、进行自动备份和数据恢复等。

8.4.2　如何备份

数据备份的目的是在故障发生时，能够顺利地恢复数据。那么如何进行备份呢？正如前面指出的，在备份时需要明确备份的类型及时间等基本策略。

1. 不同的备份类型

备份类型一般有 3 种，即完全备份、增量备份和差分备份。一般来说，完全备份适用于数据量较小的个人或小型系统。增量备份和差分备份更加适用于企业级的大型系统。

（1）完全备份。完全备份（full backup）指备份时将本地计算机系统中的所有软件及数据全部备份下来。这种方式的好处是当计算机系统崩溃或者数据丢失时，只需要最近一次的备份版本就可以恢复至备份时的状态。

完全备份的缺点很明显。首先，因为是完全备份，每次都完全备份数据，每个版本的数据有大量是重复的，占用了大量存储空间，增加了硬件开销和成本。其次，需要备份的数据量大，备份时间长。对于大型计算机系统，甚至可能长到难以忍受的程度。

（2）增量备份。增量备份（incremental backup）指每次备份的数据只是上一次备份后增加及修改过的数据。增量备份需要和完全备份配合使用。例如，在一个计算机系统中，可以在星期一做完全备份，以后每天做增量备份，如图 8-12 所示。

| 星期天 | 星期一 | 星期二 | 星期三 | 星期四 | 星期五 | 星期六 |

图 8-12　增量备份

增量备份的优点是没有重复备份数据，节省了存储空间，也缩短了备份时间。其缺点是恢复数据比较麻烦。假如系统在星期四早晨发生故障,需要将系统恢复到星期三晚上的状态,则首先需要找出最近一次的完全备份文件进行恢复,然后依次再找出下一次的增量备份文件逐步恢复。此外,各个备份文件间的关系就像链条一样,一环套一环,其中任何一个备份文件出了问题,都会导致无法恢复成功。

(3)差分备份。差分备份(differential backup)是指每次备份的数据是相对于上一次完全备份之后新增加的和修改过的数据,如图 8-13 所示。例如,管理员先在星期一进行一次系统完全备份,在接下来的几天里,再将当天所有与星期一不同的数据(增加的或修改的)备份到备份文件上。差分备份无须每天都做完全备份,因此所需时间相对较短,节省了存储空间。差分备份的恢复很方便,只需两个备份文件,即系统完全备份的文件与发生灾难前一天的备份文件。

图 8-13　差分备份

2. 制订备份计划

备份计划主要涉及备份策略的制定及备份工作的过程控制。

(1)备份策略的制定。

备份策略是一系列的规则,包括数据备份的类型、周期以及存储方式。有效的备份策略应能区分很少变化的数据和经常变化的数据,并且对后者的备份要比对前者的备份更加频繁。一般来说,需要备份的数据都符合 2/8 原则,即 20% 的数据被更新的概率是80%。这个原则说明,没有必要每次都完整地复制所有数据。常用策略是完全备份与差分备份相结合,但需要根据系统的实际情况进行合理的组合。

(2)备份工作的过程控制。

根据预先制定的规则和策略,备份系统将在指定时间启动,自动对指定的数据进行备份,并处理备份中的意外情况。其中包括了与数据库应用的配合接口,也包括了一些备份软件自身的特殊功能。例如,很多情况下需要对打开的文件进行备份,这就需要备份软件能够在保证数据完整性的情况下,对打开的文件进行操作。另外,备份工作一般都是在无人看管的环境下进行,一旦出现意外,正常工作无法继续时,备份软件必须具有一定的意外处理能力,如出错时发送邮件或短信给系统管理员。

3. 开始备份

假设某用户在一台安装 Windows 10 系统的计算机的 D 盘上建立了两个文件夹,名称为 My Paper 及 My Reference,为了防止数据丢失,需要将这两个文件夹及其中的文档备份到 U 盘上。

例 8-3　通过 Windows 10 的"更新和安全"功能备份指定文件。

分析　Windows 10"设置"中的"更新和安全"提供了系统升级、备份和恢复等功能,备份完成后将生成一个文件，未来可以通过该文件恢复系统。基本操作过程如下。

（1）启动备份软件。选择"开始"→"设置"命令，在打开的"Windows 设置"中选择"更新和安全"，可以打开"备份"面板，如图 8-14 所示。

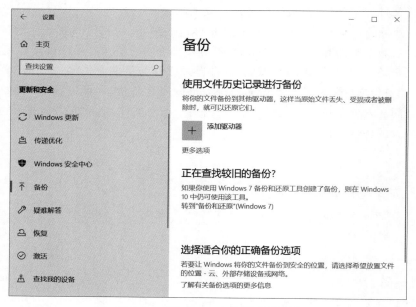

图 8-14　Windows 10 的"备份"面板

（2）为备份文件选择保存位置。在"备份"面板中，选择"添加驱动器"，即会列出本机所有的磁盘，此处选择 BAK(E:)，BAK 为该磁盘的别名，如图 8-15 所示。

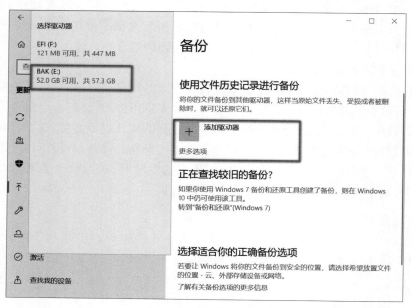

图 8-15　选择备份内容

选择备份磁盘位置后,即设置了备份文件存放的位置,此时"自动备份我的文件"默认为打开状态,如图 8-16 所示。

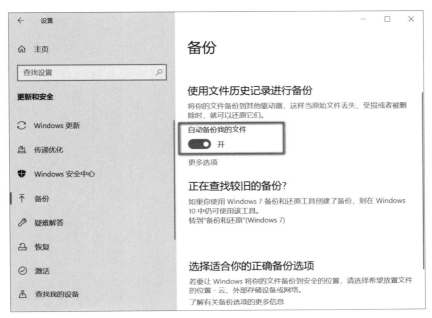

图 8-16 完成备份磁盘位置选择

(3)选择备份内容。在图 8-16 中,单击"更多选项"设置备份选项,包括显示当前的备份概述信息、备份周期(默认是每小时)、备份文件的保存策略(默认是永远)等,如图 8-17 所示。选择"添加文件夹"来具体选择备份内容,例如,选中 D 盘中 My Paper 与 My Reference 两个文件夹。注意,要将不需要备份的文件夹取消,可以选中相应的文件夹后再选择"删除"命令。"备份选项"面板如图 8-17 所示。

(4)开始备份。完成上述各项操作后,单击"立即备份"按钮,将开始备份。备份完成后,将显示备份完成的情况概述,显示最近一次备份时间及备份大小等信息。查看 U 盘内容,可发现备份数据已经保存在 FileHistory 文件夹中。

思考题 使用操作系统自带的备份软件将文件夹备份至 U 盘,和直接将文件夹复制至 U 盘,有哪些异同点?

8.4.3 恢复备份的数据

在系统崩溃或部分数据损坏时,可以利用备份文件将系统或数据恢复到备份前的状态。恢复数据的过程比较简单。

恢复的操作方法为打开"Windows 设置",选择"更新和安全",打开如图 8-14 所示的 Windows 10 的"备份"面板,选择"更多选项",打开"备份选项"面板,如图 8-18 所示。

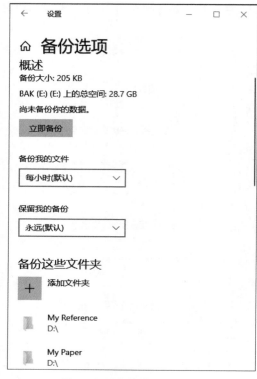

图 8-17 "备份选项"面板 1

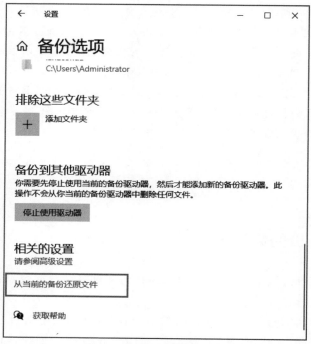

图 8-18 "备份选项"面板 2

在图 8-18 中,选择"从当前的备份还原文件",打开已经备份在 U 盘中的文件夹信息,选择要恢复的文件夹,单击下方的"还原至原始位置"按钮,即可开始从备份中恢复文件夹。在文件夹恢复的过程中,根据提示选择相应选项即可,如选择"替换目标中的文件(R)"。

> **思考题** 检查自己的计算机是否配置经常性的备份。若产生数据丢失,除了备份外,是否可以尝试使用其他数据恢复软件?请简述数据复原的程度以及差异性。

8.5 隐私保护的主要内容

在讨论信息安全时,隐私保护是一个绕不开的话题。在大数据等新兴信息技术快速发展的高度信息化时代,个人信息安全的重要挑战就是个人信息泄露,特别是个人隐私信息的泄露。隐私保护因此受到了特别重视。

8.5.1 什么是隐私

隐私最早是一个心理和社会学概念,许多学者从隐私定义、如何保护隐私和人们对隐私的感知等不同的角度进行了研究。在信息安全领域,个人隐私主要是指特定个体在使用计算机和互联网的过程中,不愿意被外部知晓的个人信息,即敏感的个人信息。个人信息是以电子或者其他方式记录的、与已识别或者可识别的自然人有关的各种信息,但不包括匿名化处理后的信息。

1. 个人隐私

个人隐私通常为敏感的个人信息,是一旦泄露或者非法使用,容易导致自然人的人格尊严受到侵害或者人身、财产安全受到危害的个人信息,包括生物识别、宗教信仰、特定身份、医疗健康、金融账户、行踪轨迹等信息,以及不满十四周岁未成年人的个人信息。

2. 通信内容隐私

社会关系是通过人与人之间的相互交流构建而成的。在信息世界,人与人之间的交流是基于计算机之间的相互通信实现的。当事人一般不愿意让他人知道这些通信内容。但是,通信内容一般都被数字化存储,可以利用一定的手段进行再现,由此导致通信内容很容易暴露,需要加强保护。

3. 行为隐私

互联网用户面临的威胁并不仅限于个人隐私泄露,还在于基于数据挖掘技术对用户状态和行为的预测,例如喜好偏见、浏览记录、购物习惯、生活轨迹等日常行为。在社交网络中,也可以通过其中的群组特性发现用户的属性,如消费习惯等。

8.5.2 隐私泄露方式

信息泄露以及系统受到攻击可能会造成用户隐私泄露,各种网络服务与信息展示也有可能泄露用户的隐私信息。总体上看,个人隐私数据保护面临着严峻挑战,具体而言,用户隐私泄露的方式主要有以下几种。

1. 互联网服务

用户为了获得互联网提供的信息服务,通常需要在相应网站上登记一些个人信息,甚至是个人隐私信息。有些互联网服务本身就涉及个人隐私,例如金融类服务、购物类服务等。这些服务网站和系统一旦被攻击或存在安全漏洞,就可能大量泄漏用户的个人隐私,此外,一些服务商也可能为获得利益与其他商业机构共享、出租或转售用户信息等,从而造成其中的个人隐私信息被泄漏甚至被非法使用。

2. 智能终端

智能手机等智能终端越来越普及,人们在使用智能设备的过程中,智能终端也在记录着用户的聊天、购物、网页访问、下载文件等各种访问行为。智能终端中安装的各种移动应用服务(App)中一般包含大量用户敏感信息,例如银行卡号、身份证号等。智能终端因此成为可能造成隐私泄露的重要渠道。

3. 黑客攻击

很多黑客通过制造、传播计算机病毒感染计算机系统之后,能够未经授权进入系统收集资料,截取或复制用户正在传送的电子信息,窃取和篡改用户的隐私数据。黑客获取用户隐私数据的手段很多,如利用 IP 地址追踪用户的位置或行踪,利用 Cookie 文件收集用户隐私信息,利用木马病毒窃取隐私信息,利用嵌入式软件篡改网页、收集隐私信息等。这些攻击方式都非常隐蔽,且成本和技术要求较低,让人防不胜防。

4. 管理者监听

网络(应用服务)的所有者或管理者出于商业等方面的考虑,有可能监视或窃听用户个人计算机和智能终端。从某种意义上说,上网的计算机都有可能被监听。

上述几种并不是所有的隐私泄露途径,还有更加隐蔽的隐私窃取方式,例如社会工程学、高级持续性威胁等,这些攻击手段更加高明,也更加难以被用户察觉。

8.5.3 个人隐私保护具体措施

隐私保护技术大致可以分为 3 类:一是基于数据失真的隐私保护技术,使敏感数据失真但同时保持某些关键数据或者属性不变;二是基于数据加密的隐私保护技术,即采用各种加密技术在分布式环境下隐藏敏感数据;三是基于数据匿名化的隐私保护技术,即根据具体情况有条件地发布数据。

随着新技术的发展,隐私保护措施越来越多,例如,基于区块链的去中心化、不可篡改及可追溯等特点,那些将用户视为产品或数据的机构,不再能完全收集、掌握或者更改用户的个人信息,从而在一定程度上保护了个人隐私数据。

对于个人来说,隐私保护重点还在于自身防护意识的提升,在日常的生活中,可以从多方面加强个人隐私保护。

1. 妥善处理各种票据

火车票及机票的条形码或二维码中均含有乘客身份证等个人信息;快递包装上包含有购物信息和收件人地址、电话等信息。要妥善处理这些票据,防止个人信息泄露。

2. 谨慎使用社交软件

社交软件基本都要求用户填写真实的个人信息,如姓名、手机号等,要谨慎使用,尽可能提供最少的信息。社交软件的"扫一扫送礼物"等活动,主要目的是收集个人信息,建议使用前要进行风险评估。

在使用社交软件时,也要注意设置隐私保护策略。部分社交软件中的定位以及手机客户端定位等功能,均会显示常去的位置,从而暴露个人的位置信息。在没有特殊需求的情况下,建议关闭社交软件中附近的人、常去的地方、允许搜索、允许查看等隐私功能。

3. 谨慎填写个人信息

谨慎点击网上测评、手机短信中的链接,谨慎扫描来历不明的二维码等。类似于"测测你的前世是谁""八字算命"等测评,会要求输入姓名、手机号等个人信息,而这些信息则会被收集并存入后台。一些来历不明的二维码或手机短信中的链接可能会被植入木马,通过扫码或访问,有可能窃取个人敏感信息。

4. 谨慎使用公共免费资源

个人移动终端在使用免费 Wi-Fi 过程中,个人上网过程中的所有信息都有可能会被截取,从而泄露包括网上银行等的登录账号和密码。建议将手机及移动终端的 Wi-Fi 连接设置为手动,并且尽量不使用公共区域的无密码免费 Wi-Fi。外出时,尽量携带自己的充电设备,若使用公共充电设备时,不要轻易点击任何提示的"同意"或"信任"项目。

5. 养成良好的移动应用使用习惯

手机移动应用特别是银行类、消费类应用,要在官方网站下载安装;对使用大流量且没有告知的应用,及时检查或删除;谨慎授予应用发送短信、读取短信、查看通讯录、读取定位信息等权限;某些关键应用如支付宝等使用后要及时退出登录,如果一直在后台运行,可能会给某些后台运行的恶意程序获取个人敏感信息的机会;手机中的 QQ、微信等移动应用不要设置为自动登录,同时,密码要定期更换。

思考题 如果你的手机丢失,可能泄露哪些个人隐私?手机丢失后应该如何处理才能尽可能减少隐私的泄露?

习 题 8

一、单项选择题

1. 下列_____不是有效的安全控制方法。

    A. 口令   B. 用户权限设置

    C. 限制对计算机的物理接触   D. 数据加密

2. 导致信息安全问题产生的原因较多,但综合起来一般有_____两类。

    A. 非人为与人为   B. 黑客与病毒

    C. 系统漏洞与硬件故障   D. 计算机犯罪与破坏

3. 校园网中的防火墙软件一般用在_____。

    A. 工作站与工作站之间   B. 服务器与服务器之间

    C. 工作站与服务器之间   D. 网络与网络之间

4. 关于计算机病毒,下列说法错误的是_____。

    A. 计算机病毒是一种程序

    B. 计算机病毒具有潜伏性

    C. 计算机病毒可通过运行外来程序传染

    D. 用杀病毒软件能确保清除所有病毒

5. 计算机病毒的特点可以归纳为_____。

    A. 破坏性、隐蔽性、传染性和可读性   B. 破坏性、隐蔽性、传染性和潜伏性

    C. 破坏性、隐蔽性、潜伏性和先进性   D. 破坏性、隐蔽性、潜伏性和合法性

6. 计算机病毒不是通过_____传染的。

    A. 局域网络   B. 广域网络

    C. 带病操作人员的身体   D. 使用了从不正当途径复制的软盘

7. 目前使用的杀毒软件能够_____。

    A. 检查计算机是否感染了某些病毒,如有感染,可以清除一些病毒

    B. 清除计算机感染的各种病毒

    C. 检查计算机是否感染了病毒,如有感染,可以清除所有病毒

    D. 防止任何病毒再对计算机进行侵害

8. 对于存放有重要数据的 U 盘,防止感染病毒的方法是_____。

    A. 不要与有病毒的 U 盘放在一起   B. 设置 U 盘为只读

    C. 保持 U 盘清洁   D. 定期格式化

9. 下列方式中,一般不会感染计算机病毒的是_____。

    A. 在网络上下载软件,直接使用

    B. 试用来历不明软盘上的软件,以了解其功能

    C. 在本机的电子邮箱中发现奇怪的邮件,打开看看究竟

    D. 安装购买的正版软件

10. 关于计算机病毒的传播途径,不正确的说法是_____。

    A. 使用非正版软件   B. 通过电子邮件

    C. 通过浏览正规网站   D. 通过网络传输

11. 网络"黑客"是指_____的人。

    A. 匿名上网   B. 在网上恶意进行远程信息攻击的人

    C. 不花钱上网   D. 总在夜晚上网

12. 下列不属于计算机杀毒工具的是_____。

    A. 360 安全卫士   B. WINZIP   C. 诺顿   D. 瑞星

13. 计算机病毒破坏的对象是_____。

    A. 计算机键盘   B. 计算机显示器

    C. CPU 主频   D. 计算机软件和数据

14. 为了保证内部网络的安全,下面的做法中无效的是_____。

    A. 制定安全管理制度

    B. 在内部网与 Internet 之间加防火墙

    C. 给使用人员设定不同的权限

    D. 购买高性能计算机

15. 未经授权通过计算机网络获取某公司的经济情报是一种_____。

    A. 不道德但也不违法的行为   B. 违法的行为

    C. 正当竞争的行为   D. 网络社会中的正常行为

二、多项选择题

1. 引发安全问题的非人为因素有_____。

    A. 操作失误   B. 电源问题   C. 硬件故障   D. 自然灾害

2. 下面措施可用于提高计算机网络的物理安全的是_____。

    A. 选用可靠性高的硬件设备,对重要的服务器采用双机或多机的冗余设计方案

    B. 提高对机房环境及检测报警系统的要求,注意工程的配套设计及工程质量

    C. 加强机房的防盗管理及操作人员的安全意识培训

    D. 制定管理制度,严禁非法进入

3. 防止计算机信息被盗取的手段包括_____。

    A. 用户识别   B. 病毒控制   C. 数据加密   D. 访问权限控制

4. 关于计算机病毒,下列叙述不正确的有_____。

    A. 反病毒软件通常滞后于新病毒的出现

    B. 反病毒软件总是超前于病毒的出现,它可以查、杀任何种类的病毒

    C. 感染过病毒的计算机具有对该病毒的免疫性

    D. 计算机病毒不会危害计算机用户的健康

5. 下列方法中能预防计算机病毒的是_____。

    A. 安装并实时运行防病毒软件   B. 定期升级杀毒软件

    C. 不使用来历不明的软盘   D. 为了复制文件,而不将软盘写保护

三、思考题

1. 为什么操作系统会存在各种安全漏洞？对于 Windows 系统，是否安装所有的系统补丁就能解决一切安全问题？作为一个用户，应该怎么做才能够保证既及时安装各种安全补丁，又不会因为安装这些补丁产生新的安全问题？

2. 您所使用的应用软件有安全隐患吗？如果有，应该采取什么措施？

3. 您的计算机系统可能存在哪些安全风险？应该如何防范这些风险？

第 9 章

问题的计算求解与可视化编程

从理论上考虑,现实世界中的工程问题一般都可以通过计算得以解决。将一个实际问题转换为可计算问题,并通过计算求解看起来是一个比较专业的过程,需要一定的计算理论与方法做支撑。但是,随着计算机技术的不断发展,技术的门槛与复杂性得到了一定程度的降低,相对更加重要的是蕴含在技术背后的解决问题的基本思维与方法。本章通过基于计算思维的可视化编程语言 VIPLE(Visual IoT/Robotics Programming Environment),以直观可视化的方式介绍编程的基本构件和编程范式,引导读者从简单编程开始,逐步进入物联网与机器人编程世界,帮助读者掌握工程问题求解的基本思路与方法。

本章主要内容:

- 工程问题计算求解的基本思路与案例解析;
- 算法和程序的基本概念、描述与评价;
- 基于计算思维的可视化编程概述;
- 可视化编程语言的基本构件;
- 事件驱动的编程范式与物联网/机器人编程。

本章学习目标:

- 能够基于计算思维分析工程问题并列出其解决步骤;
- 能够用自己的语言描述什么是算法及其与程序的异同点;
- 能够简要说明程序设计语言的词法和语法结构;
- 能够准确分辨计算思维、编程及可视化编程的区别;
- 能够掌握程序设计语言的基本元素及构件;
- 能够使用可视化编程语言实现简单物联网和机器人问题的计算求解。

9.1 工程问题的计算求解过程

工程问题的计算求解过程是指开发一个基于数学模型的工程系统的过程,有基本的设计思想与方法,应该遵守一定的规范与标准要求,以保证系统的一致性、可靠性与性能,实现成本的最优化,方便系统的重复和大规模生产。

9.1.1　工程问题的计算求解概述

工程问题的计算求解过程因问题的不同会有一定的差异,通常包括以下步骤的部分或全部:

(1) 问题的识别和定义。需求和要解决的问题是什么? 确定关键的需求指标,包括系统的功能、性能、可靠性、价格等。

(2) 相关研究分析。通过文献检索,了解前人做过哪些相关研究? 哪些还没研究过? 已有的解决办法存在哪些不足,能够改进的是哪些?

(3) 问题答案的可能性。这个问题可以解决吗? 有哪些可选的方案可以解决这个问题?

(4) 问题的建模。如何用一个数学模型来描述问题? 数学模型可以是功能模型,它通过系统的输入和输出的关系来描述系统的外部功能。数学模型也可以是结构模型,它描述系统的内部结构,系统部件如何相互作用来完成系统功能。结构模型通常给出系统的构建方法。

(5) 模型的数学分析。对数学模型进行验证和分析,判断是否能够正确反映要解决的问题。

(6) 模拟。将功能模型编写成软件。通常使用自动生成或选择的输入数据导入软件获取输出数据。对输入输出数据进行分析,以确定系统的外部(总体)需求是否被满足。模拟通常不包含构建系统所需要的细节。

(7) 仿真。将结构模型编写成软件。仿真不仅要求检验系统的外部(总体)需求是否被满足,而且还要检验系统的部件(模块)是否正常工作和部件的连接方案是否满足结构模型的要求。仿真可以检查构建系统所需要的细节。

(8) 原型制作。构建一个实体原型。这个原型通常是一个简化的真实系统,但应该包括数学模型的关键参数和需求指标。

(9) 测试。模拟、仿真和原型系统都需要严格的测试,以保证系统与数学模型的一致性并满足需求指标,为实体系统的实现打好基础。

(10) 实体系统的实现与验收测试。在完成前面的步骤之后,构建实体系统并对其进行测试,以确定是否满足各项需求指标。

在工程问题的计算求解过程的每一个步骤中,都可能遇到不同的问题,需要退回到之前的步骤再作修改。特别是问题的建模、模型的数学分析、模拟和仿真这 4 步,可能需要重复多次才能满足需求指标。

计算系统及各类面向应用的信息系统开发都应该遵守工程问题计算求解过程的规范及要求,否则可能会导致一系列无法控制的错误及后果。以软件开发为例,在 20 世纪 50—70 年代,软件编程被看成是一门艺术,鼓励程序员以自己的聪明才智优化程序,以使用最少指令和最少存储器空间完成同样的任务。但是,当软件规模逐步扩大,甚至达到数百万行指令时,由于程序设计无规范,程序维护成了一个不可能的使命。在发现一个程序错误并进行改错后,反而会引入更多错误。这就是 20 世纪 70 年代末期的软件危机。为了解决这个危机,计算机科学家提出了软件工程的概念和方法,将软件当作一个工程系统,按照工程问题的计算求解过程来设计开发。

9.1.2　问题的计算求解案例

本节以加法器门电路设计来介绍工程问题的计算求解过程。读者只需注重问题的计算求解过程,不明白的概念和知识在本章后续介绍,或需要通过其他课程来学习。

问题 9-1　如何用工程问题的思维求解"加法器门电路设计"。

(1) 问题的识别和定义。

加法器是计算机系统的一个主要部件,也是一个复杂的系统。在计算机系统中,都是用逻辑电路实现各种基本运算,例如用逻辑门电路来实现加法器。加法器处理的数据位是 32 位,称为 32 位加法器,即计算两个 32 位二进制数相加的结果。

输入:两个 32 位的二进制数

输出:一个 32 位的二进制数,外加一位进位。

加法器功能:输出两个输入数的和。

(2) 问题的研究。

二进制加法与十进制的加法一样,都是从低位(右边)到高位(左边)。二进制加法器的性能主要由进位计算逻辑的设计决定,可以通过增加进位计算逻辑来提高速度。可靠性的设计主要考虑门电路输出的竞争与冒险(在数字电路中,信号由于经由不同路径传输达到某一汇合点的时间有先有后的现象,称为竞争;由于竞争现象所引起的电路输出发生瞬间错误的现象,称为冒险),可以通过增加门电路来消除竞争与冒险,也可以通过冗余设计实现容错计算。

(3) 问题的可解性。

二进制加法器是一个已知的问题,可以用基本的逻辑门电路(与门、或门、非门)来实现。

(4) 问题的建模。

先建立一个功能模型,然后建立一个基于逻辑门的结构模型,这样就能用逻辑门来实现加法器。

加法器是一个组合电路,可以用模块图或者真值表两种数学模型来表示。其中,真值表适合输入数较少的组合电路。图 9-1 是 3 位加法器的模块图和真值表,其中,a 和 b 是数据输入,cin 是进位输入。3 位输入共有 8 种输入组合:000~111。输出方面,Sum 是 3 位输入相加的和,cout 是进位输出。对每一个输入组合,可以找出对应的输出。例如:

$$000:0+0+0,Sum 是 0,cout 是 0;$$
$$001:0+0+1,Sum 是 1,cout 是 0;$$
$$011:0+1+1,Sum 是 0,cout 是 1;$$
$$111:0+1+1,Sum 是 1,cout 是 1.$$

对于 32 位加法器,有 64 位输入,真值表将有 2^{64} 个输入组合。这个数太大,不可能用真值表来描述。因此,可以用结构模型来定义 32-位加法器的功能,如图 9-2 所示。

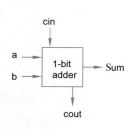

输入			输出	
a	b	cin	cout	Sum
0	0	0	0	0
0	0	1	0	1
0	1	0	0	1
0	1	1	1	0
1	0	0	0	1
1	0	1	1	0
1	1	0	1	0
1	1	1	1	1

图 9-1　3 位加法器的模块图和真值表

图 9-2 中，a0、a1、cin0 是 0 位的输入值。0 位的进位 cin0 始终等于 0。Sum0 和 cout0 是 0 位的输出值。cout0 连到 cin1 作为 1 位 adder 的输入。最后，cout31 为 32-位加法器的最终进位输出。

（5）模型的数学分析。

这一步要回答的是，问题的模型是否正确地反应要解决的问题。对一些复杂问题，需要用模型验证（model checking）的方法来证明模型的正确性。对于相对简单的问题，例如，输入数量有限的问题，可以对所有的输入和输出进行检查，从而验证模型的正确性。对于一位加法器，只有 8 个输入，容易验证所有的输入输出。而对于 32-位加法器，输入数量巨大，不可能对所有输入输出作对应检查。实际上，如图 9-2 所示的模型并不是数学模型，而是按照如图 9-3 所示的二进制加法过程的原理来构建的结构模型。

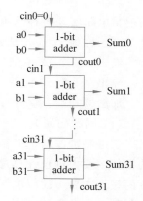

图 9-2　32-位加法器的结构模型

输入 A =　　　$a_{31}\ a_{30}\ \cdots\ a_i\ \cdots\ a_3\ a_2\ a_1\ a_0$

输入 B =　　　$b_{31}\ b_{30}\ \cdots\ b_i\ \cdots\ b_3\ b_2\ b_1\ b_0$

进位 C =　$+$　$c_{31}\ c_{30}\ \cdots\ c_i\ \cdots\ c_3\ c_2\ c_1\ c_0$

输出 S =　　　$s_{31}\ s_{30}\ \cdots\ s_i\ \cdots\ s_3\ s_2\ s_1\ s_0$

图 9-3　32-位二进制加法原理

对如图 9-2 所示的模型进行验证，就是要保证其与如图 9-3 所示的加法原理严格对应，也就是运算顺序必须从右到左，每一步加法中的 a_i，b_i，c_i 必须同步。这一保证也必须在实现中落实。下面的仿真步骤将展示使用 VIPLE 中的"与并"（join）来保证 a_i，b_i，c_i 的同步，从而进一步验证如图 9-2 所示的 32-位加法器的结构模型的正确性。

（6）模拟。

模拟和仿真都需要用一个具体的编程语言来实现。模拟是用编程语言来实现一个系统的外部功能，而仿真是用编程语言来实现一个系统的内部结构并验证内部结构能实现外部功能。1-位加法器(1-bit adder)的真值表的 VIPLE 模拟子程序如图 9-4 所示。

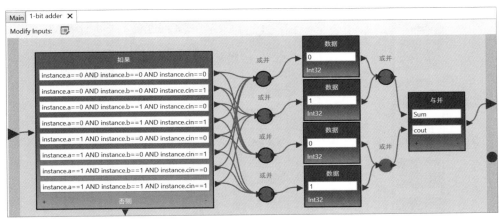

图 9-4　1-位加法器真值表的 VIPLE 模拟子程序

为了测试运行效果,在模拟程序的主程序中增加数据的输入和输出,如图 9-5 所示。

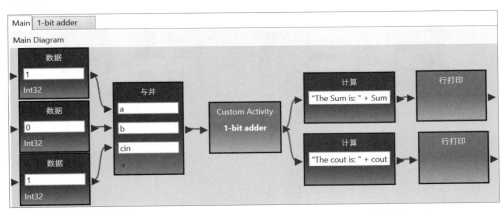

图 9-5　1-位加法器的 VIPLE 模拟程序(主程序)及其测试

在此主程序中,当 101 作为测试数据输入子程序 1-bit adder 时,打印出来的输出是

```
The Sum is: 0
The cout is: 1
```

(7)仿真。

VIPLE 仿真的 4-位加法器结构如图 9-6 所示,是按照图 9-2 的结构模型对图 9-5 的 1-位加法器的扩展。图 9-5 中的与并保证每一位的 3 个输入 a_i,b_i,c_{cin} 同步。在如图 9-4 所示的实现中,1-位加法器 1-bit adder 被调用了 4 次。以此类推,可以构建出 32 位的加法器。

在此主程序中,当图中数据作为测试输入 4 个 1-bit adder 时,输出的内容是

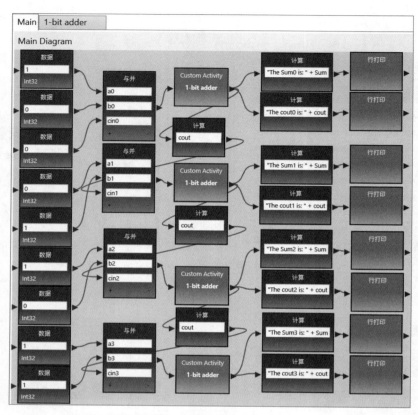

图 9-6　4-位加法器的 VIPLE 仿真程序（主程序）及其测试

```
The Sum0 is: 1
The cout0 is: 0
The Sum1 is: 1
The cout1 is: 0
The Sum2 is: 1
The cout2 is: 0
The Sum3 is: 0
The cout3 is: 1
```

（8）原型制作。

加法器的原型可以在插线板（也称为面包板）上用逻辑门电路来构建。这方面的实验将在电子、计算机等专业的数字电路课程中学习。

（9）测试。

测试是工程系统开发过程中的重要步骤。图 9-5 和图 9-6 展示了用一组数据对设计的加法器进行的简单测试。对于输入组合不大的系统，可以采用穷举测试，即对所有可能的输入都进行测试。

例如，在图 9-5 中，1-bit adder 只有 3 位输入，共有 8 种组合。可以用一个 3 位二进制计数器来自动生成 000,001,010,011,100,101,110,111,实现穷举测试。

再如,在图 9-6 中,4 位加法器有 8 位输入共 256 种组合。注意,图 9-6 中有 9 位输入,但 cin0 始终是 0,因此实际上只有 8 位输入,因而可以用一个 8 位二进制计数器来自动生成所有 256 种组合,对 4 位加法器采用穷举测试。

但是,如果构建了 32 位加法器,共有 64 位输入,有 2^{64} 种输入组合,显然不能再用穷举测试了。很多软件系统有不可枚举的输入数,更不能采用穷举测试。因此,测试步骤的重要工作是如何选择有限的测试输入来最大可能地覆盖被测试系统的所有部件。

(10)实体系统的实现与验收测试。

数字系统的原型可以在面包板上用逻辑门电路来构建。实体系统的实现都要与其他子系统集成到芯片中。子系统的测试不一定能确定性地选择测试输入。它的测试输入往往是其他子系统的输出。测试的重点是测试整体系统的功能性。

以上通过一个二进制加法器的设计展示了工程问题的计算求解过程。虽然一个二进制加法器系统比较简单,但其设计过程却经历了工程问题的计算求解过程的每一个步骤。

9.1.3 工程问题的计算求解框架

现代工程问题的计算求解需要现代化的工具支撑。在 9.1.2 节的案例中,采用的 VIPLE 物联网/机器人可视化编程环境也支持仿真和实体机器人编程,如图 9-7 所示。

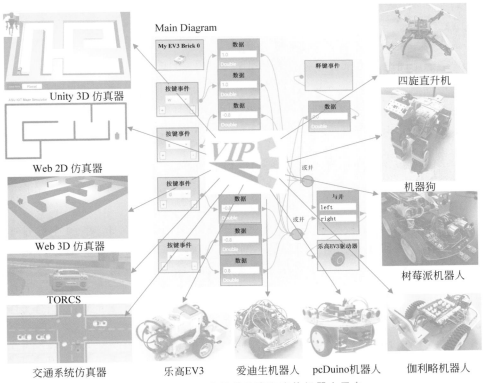

图 9-7　VIPLE 支持的仿真和实体机器人平台

其中,左边展示的是仿真平台,包括 Unity 3D 仿真器、Web 2D 仿真器、Web 3D 仿真器、TORCS 自动驾驶赛车仿真器和交通系统仿真器。下方展示的是实体智能小车,包括乐高 EV3、爱迪生机器人、伽利略机器人、pcDuino 机器人和树莓派等机器人。右上方展示的是复杂的智能机器人——四旋直升机和机器狗。

思考题 按照本节介绍的工程问题求解过程,编制日常生活中需要处理事务的处理流程,并从计算机处理的角度对其进行必要的优化处理。

9.2 算法与程序

计算机科学是信息(数据)处理和计算的理论基础,也是在计算系统中的实践和应用的实用技术。信息处理以及计算的理论、实践和应用的本质是描述和转换信息的算法过程。计算机科学回答的问题是,哪些工作可以通过算法来(有效)自动化。那么,什么是算法,算法和程序的关系是什么?

9.2.1 算法的基本概念

问题 9-2 什么是算法,如何验证一个算法是有效的?

分析 算法是一个有序的、无二义性的步骤(原语)的序列,定义了一个会终止的过程。算法有两个要素:完全正确性和复杂性。

(1) 完全正确性。由部分正确性和终止性两部分组成。

部分正确性是指当算法终止时,它的输出必须是正确的结果;终止性是指算法能在有限时间(步骤)或者可接受的时间内终止。不同的问题有不同的、可接受的时间。例如,搜索引擎必须在数秒最多数分钟内返回搜索结果;而破解对方密码用时数小时甚至数十小时也是可以接受的。

部分正确性和终止性都需要用数学方法证明。部分正确性证明的关键是在循环语句执行的每次循环中,被证明的属性具有不变性。终止性证明的关键是保证循环变量严格递减并有下界。

(2) 复杂性。算法的复杂性是计算问题输入大小的函数。例如,对 10 个数排序和对 100 个数排序,所需时间和存储空间都是不同的。通常,如果一个算法的复杂性函数是输入大小的多项式函数,则认为这个算法是有效的,如 $f(n)=n^3+5n^2-3n+2$ 是一个多项式函数。如果一个算法的复杂性函数是输入大小的指数函数,则认为这个算法不是有效的,如 $f(n)=2^n+1$ 是一个指数函数。

9.2.2 算法的描述与评价

问题 9-3 如何描述算法? 如何判断算法的优劣?

分析 算法通常是用由原语（primitives）组成的伪代码来描述。原语是伪代码的基本构件。原语必须简单明了，让有基本编程能力的人能用实际的编程语言来编程实现。

伪代码与程序很相似，但是没有程序那样严格的语法要求，因而不能编译和执行。程序是给机器执行用的，而伪代码是给人读的。尽管没有严格的语法要求，伪代码仍然要求无二义性，程序员能够容易地把伪代码转换成可执行的程序。

表 9-1 列出了一些编程范式（编程语言的类型）及其原语的表示。

表 9-1　编程范式及其原语的表示

编程范式	原语的文字表述	原语的图形表示
通用计算：所有基于控制流的编程语言都应该支持的原语，包括顺序、选择、循环、子程序	顺序执行，例如赋值： name←expression	(图形：流程框)
	条件选择，例如 **if** condition **then** actions	(图形：判断菱形，Yes/No)
	循环，例如 **while** condition **do** actions	(图形：循环判断框)
	子程序，例如 **procedure** name（parameters） actions	(图形：子程序符号)
并行计算：除支持通用语言的原语外，还支持分支、与并、或并	分支（fork）	(图形：fork分支)
	与并（join）：所有输入必须都到达才能输出	(图形：join矩形)
	或并（merge）：只要一个输入到达就能输出	(图形：merge圆形)
事件驱动的计算：一种特殊的并行计算范式。当一事件发生时，事先设计好的事件处理程序将被触发执行；当多个事件同时发生时，当多事件处理程序将被同时触发并行执行	事件（event）	(图形：事件产生框)
	事件处理程序（event handler）	(图形：事件产生框)

问题 9-4   通用计算范式下如何用原语来构建伪代码。

假设要计算下面的公式：

$$\text{sum} = \sum_{i=1}^{n} i$$

下面的代码是计算这一公式的伪代码。其中，左边是原语，右边是原语的类型。

```
procedure sum(n)                              //定义过程(procedure definition)
i <--1;                                       //赋值(assignment)
while (i<=n) do                               //循环(loop)
{
    sum = sum + i                             //赋值(assignment)
    i <-- i +1                                //赋值(assignment)
}
print ("Please enter a non negative integer") //输出提示文字(output)
input n                                       //输入(input)
if n <0 then                                  //条件选择(condition selection)
    print ("input incorrect")                 //输出(output)
else                                          //条件选择(condition selection)
{
    sum(n)                                    //调用过程(procedure call)
    print(sum)                                //输出计算结果(output)
}
```

这个程序的复杂性可以通过所需执行的步骤来估算，表示为一个函数 $f(n)$：

$$f(n) = 3n + 6$$

其中，n 是问题的输入，也是循环要重复的步骤。$3n+6$ 中 n 的幂次为 1，因此 $f(n)$ 是线性函数。该算法很简单，可以用一个函数精确表示其复杂性，当算法很复杂时，通常很难用一个函数精确表达其复杂性，这时通常找两个近似函数 $O(f(n))$ 和 $o(f(n))$，分别称为大 O 函数和小 o 函数，来估计 $f(n)$。当 n 足够大时，它们的关系是

$$o(f(n)) \leqslant f(n) \leqslant O(f(n))$$

$O(f(n))$ 和 $o(f(n))$ 越接近 $f(n)$，它们的估计就越准确。在大 O 函数和小 o 函数的计算中，大 O 函数通常更重要，因为人们更关心算法的最坏情况下的计算步骤。在计算复杂性的估计中，常数并不重要，重要的是输入变量 n。因此，可以把常数忽略掉，$f(n)=3n+6$ 的大 O 复杂性就是 $O(n)$。同理，如果函数中有更高阶的变量，则可忽略低阶的变量。例如，$f(n)=2n^2+3n+6$ 的大 O 复杂性就是 $O(n^2)$，$f(n)=2n^3+3n^2+n+5$ 的大 O 复杂性是 $O(n^3)$。所有的大 O 复杂性都是一个粗略的估计。

下面讨论并行计算的问题。前面讨论的求和算法是一个串行算法。尽管计算机有多个处理器，也只能在一个处理器上运行。如何使计算分布到多个处理器呢？来看看下面的算法：

```
sum1 <-- 0
i1 <-- 0
while (i1 < 500) do
{
    sum1 = sum1 + i1;
    i1 <-- i1 + 1;
}
sum2 <-- 0;
i2 <-- 500;
while (i2 <= 1000) do {
    sum2 = sum2 + i2;
    i2 <-- i2 + 1;
}
sum = sum1 + sum2;
print ("The sum is ", sum);
```

这个算法将 1000 个加法分成两半。前一半加前 500 个数并存入 sum1。后一半加后 500 个数并存入 sum2。然后,把 sum1+sum2 存入 sum 并输出。这个算法能使前 500 个数相加和后 500 个数相加进行并行计算吗? 答案是:不能。因为尽管算法将 1000 个加法分成了两半,但是,它们还是被先后执行。为了使同一程序的两部分能并行执行,必须使用并行计算原语来定义并行计算。下面是并行计算的伪代码。

```
procedure sum(n1, n2)                             //定义过程
i <-- n1;                                         //赋值
while (i<=n2) do                                  //开始循环
{
    sum = sum + i                                 //赋值
    i <-- i + 1                                   //赋值
}
print ("Please enter a non negative integer")     //输出提示信息
input n                                           //输入数值 1000(input 1000)
if n < 0 then                                     //条件分支
    print ("input incorrect")                     //输出提示信息
else                                              //条件分支
{
    fork(procedure1: sum1=sum(1, 500))            //创建一个新线程(create a new thread)
    fork(procedure2: sum2 = sum(501, 1000))       //创建一个新线程
    start(procedure1)                             //开始一个新线程(start a new thread)
    start(procedure2)                             //开始一个新线程
    join(procedure1, procedure2)                  //同步两个线程(synchronize two threads)
    sum = sum1 + sum2                             //赋值
    print(sum)                                     //输出计算结果
}
```

用基于文字的算法和编程语言,来描述并行计算和更复杂的事件驱动计算是很难的。在本节之后的其他部分,将使用 VIPLE 来展示事件驱动的并行计算的实际编程。

9.2.3 程序设计的相关概念

人类有数百种语言,而计算机有数千种编程语言。如何来学习和掌握这么多语言呢?实际上,编程语言比人类的语言更容易学习。首先,编程语言相似度很高,因为它们的发展是在相互交流的基础上,而且其运行环境(计算机硬件)是相同的。计算机语言的编程方法可以分为几类,如表 9-2 所示。每一类称为一个编程范式,同一个编程范式中的语言更相似。

表 9-2　主要的几类编程范式

编程范式	主要支持的编程语言	次要支持的编程语言
命令式/面向过程	汇编语言,Fortran，Pascal，C	C++，Java，C♯，Python
面向对象	C++，Java，C♯，Python	
函数式	F♯,LISP，Scheme，ML	Java，C♯，Python
逻辑式	Prolog，Parlog，Mercury	
面向服务	Java，C♯，Python	VIPLE
分布式/并行计算	Hermes，Limbo，MPD	C♯，Java，Julia，Python，VIPLE
事件驱动		Java，C♯，Python，VIPLE
可视化/图形式	App Inventor，Blockly，EV3，Scratch，SOL，VIPLE	
可视化物联网/机器人编程	EV3,SOL，VIPLE	App Inventor，Blockly，Scratch

其中,主要支持的编程语言是指这些编程语言主要是基于这一范式并且主要用于这一范式的编程。次要支持的编程语言是指这些编程语言支持多种范式,它们也可以用这一范式的方法来编程。在表 9-2 中,事件驱动没有列出主要支持的编程语言,因为事件驱动的编程范式必须与其他范式结合使用。

9.2.4 程序的构成元素与程序控制结构

与自然语言类似,程序设计语言有词法、语法和语义的定义。

1. 词法
词法用于定义语言中的词汇单元。所有基于文本的编程语言的词汇结构都是相似的,通常包括以下几种单位。
- 标识符:程序员选择的名字,如变量名、过程名等。词法需要定义:允许的长度,大小写的区分,允许的字符等。

- 关键字：语言设计者保留的名称，如 if，else，switch，while，int，float，double，char。
- 运算符：如＋，＊，＜＜，＞＝，！，＆＆，‖。
- 分隔符：如，;。（）。
- 常数：如数字 1，2，3，e a，b，c，d，字符串"Hello，how are you？"。
- 注释：如/ ＊ ... ＊ /， // ...。
- 布局：如空格，回车等。有些语言是自由格式，例如 C，C++，Java 等。而有些则不是，例如 Python。

2. 语法

语言定义的下一个层次是语法。语法描述如何将词汇单元放在一起以形成有效的句子(语句)。有两种主要的词法和语法定义语言：BNF（Backus-Naur Form 巴科斯-瑙尔形式)语言和语法图语言。下面是一个简单的编程语言的 BNF 定义。

（1）BNF 语言。

```
<letter>        ::=   a|b|c|d|e|f|g|h|i|j|k|l|m|n|o|p|q|r|s|t|u|v|w|x|y|z
<digit>         ::=   0|1|2|3|4|5|6|7|8|9
<symbol>        ::=   _|@|.|~|?|#|$
<char>          ::=   <letter>|<digit>|<symbol>
<operator>      ::=   +|-|*|/|%|<|>|==|<=|>=|and|or|not
<identifier>    ::=   <letter>|<identifier><char>
<number>        ::=   <digit>|<number><digit>
<item>          ::=   <identifier>|<number>
<expression>    ::=   <item>|(<expression>)|<expression><operator><expression>
<branch>        ::=   if <expr>then {<block>} |
                         if <expr>then {<block>}else {<block>}
<switch>        ::=   switch<expr>{<sbody>}
<sbody>         ::=   <cases>| <cases>; default :<block>
<cases>         ::=   case<value>:<block>| <cases>; case<value>:<block>
<loop>          ::=   while <expr>do {<block>}
<assignment>    ::=   <identifier>=<expression>;
<statement>     ::=   <assignment>|<branch>|<loop>
<block>         ::=   <statement>|<block>;<statement>
```

在上面的每一个定义中，左边是被定义的对象，符号::=表示定义，右边是用来定义对象的表达式。尖括号用来定义对中的符号，称为非终结符，这意味着需要进一步定义该名称。竖线表示"或"关系。粗体名称为终端名称，这意味着名称无须进一步定义。它们构成了语言的词汇。

例 9-1　使用该定义，检查并判断以下哪些语句的语法是正确的。

```
sum1 =0;                                               1
while sum1 <=100 do {                                  2
sum1 =sum1 + (a1 +a2)  *  (3b %4 * b); }               3
```

```
if sum1 ==120 then 2sum −sum1 else sum2 +sum1;                                        4
p4#rd_2 =((1a +a2) * (b3 %b4)) / (c7 −c8);                                            5
_foo.bar =(a1 +a2 −b3 −b4);                                                           6
(a1 / a2) =(c3 −c4);                                                                  7
```

根据语言的 BNF 定义，可以得出如下结论：

语句 1 和 2 是正确的。语句 3 和 4 是错误的，因为 3b 和 2sum 既不是可接受的标识符也不是可接受的表达式。语句 5 和语句 6 不正确，因为标识符必须以字母开头。语句 7 不正确，因为赋值语句的左侧必须是一个标识符。

思考题　例 9-1 中哪些部分具有语法错误？请用笔圈出来。

（2）语法图语言。

BNF 表示法提供了一种简洁的方法来定义编程语言的词汇和句法结构。但是，BNF 表示法也存在不足，尤其是关于递归的定义不够直观，例如：

```
<identifier>    ::=    <letter>|<identifier><char>。
```

其中，<identifier>出现在定义左边和右边。也就是说，用自己递归地定义自己。递归的概念很复杂，但是多数编程语言都支持递归。在将来深入学习编程语言时，大家还会进一步学习递归。

语法图是另一种用来定义编程语言的词汇和句法结构的方法，语法图可以避免递归。

问题 9-5　使用图 9-8 中的语法图来定义标识符和 if-then-else 语句。

分析　语法图要求标识符以字母开头，可以仅有一个字母就退出，或者沿循环箭头包括任意数量的字母、数字或符号。换句话说，要检查标识符的合法性，需要遍历箭头后面的语法图，看看是否可以找到与给定标识符匹配的路径。例如，可以用如下步骤验证 len_23 是合法的标识符：穿过第一个<letter>一次，两次穿过回溯轨道上的第二个<letter>，穿过<symbol>一次，最后穿过<digit>两次，然后退出定义。如果尝试验证 23_len 是合法的标识符，则将无法找到通过语法图的路径。

使用图 9-8 中的 if-then-else 语法图，可以精确地验证给定语句是否为合法的 if-then-else 语句。绕过 else 分支的替代路径表示 else 分支是可选的。

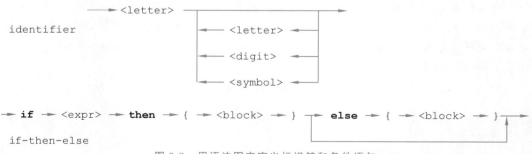

图 9-8　用语法图来定义标识符和条件语句

考虑到编译器的复杂性和有效性,传统的编程语言都是基于文本的。这些语言的语法复杂,对初学者是很大的障碍。随着软件技术的不断成熟,基于计算思维的可视化编程在近十年得到了迅猛的发展。9.2.5 节,将对现有的可视化编程语言作介绍。

3. 语义

程序的语义可以通过描述程序的输入和输出之间的关系来定义,也可以通过解释在特定平台上如何执行该程序的每一个语句来定义。程序的语义,严格定义很复杂,也很困难。多数编程语言,如 C++ 、Java、Python,都没有语义的严格定义,仅靠对每一条语句的功能描述来解释程序的语义。因此,多数编程语言的编译器都只能检查词法与语法错误,而不能检查语义错误,也有的语言通过数学或逻辑来定义编程语言的语义。例如,Scheme 编程语言是基于 λ-代数,VIPLE 编程语言是基于 π-代数,Prolog 编程语言是基于谓词逻辑。

9.2.5 基于计算思维的可视化编程概述

基于计算思维的可视化(图形化)编程通过计算思维来指导逻辑和流程图的设计,通过预设的模块和模块的功能组合来实现编程,通过具体的应用场景来增强学习者的体验和学习兴趣,如游戏编程,手机 App 开发和智能机器人编程和应用。

基于文字的编程语言,如 C、Java、Python 等,编写程序时需要记住文法结构,包括严格的词法、语法和标点符号。初学者将大量精力花费在语法结构上,而不是所要编写的程序的逻辑与结果上。一是降低了学习的趣味性,二是语言的语义难于理解和应用。

可视化编程语言就像任何一种文字的编程语言一样,具有编程的完整功能。它允许用户通过以可视化的方式创建程序,以图形方式排列程序元素或部件,允许通过视觉表达和空间排列图形符号等,而不是通过一系列句子或陈述语句来编写程序。可视化编程语言无须记住许多文法结构,也不会产生许多语法错误。因此,编程人员可以把精力集中在逻辑与结果上。

近年来,研究人员和软件工程师已经开发了许多视觉编程语言并将其应用于不同领域,尤其是在教育领域。可视化编程语言具有通用编程的功能,如顺序执行、条件执行、循环执行等。每个语言都有其主要用途,按照主要用途,可视化编程语言可以分为如下几类。

(1)通用编程和系统整合语言。例如,微软的 Workflow Foundation 和甲骨文的 Oracle SOA Suite。

(2)游戏和手机 App 编程语言。例如,MIT 的游戏可视化编程语言 Scratch,Code.org 的游戏编程语言 Code.org,卡内基·梅隆大学(CMU)的可视化游戏编程语言 Alice,MIT 的安卓手机 App 可视化编程语言 App Inventor 和谷歌公司的可视化编程语言 Blockly。

(3)机器人编程语言。例如,乐高的 EV3、微软公司的 VPL、亚利桑那州立大学(ASU)的 VIPLE 等。

根据编程模式,可视化编程语言又可以分为积木式和工作流式,如表 9-3 所示。

表 9-3　可视化编程语言的分类和特点

名称	所属机构	编程模式	类型	特　　点
Scratch	MIT	积木式	游戏编程语言	把预先编好的模块以位置排放的方式连接起来。适合小学生编程
Code.org	Code.org	积木式	游戏编程语言	基于 Web 的编程语言。功能与形式均与 Scratch 很相似
Alice	CMU	积木式与下拉列表	游戏编程语言	比 Scratch 和 Code.org 有更强的功能。适合初中学生编程
App Inventor	MIT	积木式	手机 App 编程语言	专门为谷歌安卓手机开发的 App 编程语言。适合高中和大学生编程
Blockly	谷歌	积木式	通用编程语言	将 App Inventor 推广成为一个通用编程,不仅可以用于手机编程,也可以用于 Web 和其他应用
EV3	乐高	积木式	机器人编程语言	专用于乐高 EV3 机器人编程。适合初中学生编程
MRDS VPL	微软	工作流式	物联网与机器人编程语言	把预先编好的模块用箭头线连接起来。功能强大,可实现从简单编程到复杂编程。2014 年停止开发
IoT SOL	英特尔	工作流式	IoT 编程语言	实验性语言,主要支持英特尔物联网设备的编程
VIPLE	ASU	工作流式	IoT 与机器人编程语言	在 MRDS VPL 的基础上开发,增加了面向服务的计算范式、支持开放式通用硬件架构以及多种物联网与机器人平台
Workflow Foundation	微软	工作流式	复杂系统编程语言	支持服务计算和复杂系统的开发和整合
Oracle SOA Suite	甲骨文	工作流式	复杂系统整合语言	支持服务计算和复杂系统的整合,特别是商务系统的整合

思考题　计算机算法与一般意义上的问题处理方法有什么相同点和差异?

9.3　VIPLE 的编程范式与组件

本节深入介绍 VIPLE(Visual IoT/Robtics Programming Language Environment)可视化编程环境,以及用 VIPLE 来实现基于计算思维的问题解决方案。

9.3.1　VIPLE 简介

VIPLE 由亚利桑那州立大学(ASU)陈以农博士领导的物联网及机器人教育实验室开发,于 2015 年发布。陈以农博士参与了 Microsoft 机器人开发工作室(MRDS)VPL

（Visual Programming Language)的早期研究,并从 2006 年起一直使用它作为计算机导论课的实验工具。当微软公司终止 MRDS VPL 后,ASU 的物联网及机器人教育实验室以 MRDS VPL 功能和编程模式为设计说明,自主开发了 VIPLE 平台,具有以下特点。

（1）继承了 MRDS VPL 属性和编程模式,MRDS VPL 的教学资源也能为 VIPLE 平台所用。

（2）扩展了 MRDS VPL 支持的机器人平台,例如,VIPLE 可以基于乐高 EV3 机器人编程。

（3）VIPLE 程序与机器人之间采用标准通信接口 JSON 和开源的机器人中间件,可以让通用机器人平台接入。

（4）开发了以 Linux 为操作系统的开源 VIPLE 中间件,并以此为基础开发了多种机器人套件。这些机器人套件的价格低廉,易于推广。

（5）支持通用的服务计算。VIPLE 支持 Python 和 C♯ 源代码模块的插入,也可以调用 WSDL 和 RESTful Web 服务来完成 VIPLE 库程序中没有的功能。

ASU VIPLE 是一个基于工作流的可视化编程语言。开发者只需绘制应用程序的流程图(工作流)而无须编写文本代码。开发环境中的编译工具能够把流程图直接转换成可执行的程序,从而使软件开发变得更容易、更快速。整个软件的开发,就是一个简单的拖曳过程。

"把代表服务的模块拖-放到流程图的设计平面,然后用连线把他们连接起来。"

这个简单的过程使没有程序设计经验的人也能快速创建一个机器人应用程序。经过一个学期的学习和实践后,可以编出较为复杂的程序,例如机器人走迷宫程序。读者可以在 VIPLE 网站下载并安装 VIPLE 软件:http://venus.sod.asu.edu/VIPLE/。

9.3.2　VIPLE 的编程范式

VIPLE 是一个支持多种编程范式的编程语言环境。它所支持的编程范式包括如下几种。

- 基于控制流的通用编程范式。提供变量、数据类型、条件和循环等控制流编程元素。
- 工作流程和可视化编程范式。可以将 Python 和 C♯ 的源代码嵌入工作流。
- 面向服务的计算范式。支持 RESTful 和 WSDL 服务标准可以将外部服务嵌入工作流。
- 并行/多线程编程范式。可以用分支启动并行线程,与合并导入多线程的结果。多线程的底层线程安全性有 VIPLE 自动保障。
- 事件驱动的编程范式。带有内置和自定义事件。监听多事件的发生,每一事件的发生,都将驱动一个新的线程去执行。
- IoT 物联网和机器人编程范式。能编程控制乐高 EV3 机器人和任何自行开发的机器人。
- 仿真计算。在构建物理系统前先在软件中搭建系统,有助于对物理系统的理解和软件开发。VIPLE 能编程实体物联网和机器人，也能与多个仿真环境连接，包括仿真物联网、机器人与迷宫、自动驾驶的赛车和交通系统。

9.3.3 VIPLE 的基本活动与服务列表

VIPLE 安装完成后，打开 VIPLE，显示如图 9-9 所示的编程界面。左边窗格为内建模块(组件)库，其模块称为"活动"和"服务"，分为 4 个组：基本活动、通用服务、机器人/物联网服务和乐高机器人服务，"基本活动"是最常用的。右边窗格为 Main 区域，用于插入并编辑各活动。VIPLE 提供了中英文两种界面，用户可以根据需求自主选择。

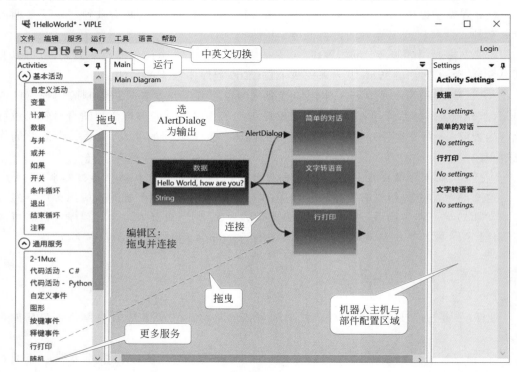

图 9-9　VIPLE 编程界面和 Hello World 程序

例 9-2　用 VIPLE 程序编写 Hello World 程序。

(1) 在图 9-9 中，把"数据"活动拖曳到编程区，然后再把"通用服务"列表中的"简单对话""行打印"和"文字转语言"拖曳到编程区。这 3 个服务提供 3 种不同的输出方法：对话窗口输出、控制台行打印和语言输出。

(2) 最后，把这 4 个模块按图连接起来，就完成了"世界您好"(Hello World)的编程。

(3) 单击上方的"运行"按钮就可以看到或听到输出了。

图 9-9 中基本活动列表中的每一活动的含义如下。

- 自定义活动(Custom Activity)：创建一个新的模块或服务。只要简单地把自定义活动拖曳到编程区，就创建了一个新的模块。双击模块，可以在里面用其他活动编写模块的功能。VIPLE 的主程序也是一个活动，名叫 Main Diagram。一个自定义活动只能在当前程序里使用。但是，一个自定义活动可以被编译成一个服务，服务可被其他程序调用。

- 变量(Variable)：一个变量代表一个内存位置，也就是程序存取数据的地方，变量通过名称来区分，例如，sum 变量用来存储求和的值，类型为数值型。
- 计算(Calculate)：用于计算数学公式(如加、减、乘、除等)，也可用来从其他组件或者文本框中提取数据。与 C♯ 中赋值类似，例如，Sum＝Sum＋n。数值运算运算符包括＋、－、＊、/、％；逻辑运算运算符包括 &&、||、!。
- 数据(Data)：数据活动用来给一个变量、活动或者服务提供输入数据。根据输入的数据，自动决定数据类型。VIPLE 支持的数据类型包括布尔（Boolean）、字符（Char）、双精度实数（Double）、32 位带符号整数（Int32）、32 位无符号整数（Uint32）和字符串（String）等。
- 与并(Join)：把两个或者更多的数据流输入合并。与并活动必须等待所有输入连接的数据到达，然后才能进入下一步处理。与并可以用来导入活动所需的多个输入。
- 或并(Merge)：把两个或者更多的数据流连入或并。和与并不同，当第一个数据到达时，这个活动就会接着处理下一步。或并可以用来实现一个循环。

图 9-10 给出了使用与并和或并的例子，以及执行该程序的输出。从输出结果可见，与并的两个输入值被同时传给了下一个活动，而或并的两个输入分两次传给下一个活动。

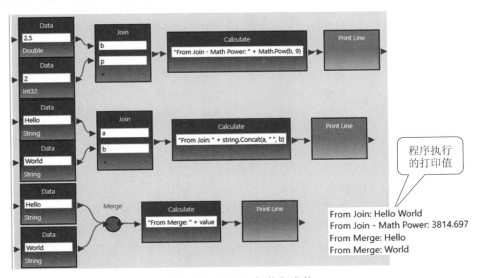

图 9-10　VIPLE 与并和或并

- 如果(If)：如果活动提供输出选项，可以根据输入的条件执行不同的运算。如果条件为真，第一个输出连接会被执行。当条件不为真时，else 分支会被执行。VIPLE 里的"如果"活动可以在一个活动框中检查多个条件，即可以合并多个连续的如果语句。

条件表达式能够使用的运算符：等于（＝）、不等于（!＝）、大于（＞）、小于（＜）、大于或等于（＞＝）、小于或等于（＜＝）。

- 开关（Switch）：用来按照相匹配的文本框中的输入消息来发送消息。只需单击在活动框中的加（＋）按钮即可添加 Case 分支（匹配条件）。
- 条件循环（While）：用来检测条件是否满足，满足就开始循环（重复执行操作），否则就停止循环。
- 退出（Break）：通常放在 while 循环中，用来提前退出循环。例如，在循环条件还未变为假时就退出循环。
- 结束循环（End While）：标志 while 循环的结束，并使执行返回到循环活动的开始。
- 注释（Comment）：用户可添加一个文本工作块至工作图中，用于对程序进行解释说明，编译器不会处理注释。

在基本的活动之外，VIPLE 也提供了很多内建的通用服务，用以实现传统的输入和输出，以及机器人相关的服务，如传感器服务、发动机和驱动服务等。图 9-11 显示了这些服务的一部分。

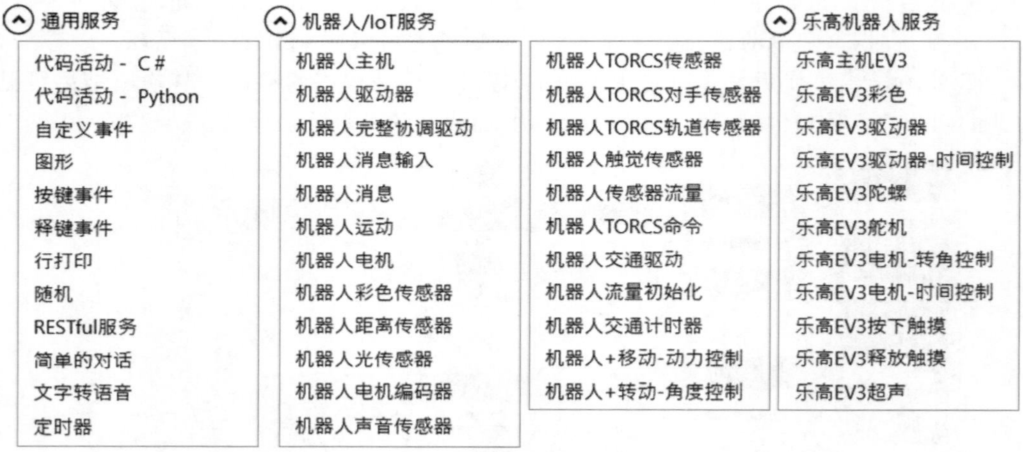

通用服务	机器人/IoT服务		乐高机器人服务
代码活动 - C#	机器人主机	机器人TORCS传感器	乐高主机EV3
代码活动 - Python	机器人驱动器	机器人TORCS对手传感器	乐高EV3彩色
自定义事件	机器人完整协调驱动	机器人TORCS轨道传感器	乐高EV3驱动器
图形	机器人消息输入	机器人触觉传感器	乐高EV3驱动器-时间控制
按键事件	机器人消息	机器人传感器流量	乐高EV3陀螺
释键事件	机器人运动	机器人TORCS命令	乐高EV3舵机
行打印	机器人电机	机器人交通驱动	乐高EV3电机-转角控制
随机	机器人彩色传感器	机器人流量初始化	乐高EV3电机-时间控制
RESTful服务	机器人距离传感器	机器人交通计时器	乐高EV3按下触摸
简单的对话	机器人光传感器	机器人+移动-动力控制	乐高EV3释放触摸
文字转语音	机器人电机编码器	机器人+转动-角度控制	乐高EV3超声
定时器	机器人声音传感器		

图 9-11　VIPLE 的通用服务和机器人服务列表

"通用服务"包括每一个编程语言所需的输入输出服务，主要有简单对话、行打印、文字转语言和图形。在图 9-9 所示的"世界您好"的程序中，已经使用了通用服务中的行打印、简单对话和文字转语音服务。通用服务还包括事件驱动（按键事件、释键事件和自定义事件等）和服务计算等。

"代码活动"实现将 C♯ 和 Python 的源代码引入 VIPLE 程序中。"机器人/IoT 服务"用来编程可以安装中间件的所有仿真器和自建机器人。

思考题　实际生活中遇到过哪些需要重复执行某些操作的问题？与本节讨论的循环有相似之处吗？这些操作开始和结束的条件分别是什么？

9.4　VIPLE 基于控制流的编程案例

几乎所有的程序设计语言,都能进行条件判断和循环控制,即支持基于控制流的通用编程范式。将条件判断和循环结合起来,就能通过简单的重复操作实现相对复杂的计算或者处理任务,这是计算思维的常用方法。本节介绍 VIPLE 中的条件和循环控制。

9.4.1　条件与循环

本节将继续使用 VIPLE 的基本活动和通用服务来完成更复杂的循环累加程序。例如,编写程序计算图 9-12 中的公式并打印出 n 和 sum 的列表值。

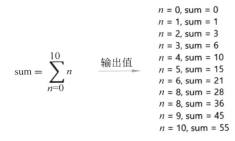

$$sum = \sum_{n=0}^{10} n$$

输出值

```
n = 0, sum = 0
n = 1, sum = 1
n = 2, sum = 3
n = 3, sum = 6
n = 4, sum = 10
n = 5, sum = 15
n = 6, sum = 21
n = 8, sum = 28
n = 8, sum = 36
n = 9, sum = 45
n = 10, sum = 55
```

图 9-12　要编写程序计算的公式和打印列表值

例 9-3　用 VIPLE 编写实现累加求和的程序。

(1) 选择"文件"→"新建(New)"命令创建一个新项目。

(2) 从"基本活动"工具箱里拖曳一个"数据"活动和两个"变量"活动到 Main 区域。单击"变量"活动右下方的…,定义变量名和变量的数据类型,将其中一个命名为 sum,另一个为 n,选择整数类型 Integer,如图 9-13 所示。

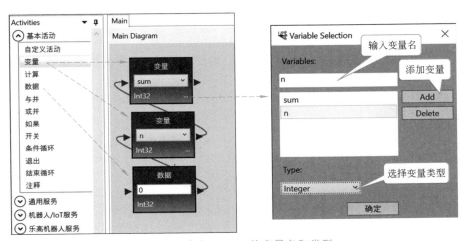

图 9-13　定义 VIPLE 的变量名和类型

（3）添加一个"条件循环"活动并设置循环条件 $n \leqslant 10$，当条件成立时，程序进入循环体。当条件不成立时，结束循环，如图 9-14 所示。

注意　当使用变量时，需要加上前缀 state.，如 state.sum 和 state.n。

（4）运行图 9-14 中的程序，可以产生满足图 9-12 输出要求的结果。

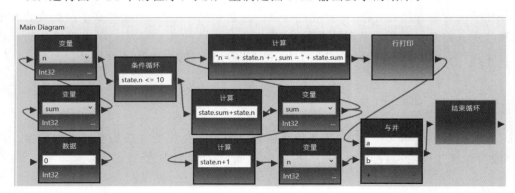

图 9-14　用条件循环实现的累加程序

说明

在"条件循环"与"结束循环"之间的程序称为循环体。首先，计算 state.sum ＋ state.n 并把结果写回变量 sum。然后，计算 state.n ＋ 1 并把结果写回变量 n。在变量 sum 之后添加一个分支来计算并打印输出的内容。为避免程序语义错误，VIPLE 要求循环体内的所有分支都必须连到结束循环活动。此处，用"与并"来将所有的分支合并然后连接到结束循环活动上。

例 9-4　用 VIPLE 的工作流功能实现累加程序。

VIPLE 工作流编程范式具有很强的程序构建能力，能够不用条件循环活动来实现累加计算。在图 9-15 中，使用"工作流"来实现同样的程序。

注意　程序中使用了"翻转连接"，以使程序图更加易读。方法是右击某个模块，选择"翻转连接"（Flip Connections）。

该程序与前一个程序的主要区别是用了一个"或并"活动使计算再次回到前面，从而达到循环的目的。这个程序的另一个改变是，不是把变量 n 初始化为 0，而是用"简单的对话"活动的输入功能来给变量 n 赋初值。把"简单的对话"活动拖曳到编程界面后，右击"简单的对话"活动并选择 Change Dialog Type（改变对话类型），然后选择 PromptDialog，如图 9-16（a）所示。然后，可设定提示值（PromptText）和默认值（DefaultValue），如图 9-16（b）所示。

当运行该程序时，程序会提醒输入一个数。如果输入 0，程序将产生与前一个程序同样的输出。如果输入其他值，将产生不同的输出值，请思考具体输出结果是什么。

9.4.2　创建子程序

基于分而治之的思想，将一个复杂问题分解为若干相对简单也相对独立的子问题来

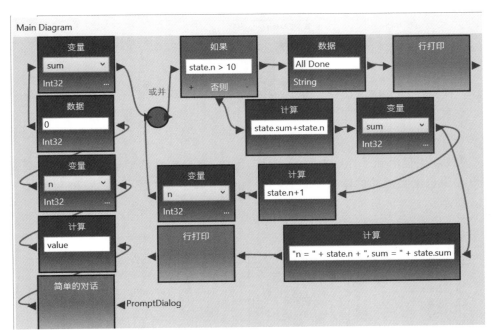

图 9-15　用工作流实现的累加程序

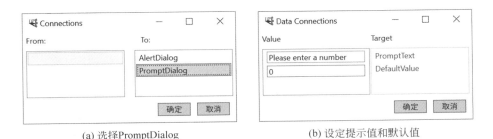

(a) 选择PromptDialog　　　　　　　(b) 设定提示值和默认值

图 9-16　改变对话类型并设定提示值和默认值

处理,是计算思维的基本方法之一。具体到程序设计,在编写程序时,当需要计算的问题比较复杂时,程序会变得很长或很大,人们通常采用子程序(或称模块,在某些程序设计语言中称为函数)来降低程序的复杂性。

例 9-5　用 VIPLE 编写累加子程序。

本节使用自定义活动来创建子程序。首先,将 9.4.1 节中的公式加上参数使 $n=a,\cdots,b$,而不是 $n=0,\cdots,10$,计算公式如下:

$$\mathrm{sum}=\sum_{n=a}^{b}n$$

(1) 打开 9.4.1 节中的程序,另存为一个新程序。将"自定义活动"拖曳到 Main 区域。右击改名为 sum,如图 9-17 所示。

(2) 双击"自定义活动",打开新工作区,编写累加程序代码。在 VIPLE 中,"变量"活动定义的变量是全局变量,其有效作用范围覆盖了主程序和子程序。但是,结构良好的程

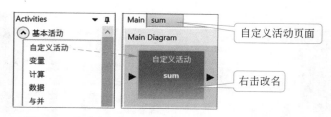

图 9-17　拖曳"自定义活动"到主程序图中并命名为 sum

序要求不要在主程序和子程序中共用变量。因此,在自定义活动中定义两个局部变量 a 和 b,也称为自定义活动的输入变量(参数),用来接受外部的下界值(a)和上界值(b),如图 9-18 所示。

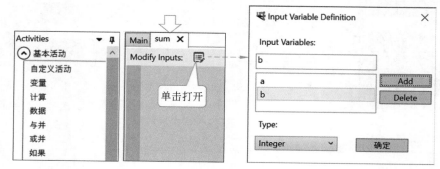

图 9-18　在"自定义活动"中添加输入变量(参数)a 和 b

(3) 将累加程序代码写入 sum 自定义活动中,如图 9-19 所示。参数 a 和 b 是局部变量,必须加前缀 instance. 来读取它们的值,如 instance.a 和 instance.b。

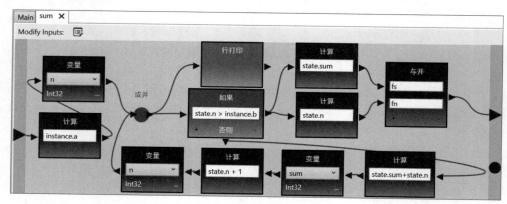

图 9-19　在自定义活动中添加执行累加的程序代码

(4) 首先,将从外部来的输入点(左边框上的大三角)连到计算活动获取 instance.a 的值,把它用来初始化变量 n。在如果活动中,比较 state.n 与上界值 instance.b。如果超过上界值,程序退出循环到数据出口(右边框上的大三角)。子程序的另一个出口是圆点,它将产生事件输出。为了输出多个值,使用一个与并活动把两个值连到出口。

注意 VIPLE 会自动把所有变量初始化为 0,所以不需要对变量 sum 进行初始化。

(5) 再回到主程序图。如图 9-20 所示,用两个"简单的对话"活动来输入下界值和上界值,并把它们连到一个与并的两个输入,取名为 low 和 high。

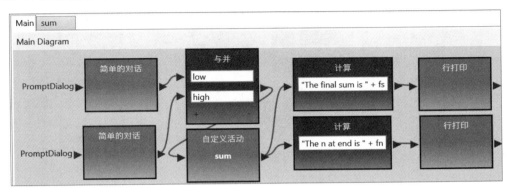

图 9-20　在主程序图中调用"自定义活动"并输入输出

(6) 与并的输出将连到自定义活动的输入。把与并连到自定义活动 sum,会弹出图 9-21(a)所示的窗口,选择主程序图中输入值 high 和 low 与自定义活动参数 b 和 a 对应。

(7) 在自定义活动输出口,用计算活动选择想要的输出值并打印。

(8) 运行程序,输入 3 和 7 为下界值和上界值,程序的打印输出如图 9-21(b)所示。

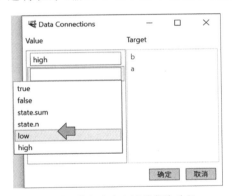
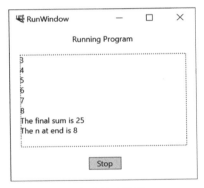

(a) 输入值与自定义活动参数对应　　　　　　(b) 打印输出结果

图 9-21　选择主程序图中输入值与自定义活动参数的对应

思考题　请回到 9.1.2 节,思考加法器设计案例中使用子程序的好处是什么?

9.4.3　源代码活动与 Python 编程

VIPLE 支持 Python 和 C♯两种语言的源代码,本小节简要介绍在 VIPLE 中用 Python 编程的基本方法。用 C♯编程的方法与此相同,读者可尝试自学。

图 9-22 所示的是 VIPLE 中集成 Python 运行环境的界面。在右边的设置面板中单

击 Free Python Download,Python 将会自动安装。安装完成后,VIPLE 中将显示已安装的版本,如图 9-22 所示的 Python 版本是 3.7-32 位处理器。

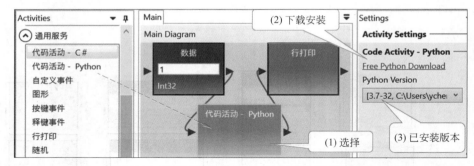

图 9-22　VIPLE 中集成 Python 运行环境的界面

例 9-6　在 VIPLE 中使用 Python 编写程序。

双击"代码活动-Python",源代码窗口将打开,在其中编写文本形式的 Python 源代码,如图 9-23 所示。通过代码活动,VIPLE 自身的可视化语言能够连接到 Python 等文本语言。可以看到,尽管可视化语言与文本语言的形式不同,但是它们的目的和表达的内容是相通的。

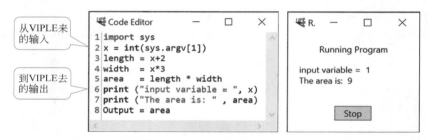

图 9-23　"代码活动 Python"中的源代码和程序运行的输出

例 9-7　从 VIPLE 中导入多个值到代码活动中。VIPLE 程序如图 9-24 所示。

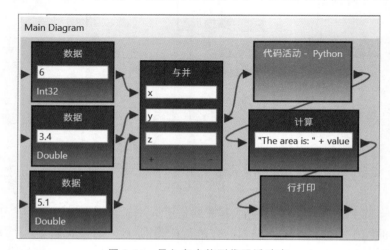

图 9-24　导入多个值到代码活动中

Python 代码如下。其中，通过数组 sys.argv[1]、sys.argv[2]、sys.argv[3] 获取从 VIPLE 中来的输入值。

```python
# Python Program to find the area of triangle
import sys
# Input data from VIPLE code outside the CodeActivity
a = float(sys.argv[1])
b = float(sys.argv[2])
c = float(sys.argv[3])
# calculate the semi-perimeter
s = (a + b + c) / 2
# calculate the area
area = (s * (s-a) * (s-b) * (s-c)) ** 0.5
print('The area of the triangle is %0.2f' % area)
# Input data from Python Console
a = float(input('Enter first side: '))
b = float(input('Enter second side: '))
c = float(input('Enter third side: '))
# calculate the semi-perimeter
s = (a + b + c) / 2
# calculate the area
area = (s * (s-a) * (s-b) * (s-c)) ** 0.5
print('The area of the triangle is %0.2f' % area)
```

9.4.4　并行计算和多线程计算

人和计算机都具有多任务并行处理的功能。计算机操作系统（OS）中的多任务处理和应用程序中的多线程处理相似，它们能够同时执行代码的不同部分，并同时保持正确的计算结果。在 OS 中，并行执行的代码部分称为进程或任务，并且通常在语义上彼此独立（当然也可以相关）。OS 负责进程调度和资源（处理器，内存，外围设备等）分配。OS 允许用户创建、管理和同步多个进程。对于应用程序，并行执行的代码部分称为线程。通常，它们在语义上是相互依赖的（但也可以是独立的）。

本节重点讨论应用程序中多线程的执行。为了真正地并行执行多个线程，必须有多个处理器。如果系统中仅有一个处理器，多个线程似乎在同时执行，实际上是在分时模式下顺序执行。

大多数程序设计语言都是单线程的语言。它们都有一个 Main（主程序）作为计算的唯一入口。VIPLE 本身就是一个并行计算编写语言，可以有多个入口，也可以随时增加新的分支。在之前的程序案例中，已经使用了并行计算的概念。接下来，用一个例子来进一步说明 VIPLE 进行并行计算的有效性和便利性。

例 9-8　用 VIPLE 编程累加计算 3000 个数字：$1+2+\cdots+3000$。

分析　本例可用 9.4.3 节中的任何一个累加程序来实现。在上述例题中，尽管有些并行的运算成分，例如，并行输入或并行输出，但是，主要程序是串行的。这些程序都是基于一个 while 循环，使用两个变量 sum 和 n。即使系统有多个可用的处理器，也只能在一个处理器上执行。

在如图 9-25 所示的多线程程序案例中，使用 3 个循环变量 $i1, i2, i3$，分别被初始化为 0，1000，2000。3 个累加变量 sum1，sum2，sum3，都被初始化为 0。将程序分支为 3 个并行线程，每个线程内加 1000 个数字，然后将分支程序的 3 个子总和相加，从而得到总和。

因为不同的线程会被分配到不同的处理器上运行，多线程程序将会以更快的速度完成计算。

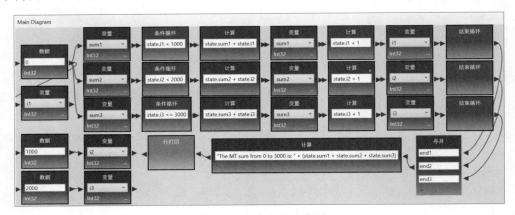

图 9-25　多线程程序案例

思考题　结合 9.2.4 节的内容，试着写出 9.4.4 节中并行算法累加程序的伪代码。

9.5　VIPLE 事件驱动的编程范式与物联网/机器人编程

事件驱动的计算是一种计算和编程范式，它的程序流程由事件确定。例如，用户操作（鼠标单击和按键等），传感器输入/输出或来自其他线程的消息，这些事件在程序执行期间的任何时候都可能发生。事件驱动的编程在物联网/机器人控制中尤为常见。

9.5.1　事件驱动编程的原理

事件驱动的计算基于并行计算，并假定存在多个计算流（线程）来处理所发生的一切事件和数据。而基于控制流的计算模型是根据预先编好的程序来确定其流程，并假定只有一个流程，准备好要处理的数据必须等到控制流到达后才能进行处理。以机器人组装任务为例,如果只有一个人完成组装任务,则必须按一定顺序列出组装的各项工作,并按照该顺序完成工作,这是控制流编程范式。但是,如果多个人协作完成该任务,则可以同时完成一些工作。

事件驱动编程范式与控制流编程范式的数据处理方式不同。在控制流编程范式中,数据将按顺序排列和处理,而事件驱动编程范式则没有排列机制。例如,在公交车站等车时,控制流编程范式要求人们排队等公交车,首先到的人将被保证首先进入公交车。而事件驱动模型不需要人们排队,结果是不能保证先到者先进公交车。如果只有一辆公交车到达但有多人等车,控制流编程范式会更好地工作。如果有多辆公交车同时到达,且公交车的容量大于或等于等车人数,则事件驱动模型将更加有效。

不同的编程范式描述了如何用不同的方法来表达计算。前面介绍了编程范式包括控制流范式编程、函数式编程、逻辑式编程、面向对象的编程、面向服务的编程、实时编程和并行编程。绝大多数编程语言都支持控制流编程范式,但只有更复杂的编程范式才能编写事件驱动程序,也有许多编程语言同时支持多种编程范式。例如,Java 和 C♯支持控制流范式编程,也支持面向对象和面向服务的编程范式,还支持并行和事件驱动的编程。

物联网和机器人应用程序通常是事件驱动的,也就是说,程序必须立即对事件的到来做出反应。处理传感器输入和控制电动机(执行器)必须同时(并行)进行。否则,数据可能会遗漏,并且执行器可能会饿死(不能按时收到控制数据)。VIPLE 支持控制流和事件驱动编程范式。同时,它使用活动将细节封装到可重用的组件中,并以此支持面向对象的编程,也允许将活动转换为服务,以支持面向服务的编程。

问题 9-6　事件驱动范式和控制流范式有什么差别?

图 9-26 所示的是事件驱动编程范式的例子。这里,一个房门上装有一个距离传感器和一个触摸传感器。系统的设计要求是,当有人接近房门时,距离传感器检测到人的距离小于 1 米时,响铃一次。当触摸传感器被按一次,响铃一次后再响两次(共响铃 3 次)。

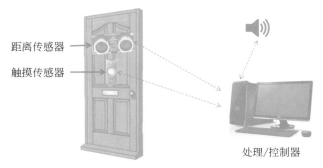

图 9-26　物联网系统中的传感器数据处理

首先,用控制流范式来实现这一系统,下面是一段伪码程序。

```
while (true) {                          //循环条件始终为真,一直循环
    if 触摸传感器被按下
        响铃 3 次;
```

```
        else {
            if 距离传感器距离 <1 米 {              //有人走到门前
                响铃 1 次;
                while 距离传感器距离 <3 米           //人在门前等待
                { }
                响铃 2 次;                        //人已经离开
            }
        }
    }
```

以上程序看起来可以工作,其实不能正常工作。原因是当人按触摸传感器时,人与距离传感器的距离已小于 1 米,程序的控制流在内层 while 语句中循环,不能处理触摸传感器被按下的请求。

可以修改这个程序如下,使之可以正常工作:

```
while (true) {                                  //循环条件始终为真,一直循环
    if 距离传感器距离 <1 米 {                    //有人走到门前
        响铃 1 次;
        while 距离传感器距离 <3 米 {              //人在门前等待
            if 触摸传感器被按下
                响铃 3 次;
        }
        响铃 2 次;                              //人已经离开
    }
}
```

尽管这个程序满足设计要求,可以正常工作,但是非常低效。因为程序要一直进行循环来检测传感器是否被触发,这样,整个控制系统只能处理这两个传感器,而不能处理智能家居的其他功能。

9.5.2 事件驱动编程的 VIPLE 案例

例 9-9 用 VIPLE 编写一个门铃感应程序。

图 9-27 所示的是一个基本的设计。首先,使用一个机器人主机作为主控单元,并建立与距离传感器和触觉传感器的关联(Partner)。距离传感器和触觉传感器都以事件驱动方式工作。每当一个新的事件产生,传感器将产生一个输出数据。然后,通过计算活动来读取传感器的值。对距离传感器,根据距离值来产生相应的输出。对触觉传感器,没有具体的数字输出,它仅在被按下时才产生有输出的事件(通知)。本程序中,当距离传感器输出值=2 时,程序将输出语音"arrived"。当距离传感器输出值=5 时,程序将输出语音"left"。当触觉传感器被按下时,程序将输出语音"Door bell pressed"。

这里的程序需要在实体设备支持下才能工作,接下来用模拟程序来展示其工作过程。

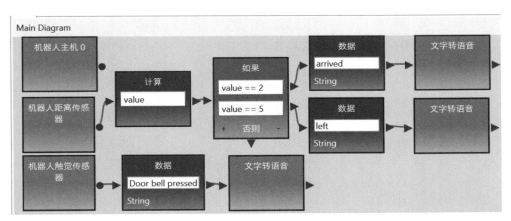

图 9-27 处理距离传感器和触摸传感器的 VIPLE 程序

触觉传感器的模拟很简单,可以用 VIPLE 通用服务列表中的一个按键事件来模拟。但是,距离传感器的模拟就没有这么容易,需要写一个自定义活动。图 9-28 为模拟的距离传感器程序。

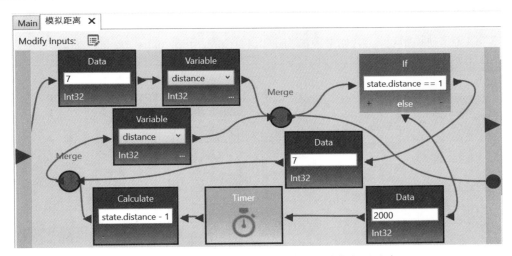

图 9-28 处理距离传感器和触摸传感器的自定义活动

该程序的基本思想是,将变量 distance 赋初值 7,循环递减 1。当减到 1 时,再将变量 distance 的值置为 7,以此循环。程序中,还使用了一个定时器 Timer 使距离的产生被延迟 2000ms,以使程序运行过程更可见。

注意 在此程序中距离的输出值是连到圆点输出端,即事件输出端。一旦一个自定义活动将输出连到圆点输出端,将在自定义事件中出现可选事件。

当一个具有事件输出的自定义活动定义好后,这个事件会出现在"自定义事件"服务里,如图 9-29 所示。VIPLE 有两种类型的事件:内建事件和自定义事件。内建事件包括按键按下事件、按键放开事件和传感器生成的事件。

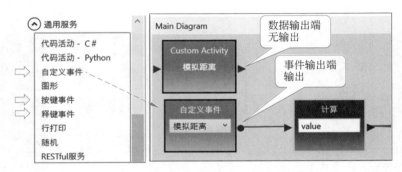

图 9-29　VIPLE 内建事件和自定义事件

　　图 9-30 所示的是处理模拟的距离传感器和触摸传感器的主程序。图 9-30 中左上角的自定义活动展开后就是图 9-28 中的模拟距离模块。因为图 9-28 中输出是连到圆点的事件输出端,图 9-29 中的模拟距离活动的三角形输出端就没有输出值。它的输出值将在自定义事件中输出。从自定义事件的下拉箭头,可以选择所有产生事件的活动。每当模拟距离活动产生一个输出,自定义事件将产生一个事件,并将模拟距离的输出值传出。

　　在图 9-30 中,还使用了一个按键事件。当字母 T 被按下,程序将打印 Door bell pressed。为了使模拟更真实,如果距离大于 2,程序将打印 You are too far(你离门太远)。

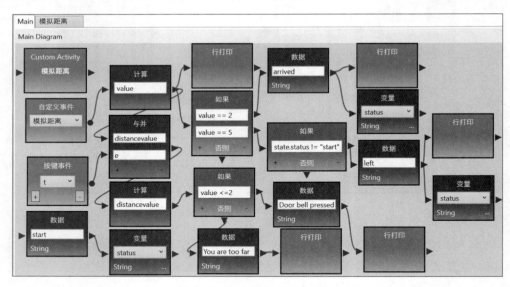

图 9-30　处理模拟的距离传感器和触摸传感器的 VIPLE 主程序

　　当模拟距离逐渐变小达到 2 时,程序打印 arrived(到达)。当模拟距离逐渐增加达到 5 时,程序打印 left(离开)。为了使模拟更真实,增加了一个状态变量 status,用以控制当第一次出现 distance=5 时,不会打印 left。这个状态变量 status 在 9.5.3 节有限状态机中讨论。

9.5.3 自动售货机的有限状态机模型与编程

许多事件驱动的编程问题可以用有限状态机来描述。有限状态机（Finite State Machine，FSM）是一个数学模型，由有限数量的状态（state）、状态间的迁移（transition）和动作（action）组成。有限状态机是一种具有内部记忆功能的抽象模型，当前状态由系统的过去状态和输入决定。有限状态机广泛应用于逻辑门电路的设计和事件驱动的程序设计。本节中，使用有限状态机来定义和编程物联网中的传感器和电机设备。

例 9-10 用 VIPLE 编写累加一个自动售货机程序。

自动售货机的咖啡 5 元一杯。用一元硬币，最多可以投 5 次，或用 10 元纸币，最多可投一次。售货机随时可以退回已经投入的钱。

这样一个设计要求可以用有限状态机来描述和实现，如图 9-31 所示。其中，状态中的数字表示钱的数量，输入有 4 种：①投币 1 元；②投币 10 元；③买咖啡；④退款。每一种输入将导致一次状态转移。每一次状态转移，可以产生一个输出。输出没有标在图中，但在 VIPLE 实现中将打印输出。

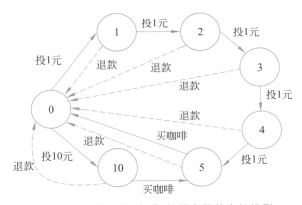

图 9-31 自动售货（咖啡）机的有限状态机模型

根据有限状态机模型，可以快速编写出自动售货机的程序。用以下按键事件来表达输入：

键 a：投币 1 元
键 b：投币 10 元
键 c：买咖啡
键 t：退款

此处需要定义两个变量：字符串变量 status，用来存储状态值，用 S_0、S_1、S_2、S_3、S_4、S_5、S_{10} 来表示状态值；整数变量 sum，存储已经投入的钱数。当收到输入后，用 if 语句检测当前状态值，产生输出即可。

9.5.4　车库门控制的有限状态机模型与编程

例 9-11　用 VIPLE 编写车库控制程序。

图 9-32 显示了一个车库门控制系统的框图和有限状态机。该系统包括两个传感器：与遥控器相对应的触摸传感器和电动机中的极限传感器。当受到过大的力（例如，车库门完全打开或完全关闭）时，电动机会停止并向控制器发送门已经打开或者关闭的信号。

有限状态机由以下状态和事件组成。

（1）6 种状态如下。

- door closed，门完全关闭。
- door open，门完全打开。
- door closing，门正在关闭，关闭过程通常需要几秒。
- door opening，门正在打开，打开过程一般需要几秒。
- closing stopped，门正在关闭的过程中，在没有完全关闭之前，由遥控器控制其停止关闭。
- opening stopped，门正在打开的过程中，在没有完全打开之前，由遥控器控制其停止打开。

（2）两个事件如下。

- Touch sensor pressed，按下触摸传感器，人为按下遥控器。
- Limit sensor pressed，限位传感器挤压，电动机中的限位传感器检测到过大的力。

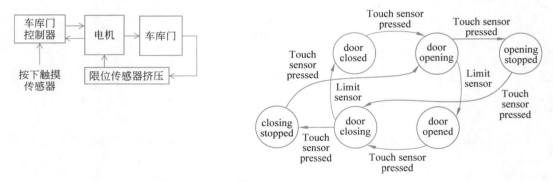

图 9-32　车库门控制系统的框图和有限状态机

图 9-33 给出了实现有限状态机的 VIPLE 程序。上部（具有 6 个条件的 if-activity）实现了涉及所有 6 个状态的触摸传感器（远程控制器）。下部（有两个条件的如果活动）模拟电机中的极限传感器。在图中使用 3 秒计时器进行模拟。该传感器涉及状态图中的两个状态转移。

在例 9-11 中，使用"行打印"作为人机界面。设计一个车库门模拟器，以使人机界面更直观。该模拟器采用 Unity 游戏平台编写。

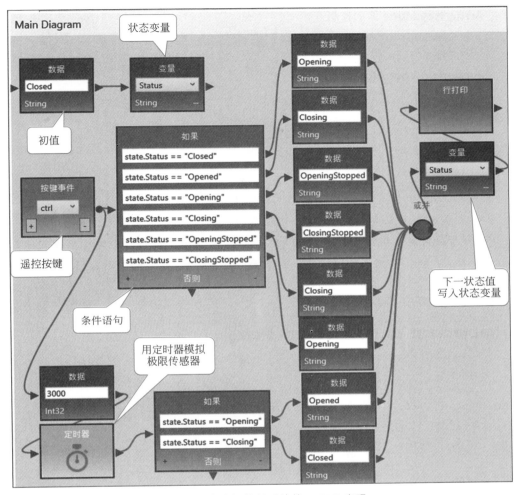

图 9-33　车库门控制系统的 VIPLE 实现

9.5.5　机器人编程

本节介绍利用 Web 2D 仿真平台进行简单的机器人编程。本案例并未使用 VIPLE，实际上，Web 2D 仿真平台能够与 VIPLE 相连作为 VIPLE 的机器人仿真平台。鉴于篇幅所限，暂不做进一步介绍。

首先，启动 Web 2D 模拟器。Web 2D 模拟器可以从 VIPLE 的运行菜单中启动，也可以输入网址启动：http://venus.sod.asu.edu/VIPLE/Web2DSimulator/indexcn.html。该模拟器支持两种编程方式：一是模拟器中自带的编程功能，二是与 VIPLE 连接作为 VIPLE 的人机界面的功能。本节仅介绍模拟器中自带的编程功能。启动 Web 2D 模拟器后，在迷宫下面可以看到模拟器中的自建编程功能，如图 9-34 所示。

图 9-34　Web 2D 迷宫模拟器的编程界面

例 9-12　用 Web 2D 迷宫模拟器编写机器人走迷宫程序。

机器人绕右墙走迷宫的基本思想：机器人前行,若右方距离传感器的值变成大于 100 像素(右方有路可走),机器人将右转(90°),然后继续前行。若右方距离传感器的值始终小于 100 像素(右方始终无路可走),而机器人前方的距离传感器的值变得小于 50 像素(前方也已经无路可走),机器人将左转(90°),然后继续前行。

根据机器人绕右墙走的基本思想在 Web 2D 迷宫模拟器中编写程序如图 9-35 所示。

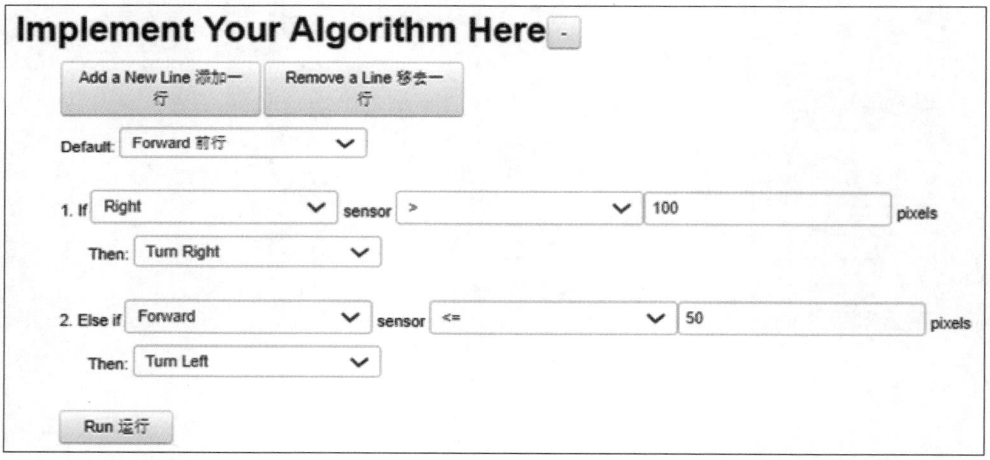

图 9-35　使用 Web 2D 迷宫模拟器编写的机器人绕右墙走迷宫的程序

思考题　单击程序下方的"Run 运行"按钮,观察机器人的运行状态,你发现了什么?为什么会出现该问题?

提示：程序运行中,你会发现迷宫中的机器人开始绕右墙走迷宫。但是,很快机器人就会进入原地打转的状态。原因是,当机器人右方的距离传感器的值变成大于 100 像素(右方有路可走),机器人右转 90°之后,它会先看它的右方(即机器人来时的方向),此时距离传感器的值又大于 100 像素(右方又有路可走),因此又会右转,从而导致机器人原地打转。

那么,如何解决该问题呢? 当机器人右方距离传感器的值变成大于 100 像素,先不让

　大学计算机——概念、思维与应用

机器人右转(90°)，而是让机器人继续向前走 100 像素之后再开始右转。因此，可以用 Delayed Turn Right by 100 代替 Turn Right。

对图 9-35 的程序进行修改，如图 9-36 所示。单击"Run 运行"按钮，机器人将正确绕右墙走出迷宫。

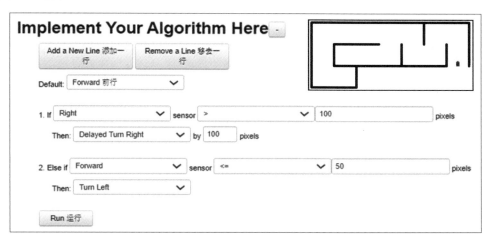

图 9-36　修改在 Web 2D 迷宫模拟器的编写的机器人绕右墙走迷宫的程序

思考题　若用 Delayed Turn Right by 50 来代替 Delayed Turn Right by 100，运行程序后，机器人将如何运行？若要让机器人绕左墙走迷宫，如何修改图 9-36 所示的程序？

习　题　9

一、选择题

1. 在工程设计过程的"问题的识别和定义"步骤中，我们专注于＿＿＿＿＿＿。
   A. 如何解决问题　　　　　　　　　　　B. 问题是什么
   C. 建立模型　　　　　　　　　　　　　D. 建立原型

2. 工程设计过程的文献检索属于＿＿＿＿＿＿。
   A. 问题的识别和定义　　　　　　　　　B. 研究
   C. 勾画问题答案的可能性　　　　　　　D. 建模（E）分析

3. 与模拟相比，仿真描述了＿＿＿＿＿＿。
   A. 系统的外部功能　　　　　　　　　　B. 系统的内部功能
   C. 问题的定义　　　　　　　　　　　　D. 问题答案

4. 分析 32 位 ALU 设计的更好方法是＿＿＿＿＿＿。
   A. 仿真　　　　　　B. 模拟　　　　　　C. 模型证明　　　　　　D. 建立原型

5. 算法的复杂性是计算问题的＿＿＿＿＿＿。
   A. 时间的函数　　　　　　　　　　　　B. 空间的函数

C. 功能数的函数　　　　　　　　　　　　D. 输入大小的函数

6. 通常称一个算法是有效的，如果这个算法的复杂性是_____。

    A. 指数函数　　　　B. 多项式函数　　　　C. 线性函数　　　　D. 非线性函数

7. 大 O 函数是一个算法复杂性函数的_____。

    A. 下界　　　　　　B. 上界　　　　　　　C. 精确估计　　　　D. 最小上界

8. 以下可视化编程语言是积木式的有_____。（多选）

    A. App Inventor　　　B. Blockly　　　　C. IoT SOL　　　　D. VIPLE

9. 以下可视化编程语言是工作流式的有_____。（多选）

    A. App Inventor　　　B. Blockly　　　　C. IoT SOL　　　　D. VIPLE

10. 以下可视化编程语言以物联网/机器人编程为主要设计目标的有_____。（多选）

    A. App Inventor　B. EV3　　　　　　C. Scratch　　　　D. VIPLE

11. VIPLE 的_____基活动可用于等待线程之一到达。

    A. 或并（Merge）　B. 开关（Switch）　C. 与并（Join）　D. 如果（If）

12. VIPLE 的_____基活动可以用于等待所有线程都到达。

    A. 或并（Merge）　B. 开关（Switch）　C. 与并（Join）　D. 如果（If）

13. 可以使用_____机制将数据传递到活动中。（多选）

    A. 全局变量（state.variableName）　　　B. 参数传输（instance.variableName）

    C. 数据（Data）　　　　　　　　　　　　D. 计算（Calculate）

14. VIPLE 提供的输出服务有_____。（多选）

    A. 行打印（Print Line）　　　　　　　　B. 简单对话（Simple Dialog）

    C. 文字转语音（Text to Speech）　　　　D. 控制台打印（ConsoleWrite）

15. VIPLE 提供的输入服务有_____。

    A. 简单对话（Simple Dialog）　　　　　B. 行读（ReadLine）

    C. 语音转文字（Voice to Text）　　　　D. 控制台读（ConsoleRead）

16. VIPLE 的代码活动支持的文本语言有_____。（多选）

    A. C++　　　　　　B. C#　　　　　　　C. Java　　　　　　D. Python

二、问答（论述）题

1. 回忆曾经做过的一个较为复杂的项目，这个项目使用了工程问题的计算求解过程中的哪些步骤？

2. 描述把一个串行算法改写成并行算法的过程。

3. 比较积木式可视化编程语言与工作流式可视化编程语言的相同和不同之处。

4. 为什么可视化编程语言比文本编程语言更接近计算思维的方法？

5. 事件驱动的编程与并行计算的关系是什么？

6. 用自然语言描述绕左墙走的迷宫算法。

三、编程（应用）题

1. 用 VIPLE 编写一个简单的程序：输出今天的日期并用语音播报。

2. 用 VIPLE 编写一个程序，输入你的名字，对输入进行简单处理，输出"你的名字＋

您好"。

3. 用 VIPLE 编写一个计数器程序,从 0 数到 10。用行打印和文字转语音输出每个输入所产生的数。

4. 用 VIPLE 编写(模拟)一个一位加法器。然后用仿真器编写一个 8 位-加法器。

5. 用 Web 2D 仿真器内建编程工具编写一个机器人绕左墙走迷宫的程序。

6. 设计一个自动咖啡机.该机器可以收取 5 角和 1 元的纸币。

输入事件如下:

- 按键事件 f:投币 5 角;
- 按键事件 h:投币 1 元;
- 按键事件 c:买咖啡;
- 按键事件 r:退款。

可能的状态值是:S0,S50,S100

自动咖啡机的有限状态机如图 9-37 所示:

用 VIPLE 来实现这一自动机。要求满足以下条件:

(1) 只能使用一个变量(variable)S,如图 9-37 所示。

(2) 变量 S 的初值是"初值"。

(3) 每次状态转移后,必须打印(Print Line)状态值。

(4) 提交 VIPLE 代码。

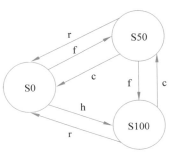

图 9-37 编程(应用)题第 6 题

第10章

计算机技术与应用的新发展

计算机技术的应用带来了许多功能强大且方便快捷的服务,许多传说中的概念性科技应用甚至是科技幻想,也因为新兴信息技术的快速涌现而变为现实,并因此催生人类生活、工作以及社交的新模式与新业态。本章首先介绍已经得到普遍应用的移动互联网与云计算技术,接下来介绍处于快速发展进程中的人工智能和区块链的概念、应用及其带来的革命性影响。最后,展望集新兴计算技术之大成的元宇宙催生的未来生活。

本章主要内容:
- 移动互联网;
- 云计算技术;
- 人工智能及其影响;
- 区块链技术与应用;
- 元宇宙与未来生活。

本章学习目标:
- 能够意识到移动互联网的重要性并自觉使用;
- 能够认识到云计算技术的优势及其重要意义;
- 能够理解区块链的技术特征及其重要性;
- 能够理解人工智能应用的巨大影响及实现途径;
- 能够理解元宇宙概念、特征及其催生的未来生活;
- 能够对计算机技术未来发展方向有初步认识。

10.1 移动互联网

随着移动通信技术从3G、4G向5G的快速发展,以及智能手机及Wi-Fi的普及,传统的通过个人计算机接入并访问互联网的方式呈现出明显的衰退趋势,通过智能手机等智能移动终端访问的方式逐步成为主流,并为人们提供了任何时间及任何地点均可以访问互联网的极大便利,并因此改变了人们的消费、生活以及工作等多方面的行为,引发了传统行业或产业的革命性变化,催生了新模式、新业态。

10.1.1　什么是移动互联网

一般认为，移动互联网是指互联网的技术、平台、商业模式及应用与移动通信技术结合并实践的活动的总称。中国工业和信息化部电信研究院在《移动互联网白皮书（2011年）》中指出："移动互联网是以移动网络作为接入网络的互联网及服务，包括 3 个要素：移动终端、移动网络和应用服务"。图 10-1 所示是一个典型的移动互联网应用。

图 10-1　通过智能手机访问移动互联网应用

移动终端是移动互联网中必不可少的接入与访问设备。在图 10-1 所示的应用中，用户直接面对，也似乎是唯一面对的就是智能手机。当然，从广义上讲，平板电脑、笔记本电脑及手环等各种便携式、嵌入式设备也都可以归入移动终端范畴。移动终端一般应该具有一定的计算、存储及无线通信能力，以支持在本地运行移动应用程序（通常称为 App），并接入网络。

移动网络，一般是公用的移动通信网络，包括 4G、5G 等，是移动互联网中的接入通道，为移动终端提供网络接入支持。常用的接入方式还包括无线局域网（Wi-Fi）、无线城域网（Wireless Metropolitan Area Network，WMAN），以及蓝牙、ZigBee 等短距离无线通信方式。从实际情况看，基于 IEEE 802.11 标准的 Wi-Fi 无线网络以及 4G/5G 是目前使用较多的接入方式。

从直观上看，移动应用服务就是运行在手机等移动智能终端上的 App。实际上，向用户提供的移动应用服务是由 App 和云服务共同构成的。移动应用服务是移动互联网的核心，也是移动互联网能够快速发展的重要支撑，具有移动性、实时性和个性化等特征，用户可以在任何地方、任何时间获得移动互联网服务。

10.1.2　移动互联网的应用

移动互联网的各类服务一般均运行于云环境中。为了使用这些移动服务，需要通过合法途径在智能终端安装并运行相应的 App。2021 年 9 月发布的《第 48 次中国互联网络发展研究报告》公布,截至 2021 年 6 月底,中国手机网民规模达 10.07 亿,使用手机上网的比例为 99.6%。移动应用规模居前四位的 App 分别是游戏类、日常工具类、电子商务类和社交通信类等。

移动互联网环境中的电子商务应用是全球电子商务的重要发展趋势。各类网站、企业的大量信息以及各种各样的业务进入移动互联网中,为企业搭建了一个适应业务和管理需要的移动信息化平台,能够提供全方位标准化的移动商务服务,为用户解决各种商务问题,满足各种用户需求,并提供更好的服务。移动支付是移动互联网环境中的一项重大应用,如图 10-2 所示。它已经显著改变了用户的消费行为和支付习惯。移动支付在一定程度上取代了传统的卡片式借记卡和信用卡,将各类消费信息整合云端,并通过终端设备访问,用户便可很方便地在任何时间与地点通过终端设备中的支付软件购买产品或服务。

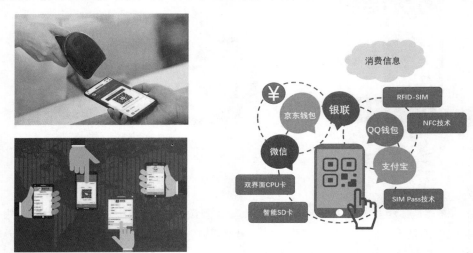

图 10-2　移动支付

10.1.3　移动互联网的发展

移动互联网的问世可以追溯到 2000 年前后,受限于当时终端及网络的性能,应用主要集中在通过无线应用协议(Wireless Application Protocol,WAP),将 WWW 上的信息转换为适合移动电话显示的信息。大约在 2008—2009 年,3G 网络的大规模建设推动了移动互联网的发展,但应用规模仍然较小,成熟的商业模式还没有出现。2012—2013 年,智能手机的大规模普及,微信等移动应用更是呈现爆炸式增长态势,使得移动互联网进入快速发展期。从 2014 年起,4G 网络的快速发展及智能手机性能的快速提升,使得 Internet 真正进入移动互联网时代,各类新应用、新业态不断涌现。

从移动互联网近 20 年发展的趋势看,当前已经从前期规模快速扩张的粗放式发展阶段进入以服务质量为主要竞争力的高水平发展阶段。各类移动服务提供商越来越注重用户体验和服务质量。从应用类型上看,移动互联网与传统产业的融合力度越来越大,移动支付、移动购物、移动办公等已经成为当前的常态,且其使用方式越来越人性化。从市场

　大学计算机——概念、思维与应用

情况看,各类新应用、新模式、新业态在不断涌现。从技术发展趋势看,移动互联网与人工智能、大数据等新兴信息技术的融合度越来越高,未来的移动互联网应用一定是更有智慧、与人的需要更加贴近的应用。

思考题 你一天当中使用了哪些移动互联网的应用?这些应用是如何实现的?

10.2　云　计　算

传统上,为了运行业务系统,需要根据软件对运行环境的要求、可能的最大访问量等配置相应的计算、存储以及 I/O 等资源。但在实际应用中,大多数情况下并不会达到峰值需求,由此导致了一定程度的资源浪费。为此,人们希望能够像使用电力一样使用计算资源,需求量大就多用一些,否则就少用甚至不用,并且按使用付费。云计算技术的问世,使这种愿望成为了现实。

10.2.1　什么是云计算

"云"原本是科学家用于表示复杂计算机网络架构的云状图,因为比较形象直观,也被用来表示互联网的虚拟世界。概括而言,云计算用网络中的计算、存储及软件等资源代替本地计算资源(计算机),以服务的形式根据用户需求提供,以运行用户的各种业务。就像天上的云朵,承载着多样的程序及服务,只要有需要便能直接连接并取用。

云计算的概念可以追溯到太阳(Sun)计算机公司于 1983 年提出的"网络就是计算机"(The Network is the computer)的概念,但"云计算"这一名词却等了 23 年,直到 2006 年才由 Google 公司提出并实现。时至今日,云计算与云服务已经是日常生活不可或缺的一部分。尽管如此,关于云计算的定义并不统一,中国国家标准 GB/T32400—2015 给出了如下的云计算定义:

云计算是一种通过网络将可伸缩、弹性的共享物理和虚拟资源池以按需自服务的方式供应和管理的模式。资源包括服务器、操作系统、网络、软件、应用和存储设备等。

美国国家标准与技术研究院(NIST)将云计算定义为

云计算是一种计算模式,基于共享的、可重配置的计算资源池,通过网络向用户提供方便、按需使用的资源和服务,且可以根据需求变化自动调整资源或者服务。使得服务提供者能够以最少的管理或者与用户的最少互动快速供应和交付各项服务。

基于云计算的定义,云计算具有以下基本特征。

(1)按需自服务。用户能够根据需要,自动地或者通过与云服务提供者的最少交互,配置满足需要的计算资源或服务。该特征使得用户不需要在本地布置大量的计算、存储乃至各种软件资源,降低了时间成本、操作维护成本以及购置成本。

(2)广泛的网络接入。用户可以通过网络,采用标准机制在任何时间、任何地点访问物理和虚拟的资源。该特征使得用户可以通过各种异构的客户端设备使用云服务,如移动电话、平板电脑、笔记本电脑或者 PC 等。

（3）资源池化。云服务提供者的计算资源被集成起来组成资源池（即池化）。该特征使得云服务提供者能够以多租户模式服务多个消费者，而且能够根据用户需求指派或重新指派物理的和虚拟的资源。该特征还对用户屏蔽了处理的复杂性，使得用户不必关注资源的具体位置以及如何维护。

（4）快速的弹性。能根据用户需求自动、快速地增加或者减少资源。该特征使得用户可以在任何时间获得达到其质量要求的无限资源，在降低使用成本的同时，保证了用户业务系统的性能和服务质量。

（5）服务可度量。云服务的交付可以计量，且能够对使用量进行监测、控制、报告和计费。该特征可以验证并优化已经交付的云服务，使得用户可以按使用付费，使得云服务相关信息对供应者和消费者双方都是透明的。

10.2.2 云计算服务模式与部署模式

云计算有 3 种基本的服务模式，分别是基础设施即服务（IaaS）、软件即服务（SaaS）、平台即服务（PaaS），如图 10-3 所示。

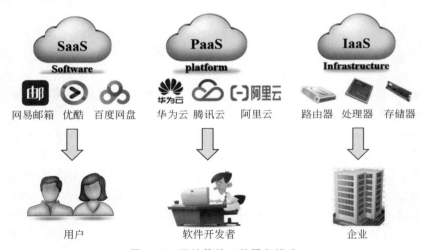

图 10-3 云计算的 3 种服务模式

基础设施即服务（Infrastructure as a Service，IaaS），向用户提供计算、存储和网络等基础性的硬件资源，通常将这些资源抽象为虚拟机，并以服务的形式自动交付给用户，且无须用户自己管理。从用户角度看，从云计算平台通过租用获得的服务就是由 CPU、内存、存储等组成的、完整的一个或多个计算机硬件系统，甚至是一个大型的运算中心，如 Amazon 的 EC2 服务。有了 IaaS，用户无须再购置并管理硬件设施。

软件即服务（Software as a Service，SaaS），又被称为"即需即用的软件"，向用户提供的是云基础设施上运行的一个应用组成的服务。用户可以通过互联网以及浏览器、移动电话、平板电脑等租用这个服务并根据使用付费。例如 163 等提供的电子邮件信箱、百度地图、QQ音乐等,都属于SaaS。SaaS已经成为商业软件销售的一种主要模式,常用的企业资源规划(ERP)、协同办公等都已经改变了传统的销售模式。

平台即服务(Platform as a Service,PaaS),介于SaaS及IaaS之间,向用户提供的是一个包括底层硬件、操作系统、软件开发环境(程序设计环境)等在内的开发平台。用户可以在租用的软件开发平台上开发自己的应用系统。用户可以将自己的开发软件上传至SaaS环境,供其他人下载使用。例如百度的智能小程序、Amazon的AWS(Amazon Web Services)、微软的Windows Azure等都属于PaaS服务。

云计算的部署通常有4种模式,分别是公共云、私有云、混合云和社区云。无论是哪一种部署模式,都可以提供前述各种类型的服务。

公共云的云服务可以被任意用户使用,不一定免费,但一般都比较低廉,对使用者会实施一定的访问控制机制。公共云的资源一般都被云服务提供者控制。从当前实际情况看,公共云一般都是商业性的,例如百度云、阿里云等。

私有云提供的服务一般由一个机构或者组织内部的成员共享,私有云可以由机构或者组织,也可以由第三方拥有、管理并操作。例如,许多大型企业或者高校均自主购置各类软硬件设备建设自己的私有云。当然,私有云也可以基于公共云构建。

混合云则是由两个或两个以上单一的云(私有云、社区云或公共云)组成的云平台。这种云根据标准或专有技术将各类资源及服务联系在一起,使数据和应用程序具可移植性。在该模式中,用户通常将非关键信息外包给公共云处理,而将敏感服务及数据交由私有云处理。

社区云提供的服务由一组特定的用户使用并共享,这些用户有共同的关注,例如目标、安全需求、政策或者合规性考虑等。社区云可能由社区中的一个或者多个组织,也可以由第三方拥有、管理或者操作。

10.2.3 云计算的应用

云计算技术的应用已经相当普遍。例如,通过微信与朋友互动、通过百度网盘存放照片,通过163邮箱收发电子邮件,通过百度地图规划出行路线,如图10-4所示。

图 10-4 云计算多元的应用服务

从当前云计算的实际应用来看,可以认为,有网络的地方就有云计算的应用。接下来介绍几种常见的云计算应用。

(1)云安全。传统的防病毒软件必须常常更新病毒特征及恶意软件信息,但因恶意软件推陈出新的速度很快,一旦更新速度落后,防护效果就会大打折扣。目前,防病毒软件厂商也通过云提供防毒杀毒服务,将病毒库以及恶意软件的监测和确认过程转移到云中,用户不需要在本地计算机或者智能终端上安装防病毒软件,直接连接到云端并运行相应的软件。带来的好处包括病毒特征库更新及时、不需要消耗个人计算机资源等。

(2)虚拟运算环境。在传统计算环境中,单位必须自己建设机房、架设服务器、安装防火墙等,电力供应系统也必须保持 24 小时不间断,但是,系统使用状况是不断变化的,有时候使用量较低甚至没有使用,有时候占用了所有的资源后还有缺口。由此,一方面会导致在许多时间段内资源有大量闲置,但在另外的时间段内又会产生大量的资源短缺情况。虚拟计算环境中,用户使用云服务及资源,不需要物理的环境与设备,并可以根据需要动态自动调整资源配置,可以节省建设与维护系统的开支。

(3)云存储。早期的云盘,又称为网络硬盘或网络空间的服务,提供了文件寄存及下载功能。云存储服务与云盘类似,并提供了与本机文件同步的功能,让用户在脱机状态也能编辑文件,联机后程序会自动执行同步工作,也可以与其他人共享文件、进行协同作业。云存储支持云计算所需的大量数据及大量的存储装置。

(4)教育云。为了向所有人提供公平的教育机会,特别是弥补城乡差距,以及服务终身学习,可以将优秀的学习资源上传到云端,既可以让学生自习和复习,也可以支持教师的课堂教学,让课堂更生动、更有吸引力,充分激发学生的学习热情;可以提供多元的、供成年人,甚至爷爷奶奶学习的教学资源,包括语音和视频教学等,还可以开设远程辅导系统及课堂互动教学系统。

(5)交通云。近年来,通过先进科技的协助,传统的运输系统获得了有效改善,并逐步向智慧运输系统(Intelligent Transportation System,ITS)过渡。基于交通云的实时交通信息服务系统是 ITS 中相当重要的一环。通过车辆侦测器、GPS 探测等各种设施实时收集不同来源的交通信息,上传到交通云并对其进行汇总、分析与推理,获得关于交通状况的实时信息,可以帮助路人或车辆避开交通繁忙的地区,达到疏导交通的效果。

10.2.4　云计算的发展

云计算发展迅速,国内外许多厂商都在开发或引进相关技术,以提升公司信息系统的运算效率并节省成本、创造更高利润。但是,云计算遍地开花的同时,也存在不同云计算供应商提供的服务彼此不能兼容的问题。从使用者立场看,希望有一个云计算的标准,让使用者可以在不同的云计算供货商之间转移,防止被大企业所垄断,维持自由竞争的市场,这样才能保证云计算的服务质量,维护用户利益。

目前已有多个国际组织制定了云计算的标准,如开放云计算联盟(Open Cloud

Consortium，OCC)、分布式管理任务组(Distributed Management Task Force，DMTF)、企业云买方委员会(Enterprise Cloud Buyers Council)，以及云端安全联盟(Cloud Security Alliance)等。许多国际大厂签署了《云端开放宣言》，在云端服务的互操作性等大原则方面达成了共识。未来还会有更多的云计算标准问世，并依标准开发运行。

用户将数据传输到云中，不可避免会思考"数据存放在云中是否安全"，且云计算平台在大量使用者参与的状况下，会出现隐私问题——因为使用者在云计算平台共享信息及服务的同时，云计算平台需收集相关信息以利运算。另外，云计算的核心特征之一就是数据的存储和安全完全由云计算提供商负责，且云端数据在存储时，会建立多个副本，并支持异地备份，以降低数据遗失的风险。对使用者来说，虽然降低了成本，但是数据一旦脱离内部网络到了因特网上，就无法通过物理隔离等手段防止隐私外泄。而且使用者的行为、习惯、爱好等隐私部分，可能会更直接地暴露在网络上。

最后，云计算虽然节省了自身软硬件的成本，但毕竟数据是存储在远方，访问速度不能与存储在本地机相比，这会造成云计算推广上的阻碍。

> **思考题** 云计算可以分为 3 种服务模式：软件即服务(SaaS)、平台即是服务(PaaS)、基础设施即服务(IaaS)。126 等电子邮箱、阿里巴巴集团的阿里云、微软公司的 Windows 分别属于哪种云计算服务模式？你自己接触或者使用过的还有哪些形式的云服务？

10.3 人工智能

人工智能已经走进了日常生活，火车站检票口通过身份证与人脸图像的对比进行身份识别，购物网站根据购物以及浏览情况判断顾客的性格特征与购物爱好，精准推送相应的商品信息，以及智能手机的语音识别等，都是典型的人工智能应用。有观点认为，人工智能已经成为新一轮产业变革的核心动力，人类社会已经进入人工智能时代，但也有观点认为现在还仅仅是站在人工智能的门口。

10.3.1 人工智能的定义与起源

为了准确理解人工智能，要先了解人类智能。尽管脑科学、神经心理学等领域的研究已经取得了突破性进展，但人们还是不完全了解大脑的功能、原理和人类自己的智能，也就很难给智能下一个准确、完整的定义。根据对大脑已有认识，结合智能的外在表现，许多学者采用不同的理论和方法从不同角度对智能进行了研究，并给出了不同的定义。

1. 什么是智能
从思维理论角度出发，智能的核心是思维，人的所有智能都来自大脑的思维活动，人类的所有知识都是人类思维的产物。从知识阈值理论角度看，智能行为取决于知识的数量及其一般化的程度，一个系统之所以有智能，是因为它有知识，并将智能定义为在巨大的搜索空间中迅速找到一个满意解的能力。

在综合各种主流观点的基础上，有学者给出了直观的定义：智能是知识与智力的总和，其中，知识是一切智能行为的基础，而智力是获取知识并应用知识求解问题的能力。一般来说，智能具有以下基本特征。

（1）具有感知能力。感知能力是指能够感知外部世界、获取外部信息的能力，这是产生智能活动的必要前提，人类感知主要通过视觉、听觉、触觉、嗅觉、味觉等感觉。可以将感知看作一种信息获取或者输入的能力。例如，气温下降时，一个有行为能力的正常人可以通过触觉等感知并自动做出适当添加衣服的决定。

（2）具有记忆和思维能力。记忆和思维是人脑最重要的功能，是人有智能的根本原因。记忆用于存储感知到的外部信息及由思维产生的知识。思维用于对记忆的信息进行处理，一般是基于已有的知识对信息进行分析、计算、比较、判断、联想、决策。

（3）具有学习和决策能力。学习是人的本能，是人类智慧的最重要方面，是指通过与环境的相互作用，不断学习积累知识。决策是指当环境发生变化时，能够基于学习获取的知识做出如何行动以适应环境变化的决策。

（4）具有行为和自适应能力。行为能力是指用语言、表情、眼神以及肢体动作对外界的刺激作出反应，并传达某种信息的能力。行为一般建立在感知、记忆和思维以及决策的基础上，是一种信息输出能力。自适应能力建立前述各种能力的基础上，是一种自主采取行为以适应环境变化的能力。

2. 人工智能

概括而言，人工智能（Artificial Intelligence，AI）就是人工赋予机器（计算机）的智能，又叫作机器智能（Machine Intelligence，MI）。具体地说，就是通过硬件和软件，尤其是各种软件，在一定程度上实现了人的智能，让计算机可以像人一样感知环境的变化，通过分析和思考提供决策建议，甚至可以有感情，在得到授权的情况下也可以由计算机自主做出决定甚至执行决定。

由于人类智能的复杂性以及对人类智能的认识尚不清晰，对人工智能的目标也有不同的理解与追求。现阶段比较务实的目标是用计算机实现部分人类智能并部分代替人的工作，用于弥补不足，以及在一定程度上拓展或者增强人类的智能。此外，对如何判断一台机器（计算机）是否有智能也有不同的认识。1950 年，英国数学家图灵在其一篇论文中提出了机器智能及著名的图灵测试，如图 10-5 所示。图灵测试的基本思想是让人和机器分隔在两个房间中，可以相互通话但彼此都看不到对方。

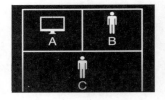

图 10-5　图灵测试

如果通过对话，人不能分辨对方是人还是机器，那么就可以认为那台机器达到了人类的智能水平。

人工智能可以分为强人工智能和弱人工智能。强人工智能指的是机器能像人类一样感知环境的变化、自主思考，有感知能力和自我意识，能够自发学习知识。弱人工智能是指不能像人类一样进行思考推理并解决问题,也就是说只具有部分的人类思考、推理与判断能力,但没有自主意识。到目前为止,人工智能系统都是实现特定功能的系统,并不能像人类智能一样,能够不断地学习新知识,适应新环境。

3. 人工智能的起源与发展

让机械或物具有人的智能,像人一样的思考与行动,甚至比人做得更快、更好、更有质量,一直是人类的梦想。《三国志》和《三国演义》中提及的木牛流马,就蕴含了先人希望让物具有人的智能的思考与努力。当然,只有在科学技术发展到一定阶段并催生了现代计算机的问世以后,让机械具有人的智能才具有了一定的现实可能性。

人工智能的概念正式问世于 1956 年夏季在美国达特茅斯学院召开的达特茅斯会议。会议由麦卡锡(J. McCarty)、明斯基(M. L. Minsky)、罗切斯特(N. Rochester)和香农(C. E. Shannon)共同发起,如图 10-6 所示,目标是麦卡锡等人提出的"制造一台机器,可以模拟学习或者人类智能的任何其他特征,只要它们可以从原理上精确描述。"当然,这个目标未能实现,40 年以后,麦卡锡也认为,这个目标完全不切实际。尽管如此,达特茅斯会议使人工智能获得了计算机科学界的承认,成为一个独立且充满活力的新兴研究领域,极大地推动了人工智能的研究,也标志着人工智能作为一门新兴学科的正式诞生。

图 10-6 参加达特茅斯会议的部分学者

在人工智能概念正式提出以后的十多年时间内,美国高校及知名企业任职的一批专家创建了多个人工智能研究组织,在机器学习、定理证明、模式识别以及人工智能语言和专家系统方面开展了研究并取得了许多具有重要意义的成果,让人们看到了人工智能的巨大潜力与希望。尽管如此,也有一些研究项目因为理论的不完备及方法的局限遭遇了多方面的困难,甚至因为未能达到预期目标导致经费资助的中止,使得人工智能的研究进入了一个低潮,也促使研究人员对人工智能的理论、方法及目标进行更加理性的思考。

1969 年召开的国际人工智能联合会议(International Joint Conferences on Artificial Intelligence,IJCAI)标志着人工智能学科得到了世界的肯定和公认,并在全世界范围内推动了人工智能的研究,我国于 1978 年将"智能模拟"作为国家科技计划的研究主题之一,并于 1981 年成立了中国人工智能学会。在这一时期,机器翻译、知识工程、专家系统等方面的研究取得了重要突破,推动了人工智能向新发展时期迈进。

2011 年以后,随着大数据等新兴信息技术的飞速发展,人工智能进入了一个新的发展时期。深度学习算法的提出及其与大数据、云计算等技术的结合,推动人工智能在算法、算力及算料(数据)等方面取得了重要突破,为图像、语音乃至无人驾驶等人工智能的复杂应用提供了重要支撑。

在人工智能发展进程中,一些具有标志性的事件对其发展产生了重要影响。1996—1997 年,IBM 公司邀请国际象棋棋王卡斯帕罗夫与"深蓝"计算机进行了两场人机大战。1996 年 2 月 10—17 日举行的第一场 6 局比赛,卡斯帕罗夫以 4∶2 取胜。1997 年 5 月 3—17 日,改进后的"深蓝"运算速度达到 2 亿次/秒,且存储了一百多年以来世界顶尖棋手的棋局,最终深蓝以 3.5∶2.5 赢得了这场比赛。

2016 年 3 月,谷歌(Google)公司旗下 DeepMind 公司开发的阿尔法狗(AlphaGo)与围棋世界冠军、韩国的职业九段棋手李世石进行了一场围棋人机大战,阿尔法狗以 4∶1 的总比分获胜。2017 年 5 月,阿尔法狗与排名世界第一的中国职业棋手柯洁进行了对决,结果以 3∶0 的总比分获胜,如图 10-7 所示。围棋界因此认为,阿尔法狗的棋力已经超过人类职业围棋顶尖棋手的水平。阿尔法狗实际上是一个基于神经网络的智能软件系统,能够根据以往的经验不断学习并优化算法,并通过与自己下棋强化学习。

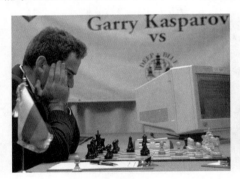

图 10-7　卡斯帕罗夫对战深蓝、柯洁对战阿尔法狗

10.3.2　人工智能的核心技术

人工智能的理论与方法仍然处于快速发展之中,其核心领域主要包含知识表示、机器学习、自然语言处理、计算机视觉以及智能机器人等。

1. 知识表示

人工智能研究与应用的目的是建立一个能模拟、延伸或者拓展人类智能的机器(计算机)系统。知识是一切行为的基础,因此,首先要研究知识的表示方法,以便将知识通过计算机表示并存储起来,为问题求解提供知识支撑。目前,对人类知识结构及机制的认识还不是十分清楚,在一定程度上影响了知识表示理论与规范的建立,但是,知识表示方法的研究还是取得了较好的进展,提出了一些有较好理论与应用意义的方法。

知识表示方法一般可以分为符号表示法和连接机制表示法两种类型。

符号表示法用各种有具体含义的符号,以不同方式和顺序组合起来表示知识,主要用来表示逻辑性知识。近几年引起广泛关注的知识图谱即属于符号表示法。知识图谱是互联网环境下的一种知识表示方法,由一些相互连接的实体及其属性构成,以结构化的方式描述客观世界中概念间和实体间的复杂关系,将互联网世界中的信息表示成更加接近人类认知模式的形式,图 10-8 所示的是一个典型的知识图谱示例。

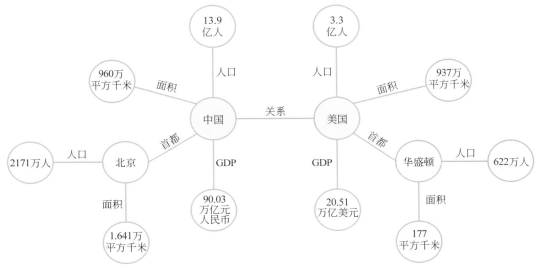

图 10-8　知识图谱示例

连接机制表示法用神经网络表示知识。它将各种物理对象以不同的方式和顺序连接起来,并在其中相互传递与加工各种包含具体意义的信息,以此表示相关的概念和知识,是一种隐式的知识表示方法。

2. 机器学习

学习能力是人类的基本能力,不断学习各种知识是人类提升自己、超越自己的必由之路。为了让计算机具有智能,就必须让计算机能够像人类那样,具有通过学习获得各种知识并通过实践不断提升自己的能力,也就是学习能力。机器学习就是要让计算机具有类似于人的学习能力,使其能够通过学习自动获取知识的理论和方法。

计算机可以向书本学习,也可以从数据和经验中学习知识,并将其应用于问题的分析、预测和控制。机器学习涉及脑科学、神经心理学以及计算机视觉等多个学科,具有一定的难度,但是,已经取得的研究进展和成果为各种应用提供了良好的支持。例如,传统的决策树、随机森林、贝叶斯网络,以及近几年或者十几年兴起的深度学习、迁移学习以及强化学习等,都能够在语音识别、图像识别等领域发挥重要作用,如图 10-9 所示。

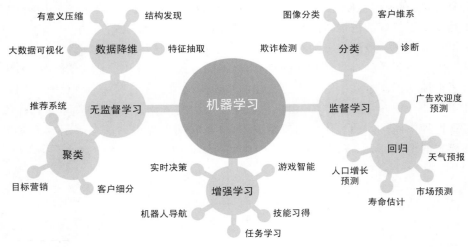

图 10-9　机器学习分类及常用算法

从应用角度考虑,可以在掌握基本概念的基础上侧重于基于现有机器学习工具处理应用领域问题或者处理数据的基本方法与技术。例如,通过基本的学习和训练,就可以基于百度及 Google 提供的开源工具及编程方法对语音及图像进行处理。

3. 自然语言处理

自然语言处理(NLP)致力于让计算机和人一样,具有听、说、读、写的能力,也就是让计算机能够识别、理解和生成人类自然语言,为人们提供通过自然语言与计算机进行通信与交互的方法,主要包括语音识别、自然语言理解及自然语言生成 3 部分。

语音识别就是让机器能够听懂人类的自然语音,完成语音到文字的转换。语音识别的过程包括语音信号的采集、预处理、特征参数提取、向量化和识别等几部分;常用技术有模型匹配法、概率统计方法以及辨别器分类等,目前使用最为广泛的是深度学习方法。

自然语言理解完成从文字到语义的转换,也就是让机器理解文字中包含的信息和意义,并让机器实现人类所期望的某些与语言相关的功能,如回答问题、生成文摘、解释自然语言中的信息以及翻译成另一种自然语言。目前较先进的方法是 Transformer,它是由Google 团队在 2017 提出的一种 NLP 经典模型。

自然语言生成将机器方式表示的非语言格式的数据转换为人类语言的语音或文字,让人类更加容易理解,能够有效降低人和机器之间的沟通鸿沟。

4. 计算机视觉

计算机视觉就是要让计算机能够像人一样具有"看"的能力,是一种代替人眼进行观看、测量和判断的智能检测方法,通常是对采集的图片或者视频进行处理以获得相应场景的三维信息。当前已经得到普遍应用的人脸识别、指纹识别、车牌识别,以及正在快速发展过程中的自动驾驶、智能机器人等也都是计算机视觉的典型应用。

计算机视觉与计算机科学、数学、工程学乃至心理学等学科都有密切关系,属于典型的多领域交叉融合学科,也是深度学习领域的热门研究方向。实际上,当前比较成熟的计算机视觉应用基本上都是基于深度学习的理论和方法。计算机视觉需要完成的任务也比较多,例如目标检测、跟踪和定位,目标分类和识别,事件检测和识别等。

5. 智能机器人

智能机器人,简称为机器人,是指可模拟人类行为的机器。几乎所有的人工智能技术都可以在机器人领域得到应用,例如,计算机视觉、语音识别以及各种机器学习算法等。因此,机器人是人工智能技术及机械、控制以及心理学等多领域技术的集成应用。

自问世至今,机器人研究与发展大致经历了程序控制机器人、自适应机器人以及智能机器人3个阶段。机器人的应用范围非常广泛,在农业、工业、军事以及服务等几乎现实世界的所有领域都有深入广泛的应用。

10.3.3　人工智能的应用及其影响

人工智能的应用几乎覆盖了人类活动涉及的每一个领域。人工智能与物联网、大数据、云计算等技术以及专业应用领域的融合,不仅催生了新产品与新应用,也催生了新模式乃至新业态,给相关的应用领域带来了革命性的变化。

1. 人工智能与行业(产业)应用的融合

人工智能与传统行业(产业)的融合包括智能制造、智慧农业、智慧物流、智慧金融、智能商务以及智能家居等。当人工智能与传统制造业结合时,能够显著降低其对人工的需求,提升制造效率与质量,将传统的大工业流水线式生产改变为柔性个性化生产,以满足市场的个性化需求。而人工智能与家居的结合,在有效提升家居环境的舒适性、方便性和安全性的同时,还能够更好地改善人的生活质量与健康水平。

2. 人工智能与社会治理相结合

人工智能在社会治理领域的应用主要包括智能政务、智慧法庭、智慧城市、智能交通以及智慧环保等。例如,在环保领域,国家正在推进京津冀、长江经济带等国家重大战略区域环境保护和突发环境事件智能防控体系建设。

3. 人工智能与民生需求相结合

人工智能在民生领域同样具有重要的应用价值,主要应用包括智慧教育、智慧医疗、智慧健康与养老等。通过人工智能＋教育,能够实现真正意义上的"因材施教",向学习者提供个性化的教学,能够提高教育的质量和效率、促进教育公平的实现、培养适应时代发展需求的人才。人工智能与健康和养老的结合,能够有效解决老龄化社会中的养老问题,为实现老有所养提供支持。

人工智能的快速发展与广泛应用也带来了不确定性和挑战。例如,因为人工智能与传统行业的融合,导致就业结构及岗位需求的改变,冲击了现有的法律与社会伦理,有可能在一定程度上侵犯个人隐私,由此对政府管理、经济安全、社会稳定乃至全球治理都产生了深远影响。在大力发展人工智能技术与应用的同时,必须高度重视可能带来的安全风险挑战,确保人工智能安全、可靠、可控发展。

10.4 区　块　链

信任关系是人类社会的基石，几乎所有的人类活动都是建立在信任基础上的。在互联网及信息世界，由于缺乏信任导致了一系列问题，成为急需解决的重要问题。区块链技术为在不可信的互联网环境中建立信任、实现价值传递带来了希望，其重要意义和价值已经得到了广泛认可，也是当前产业界和科技界的一个新风口。

10.4.1 区块链的起源与定义

区块链技术的出现时间并不很长，但发展很快，与经济社会各领域及其发展全过程的融合非常迅速，基于"区块链＋"的新型融合应用不断涌现，被认为是重组全球要素资源、重塑全球经济结构、改革全球竞争格局的重要力量。谈及区块链，总是会将其与比特币联系在一起，甚至将其混为一谈。那么实际情况究竟如何呢？

1. 区块链的起源

区块链技术起源于 2008 年发表的作者为中本聪的论文《比特币：一种点对点的电子现金系统》，文章设计了一种基于分布式存储的电子货币系统及相应的软件，可以在多方协作管理的情况下，全网共同进行账本的维护与更新，能够保证交易记录的真实性且不可篡改。随着比特币系统的稳定运行及其广泛地被认可，区块链技术的意义和价值逐渐被认可，并逐步发展为独立的技术体系。

区块链的基本思想在日常生活及工作中并不少见，在无法确定某个事实真相的情况下，众口一词说明其为真，自然就会认为是真实的。从另一个角度看，"三人言成虎"能够使人们将谎言当作事实，也说明了群体力量的强大。区块链正是利用参与到网络中的群体分别记账，并通过一系列保证账本一致性和不可篡改的技术来保证账本的可信性。

2. 区块链定义与特征

从不同角度看区块链，可能会给出不完全相同的定义，《中国区块链技术和应用发展白皮书(2018)》分别从狭义和广义角度给出了区块链定义。

从狭义上讲，区块链是一种按照时间顺序将数据区块以顺序相连的方式组合成的一种链式数据结构，并通过密码学方式保证的、不可篡改和不可伪造的分布式账本。

从广义上讲，区块链是利用块链式数据结构来验证与存储数据、利用分布式节点共识算法来生成和更新数据、利用密码学方式保证数据传输和访问安全、利用由自动化脚本代码组成的智能合约来编程和操作数据的一种全新的分布式基础架构与计算范式。

国际标准化组织(ISO)将区块链定义为"使用密码技术将共识确认过的区块链相连并按顺序追加而形成的分布式账本。"

在典型的区块链系统中,数据以区块(block)为单位产生和存储,并按照时间顺序连成链式(chain)数据结构。所有节点共同参与区块链系统的数据验证、存储和维护。新区块的创建通常需得到全网多数(数量取决于不同的共识机制)节点的确认,并向各节点广播实现全网同步,之后不能更改或删除。区块链具有以下几方面特点。

(1)去中心化。区块链网络中分布众多节点,节点之间关系对等,具有平等的记账权利和应该履行的义务,整个系统由所有节点共同记账、共同维护,节点之间不需要通过单一中心机构即可直接进行数据交换。

(2)不可篡改。区块链中很多环节均使用了密码学技术,可以保证信息一旦添加到链上就无法被篡改,数据更加安全可靠,避免了一切人为操作的可能性。由于其分布式存储的特性,若想篡改信息至少要掌握网络中 51% 的数据节点,这在实践过程中几乎不可能实现。

(3)可追溯。由于区块链使用哈希算法原理,所以它的链接形式是后一个区块拥有前一个区块的哈希值,每一个区块都和前一个区块有联系,串联起来形成了区块链。区块链上保存了从第一个区块开始的所有历史数据,其中的任意一条记录都可以进行追溯。

(4)匿名性。在区块链上用一串唯一的数字代表一个身份,使用数字签名进行身份认证,具有匿名特点,可以有效保护个人隐私。

3. 区块链的发展

区块链技术问世至今大致经历了 3 个发展阶段,分别是区块链 1.0,比特币阶段;区块链 2.0,智能合约阶段;区块链 3.0,价值互联网阶段,如图 10-10 所示。

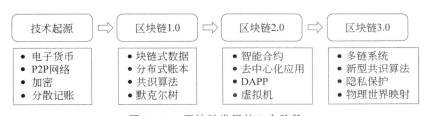

图 10-10　区块链发展的 3 个阶段

4. 区块链的分类

区块链系统根据应用场景和设计体系的不同,一般可以分为公有链、联盟链和私有链 3 种类型。从目前实际情况看,区块链应用一般都是基于联盟链或者私有链,如图 10-11 所示。

(1)联盟链的各个节点通常由与之对应的实体机构组织,通过授权后才能加入与退出网络。各机构组织组成利益相关的联盟,共同维护区块链的健康运转。联盟链的共识过程由预先选好的节点来控制,只限于预先选定的联盟成员参与,每个联盟成员作为一个节点,各节点在链上的权限按联盟共同制定的规则来设定。联盟链的整个网络由全体联盟成员共同维护,通过各联盟机构的网关节点接入网络。

公有链:自动加入和退出　　　　私有链:机构私有的中心网络　　　　联盟链:通过授权加入和退出

图 10-11　公有链、私有链及联盟链

（2）私有链，又称为专有链，是一种中心化的区块链类型，它所有的权限由处于中心的组织和机构来控制。私有链一般应用于企业内部的系统，所以它的动作规则要根据企业的具体要求进行设定，如企业的数据库管理系统、审计系统等。私有链跟传统的中心数据库相比，主要意义是可以提供更加安全、透明、可追溯的平台，对于来自内部和外部的数据安全攻击进行有效防范。

（3）公有链。世界上任何个体或者团体都可以发送交易，且交易能够获得该区块链的有效确认，任何人都可以参与其共识过程。公有链是最早的区块链，比特币、以太币等虚拟货币都是基于公有链，但每个币种只对应一条区块链。

10.4.2　区块链技术参考架构

从当前实际情况看，面向不同业务场景的区块链在具体实现上各有不同，也有不完全相同的技术架构或体系结构。由于区块链技术仍然处于快速发展的初级阶段，不断有新的方法和技术出现，到目前为止，还没有一个统一的区块链技术架构或体系结构。相对而言，一种由基础设施、数据、网络、共识、合约及应用 6 层组成的技术架构得到了较为广泛的认可，如图 10-12 所示。

1. 基础层

基础层又叫作基层设施层，提供区块链的操作环境，包括区块链系统正常稳定运行需要的计算、存储和网络通信资源及服务，是区块链系统实现的必要基础，可以是实际的硬件系统和软件系统，也可以是云计算资源。

2. 数据层

数据层是区块链底层的数据结构，通常以链式区块，即"区块＋链"式结构呈现，实际就是以嵌入式数据库存储的一个分布式账本。分布式账本实质上是一种去中心化的记账方式，它将交易打包形成区块。区块由区块头和区块体两部分组成，采用默克尔（Merkle）结构。每一个区块都指向其父区块，并含有父区块的哈希值、随机数据及默克尔（Merkle）根等，区块间有序链接形成块链式数据结构。如果想对某个节点上指定区块中的数据进行修改，必须修改整个链中至少 51％的节点中的数据，然后其他节点才能自动更新，而这几乎是不可能实现的。

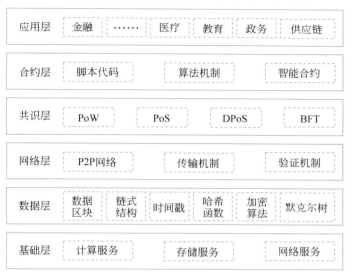

| 应用层 | 金融 | …… | 医疗 | 教育 | 政务 | 供应链 |

| 合约层 | 脚本代码 | 算法机制 | 智能合约 |

| 共识层 | PoW | PoS | DPoS | BFT |

| 网络层 | P2P网络 | 传输机制 | 验证机制 |

| 数据层 | 数据区块 | 链式结构 | 时间戳 | 哈希函数 | 加密算法 | 默克尔树 |

| 基础层 | 计算服务 | 存储服务 | 网络服务 |

图 10-12 　区块链 6 层技术架构

所有区块链节点中存储的账本数据完全相同互相备份,这种去中心化的组织形式有效保障了账本的高可靠性和高可用性。

3. 网络层

网络层提供了区块链去中心化的交互模型,保证了区块链的去中心化特质。在绝大多数区块链系统中,任意两个节点之间通过消息传输协议实现消息和交易的传输。每个节点都承担网络路由、验证区块数据以及传输区块数据的功能。不同的区块链系统采用的消息传输协议不相同,Fabric 系统采用了 Gossip 协议,而以太坊系统则采取了Kademlia 协议等。类似地,在不同的区块链系统中,校验的数据内容不完全相同。

4. 共识层

共识层是数据链的核心之一,保证各节点在高度去中心化的环境中对区块数据的有效性达成一致,主要封装了区块链节点间协同运行的各类共识算法。共识算法是指多方参与的各个节点在预设规则下,通过节点之间的交互,对某些数据、行为或流程达成一致的过程。区块链中所有节点都有权发起共识流程、广播共识内容,当共识内容被多数节点验证通过后便形成共识结果。共识算法通过以上机制保证区块链平台上各节点账本数据的一致性,如图 10-13 所示。

常用的共识算法有工作量证明(Proof of Work,PoW)、权益证明(Proof of Stake,PoS)、委托权益证明(Delegated Proof of Stake,DPoS)以及拜占庭容错算法(Byzantine Fault Tolerance,BFT)等。

5. 合约层

合约层主要实现区块链的可编程性,包括各种脚本、代码、算法机制和智能合约。合约层的本质是将代码存储在区块链中,实现可以自行定义和编写的智能合约。在现实世

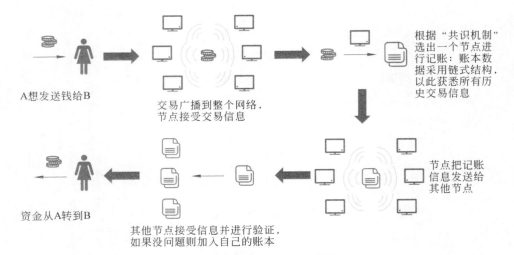

图 10-13　共识机制的工作过程

界中被用于权利证明或者转移的合同,在区块链中就是智能合约。换言之,智能合约是以数字(代码)形式约定的一系列承诺,包括参与各方履行这些承诺的协议,以及实现这些承诺和协议的业务逻辑,它能够自动执行,并在最大限度减少人工干预的同时,提供、验证并执行合约的服务,如图 10-14 所示。

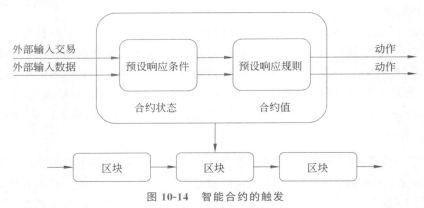

图 10-14　智能合约的触发

6. 应用层

应用层包括各种应用场景和示例。总体上看,区块链的应用还不成熟,已经开展的应用大多处于探索和试验阶段,但从区块链的特征和优势来看,有理由相信,在可以预期的未来,区块链的应用一定会像互联网应用一样的普及。

10.4.3　区块链应用

区块链的第一个应用是比特币,也就是电子货币。随着人们对区块链技术及其特点的认识不断加深,其应用发展非常迅速,从金融、实体经济,到政务、民生、司法等领域,都

　大学计算机——概念、思维与应用

有成功的多元化应用,如表 10-1 所示。但总体上看,区块链应用依然处于初始探索阶段,应用模式尚不成熟,还处于不断调整与发展的过程之中。

表 10-1 区块链应用场景分类

类型	金融		民生服务			实体经济		政务	
	资产管理	结算清算	教育	养老	医疗	工业	农业供应链	服务	司法
链上价值转移	资产交易	信用传递	学历认证	养老保险	医疗保险	能源交易、碳交易	农业信贷、农业保险	/	/
链上协作	共享风控信息	跟踪合同类关键证据	教学资源共享	养老数据共享	医疗数据共享	能源分布式生产、智能制造	农业供应链管理	服务事项管理、数据共享平台	电子证据流转
链上存证	资产登记、资产可追溯	结算清算信息登记	学历信息防篡改、可追溯	养老信息登记	电子病历、药品追溯	工业品防伪、碳核查、绿电溯源	农产品溯源、土地登记	电子证照	公证、电子存证、版权确权

1. 区块链＋金融

在金融业务中,由于交易双方信息不对称导致无法建立有效的信用机制。为解决信用认证和担保问题,有大量中心化的信用中介和信息中介存在。在支付、资产管理、证券、清算与结算以及身份识别等多种金融业务细分领域,对账、审核、认证等诸多流程耗费了大量人力,减缓了系统运转效率,增加了资金往来成本。在降低系统运转效率、增加交易成本的同时,还滋生了许多有意或无意的错误风险。

区块链技术与金融行业具有天然的契合性,最早应用于金融领域并发挥了显著的优势作用。区块链技术可以用于共享风控信息,跟踪合同类关键证据,进行资产交易和信用传递,目的是扩大规模、提升效率、改善体验,并降低风险和成本。不仅如此,由于区块链具有的高可靠、简化流程、交易可追踪、节约成本、减少错误以及改善数据质量等特质,使得其具备重构金融业基础架构的潜力。

2. 区块链＋电子政务

区块链技术在电子政务方面的重要价值正在被逐步认识,基于区块链技术的政务应用呈现出快速发展态势。目前,基于区块链的政府服务事项管理、电子证照、数据共享开放平台等应用已经相对成熟,在打破数据孤岛、促进数据共享、提升城市数据监管水平、减少办事材料、提升办事效率,以及提升办事透明度与公平性等方面取得了较好的成效,也在一定程度上起到了优化业务流程、提升协同水平,乃至提升社会治理数字化、智能化、精准化水平的效果。

3. 区块链＋教育

区块链技术与教育的结合能够解决教育领域的诸多难题,例如不同高校之间因为缺乏信任难以进行学分互认,因为过程信息不可靠难以开展过程评价等。已经落地的应用有基于区块链的学历认证系统,实现了学历信息防篡改、可追溯,并保证了信息的完整性,降低了各方学历认证的成本,提升了效率。类似的探索还包括基于区块链的教学资源共享系统,通过将教学资源上链,为细粒度按需共享资源提供了支持。

4. 区块链＋司法

将区块链技术应用于司法实践即建立司法区块链,所有上链的司法信息是所有节点的共识并可见证,整个链路是安全可信的,所有的司法流程均有记录和留痕,各种信息很难甚至不可能篡改,能够解决司法诉讼实践中存证难、取证难、认证难、鉴证难等痛点问题。已经有一批相对比较成熟的应用,且已经在北京、浙江等省市的司法活动中有成功应用。

5. 区块链＋民生

养老、医疗、公益以及精准扶贫与乡村振兴等民生领域,普遍存在的难点、痛点问题是如何保证信息的真实性与可信性。区块链作为创造新型信任模式的支撑技术,数据上链后不可篡改、永久保存且终生可追溯,能够在存证、溯源、共享、安全等方面为民生应用提供支持,也能够为多部门共享数据提供支持,能够有效推动民生领域痛点问题的有效解决,甚至可以创新民生发展模式,以更好地造福民生。

6. 区块链＋实体经济

实体经济发展涉及众多参与主体的多方面信息,数量巨大、类型复杂、管理分散,对于任何参与方而言,要想全面、准确、可信地掌握这些信息都是具体挑战。区块链作为一种大规模的分布式协作工具及其可信性等特点,使得其天然地适用于诸多实体经济发展的场景,例如基于区块链技术的供应链管理,能够保证数据在交易各方之间的公开透明,形成完整且流畅的信息流,确保参与各方及时发现问题、解决问题并提升效率,也能够实现各种信息的溯源,在产生纠纷时能够轻松举证与追责。

思考题 你遇到过的需要判断真伪或者确定是否可信的事情有哪些?区块链技术能够提供帮助吗?

10.5 元 宇 宙

元宇宙于 2021 年引起了广泛关注并成为了全球科学与经济发展的下一个风口(next big things),2021 年也因此被认为是元宇宙元年。实际上,元宇宙概念的问世已经有 30 年的时间,与元宇宙相关的各种技术也已经有相当长的发展历史。

10.5.1 元宇宙的起源与概念

元宇宙(metaverse)并不能算是一个新概念。早在 1992 年,美国著名科幻作家尼尔·斯蒂芬森(Neal Stephenson)就在其小说《雪崩》(Snow Crash)中对元宇宙进行了描述:"戴上耳机和目镜,找到连接终端,就能够以虚拟化身的方式进入由计算机模拟、与真实世界平行的虚拟空间。"经过 30 年的科技发展,科幻小说中的虚幻世界得以在多种现代信息技术的基础上创造出来,并逐渐向人类开启了大门。

1. 元宇宙的概念

元宇宙的发展尚处于萌芽时期,对其认识及定义并没有形成统一标准,从不同角度看元宇宙有不同的理解和描述,以下是一些相对得到更多认可的元宇宙定义。

Neal:一个平行于现实世界的网络世界,在现实世界中地理位置彼此隔绝的人们通过各自的"化身"(avatar)能够打破现实的局限性,在其中进行互动、交流、娱乐,甚至工作、生活与创造。

维基百科:元宇宙是虚拟共享空间的聚合,由虚拟增强的物理空间和物理持久的虚拟空间聚合而成,是虚拟世界、增强现实的物理世界及互联网的总称。

Roblox:元宇宙是一个让用户随时随地进入其中进行自由创作,并具有独立经济系统和逼真沉浸体验的平行虚拟空间,具有身份、朋友、沉浸感、低延迟、多元化、随地、经济系统和文明 8 个基本特征。

扎克伯格:元宇宙是具身的互联网(embodied Internet)。

德勤公司:元宇宙是虚实融合的世界,包含 4 层含义:模拟现实的虚拟世界、创新的虚拟世界、现实世界(也是元宇宙的一部分)、虚拟和现实世界的融合(高于/超越单一的虚拟或者现实世界),如图 10-15 所示。

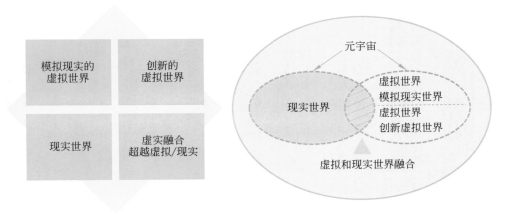

图 10-15 元宇宙是虚拟和现实世界的融合

在分析总结现有元宇宙定义的基础上,可以认为:元宇宙是与现实世界平行又互相融合的虚拟世界、生活空间和经济系统,采用去中心化的治理模式,向所有用户提供平等且不可剥夺的创造机会,用户可以通过化身(avatar)在元宇宙世界中持久地开展虚拟或虚实结合的创造性活动,创造永远属于自身且可流通的价值。

2. 元宇宙主要特征

元宇宙被认为是互联网发展的 3.0 阶段,根据德勤公司《元宇宙综观——愿景、技术和应用》,与互联网 1.0、2.0 两个阶段相比,元宇宙具有以下 5 个方面的特征。

(1) 逼真的沉浸体验

感官逼真性和物体逼真性,是元宇宙受到广泛追捧的关键要素。

感官逼真性是指元宇宙把互联网的 2D 平面式体验提升到 3D、4D 甚至更高层级。随着体感设备、数字嗅觉与味觉、脑机结合等多种技术的发展,理想的元宇宙能够融合视觉、听觉、触觉、味觉乃至意念,用户在其中能够获得无限逼近现实的感受。

物体逼真性一方面指使用数字孪生技术在虚拟空间中创建数字化的虚拟物体,与物理实体空间中的物体形成了在形态、质地、行为,以及发展规律上都极为相似甚至相同的映射关系。另一方面,指元宇宙是一个能够完整运行、跨越现实和虚拟世界、始终实时在线的世界,人们可以同时参与其中并且连接互通,能够给用户一种环境和事物都是真实存在的感受。

(2) 完整的世界结构。

元宇宙的虚拟世界是对于现实世界的完整复制,模拟或具备现实世界的所有要素,包括自然环境,自然人,社会体(政府、机构、社区、学校、企业等),物品,商业环境,社会系统,经济系统,企业生产系统,个人生产系统,文明体系和治理体系(政府)。相应地,元宇宙的虚拟世界中具备与之对应的 11 个虚拟要素:虚拟自然环境,虚拟人(身份识别),虚拟社会体(虚拟的政府、机构、社区、学校、企业等)等,如图 10-16 所示。

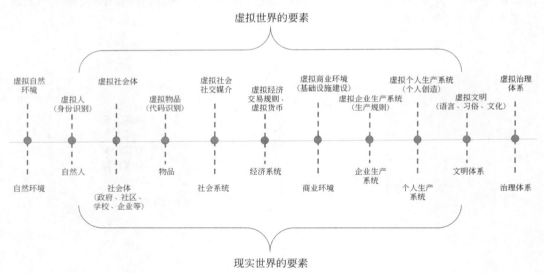

图 10-16　虚拟世界完整的世界结构

(3) 巨大的经济价值。

元宇宙具有自己的经济系统,能够创造巨大的经济价值。一般认为,元宇宙的价值可能产生于 5 部分,分别是社交经济、土地经济、身份形象、数字品经济以及金融经济。从本质上看,和现实世界的价值来源相同,元宇宙的价值来源于稀缺性,即事物的排他性、竞争性和时空稀缺性。当然,元宇宙因为强大的数字生产力、虚拟特性及交易的方便性,使其拓宽了稀缺性,可能产生超越于现实世界的经济价值。

（4）新的运行规则。

尽管虚拟世界是对现实世界的完整模拟，但人们希望在元宇宙的虚拟世界中，社区或者世界的管理及运行能够避免或者突破现实世界中的某些限制，能够有别于现实世界的中心化规则，削弱中心化结构和特权，如图 10-17 所示。例如，基于互联网的虚拟社交突破了空间和距离限制，而元宇宙将在更大程度上突破现实世界的身份、地位及财富等限制。

中心化组织结构		
含义	中心关联各个节点，节点必须依赖中心，节点之间互不直接关联	
特点	数据隐私性差、易受攻击、响应速度慢、节点缺乏对信息的控制	
案例	银行、传统互联网、社交、游戏平台等	
传统规则		

去中心化组织结构		
含义	节点互相关联，在共识机制下每个节点都可以成为阶段性的中心，平台由所有节点共同维护	
特点	数据隐私性强、抗攻击、响应速度快、公开透明、可追溯	
案例	比特币、DeFi	
新规则		

图 10-17　元宇宙去中心化的运行规则

在元宇宙中，去中心化的组织不受任何组织或机构的控制，所有成员的机会相同，可以在虚拟空间里创造价值，创造的越多，拥有的越多，且元宇宙世界会永远记录创造者与其创造物的关系，其他人必须付出相应的代价才能获得使用权。

（5）潜在的不确定性。

元宇宙的核心问题在于治理结构，即未来谁是治理结构中的金字塔尖。元宇宙中的治理结构是交错的。一方面，虚拟世界受现实世界中人的管理，初期的元宇宙由现实世界中的人编写代码创造，也由现实世界中的人简单管理普通用户；另一方面，现实世界中的人受虚拟世界中虚拟管理者的制约和管理，而虚拟管理者背后又是另外一部分（可能是很小一部分）现实世界中的人以及他们制定的虚拟世界规则。元宇宙中的虚拟世界其实并不"虚"，有着真实的、巨大的经济力量和统治力量。未来虚拟世界中谁说了算，经济红利归于谁，是所有元宇宙的创造者在设计元宇宙时就考虑的问题。

10.5.2　元宇宙技术体系

元宇宙刚刚兴起，还远谈不上成熟，其构建、管理、运行、应用及安全大多建立在已有技术基础上，综合各方观点，元宇宙的技术架构应该包括 5 个层次及若干技术领域，如图 10-18 所示。

层次	主要功能	关键技术	主机技术	主机技术
接口层	元宇宙入口 虚实界面	高仿真交互	VR/AR/XR 脑机交互技术	全息影像技术 传感技术
生产层	内容创作 与生产	创作平台 互动平台	游戏引擎 实时渲染	3D引擎 数字孪生
支撑层	算法支持 实时运营	人工智能	机器学习 计算机视觉 自然语言处理	智能语音技术 数字孪生
认证层	身份认证 规则制定	区块链 (NFT)	分布式存储/账本 共识机制	数据传输 数据验证 时间戳
基础层	大规模用户接入 基础网络+处理环境	网络/通信/运算	5G/6G 物联网	云计算 边缘计算

图 10-18　元宇宙的技术架构

1. 基础层

本层是元宇宙的基础,用于构建元宇宙的网络、计算等基础环境,涉及的技术包括新一代通信技术、联网技术以及云计算等计算和存储技术。

2. 认证层

用户在元宇宙的世界中有唯一且持续的身份(化身),类似于物理实体世界,每一个用户关联一系列属性,包括性别、年龄、文化程度、财富、社会地位等,不同用户之间会产生各种互动并建立各种有关系,因此,进入元宇宙的世界需要对用户身份进行严格的认证,也需要在元宇宙的虚拟世界中建立相互之间的信任。现有的区块链技术、数据传输与验证技术等都是重要的支撑。

3. 支撑层

元宇宙是一个自主运行的生态系统与经济系统,需要有独立的自主决策、自主管理及自主运营机制,人工智能、大数据等技术以及基于这些技术的算法是元宇宙得以实时运行并达到其设计目标的重要支撑。

4. 生产层

元宇宙的世界要为其成员提供各种内容,生活在元宇宙中的"化身"要创造属于自己的内容和价值,因此,内容创作平台及相关支撑技术是必不可少的。

5. 接口层

元宇宙的世界是一个能够带来高度体验和沉浸感的虚实相融的世界,用户在其中可以像物理现实世界一样地听、看、说,也可以有嗅觉、触觉等感觉,并且产生几乎与现实世界完全相同的真实感受。理想状态下,不需要任何设备的支持即可实现虚拟环境中的真实感,但目前尚不能实现,还需要有相应的接口设备支持。

10.5.3　元宇宙应用场景

元宇宙还处于概念阶段,现有应用主要集中于游戏娱乐、社交及日常工作等领域,受限于技术尚不成熟,与生产制造等领域的融合应用还未能实现,虚拟世界与现实世界融合的各类应用场景目前很难实现。

1. 娱乐

娱乐是元宇宙应用的最初场景。实际上,元宇宙及化身的概念正是萌发于科幻电影《雪崩》,之后于 1999 年发布的《异次元骇客》讲述了一个在虚拟与现实世界之间往返的故事,《黑客帝国》则展现了一个人类文明与虚拟世界中的机器文明共存,现实与虚拟世界交织甚至融为一体的世界。

2. 游戏

游戏是元宇宙应用的初级形态。《头号玩家》让现实世界中的人物进入虚拟世界,元宇宙也成为人类社会的一部分,现实生活中的距离与限制在元宇宙中得到解除,并且可以让人们在元宇宙空间中充分地表现自己。《赛博朋克 2077》中,让玩家对自己的身体进行改造,并可以实现数字世界的永生。世界上最大的在线创作游戏 Roblox 构建了一个虚拟世界,让用户能够根据自己的兴趣爱好尽情创作内容,并在虚拟社区中与伙伴一同体验交流、共同成长并创造价值。

2. 社交

元宇宙在社交领域的应用,让人们在虚拟世界或者虚拟与现实融合的世界中,能够突破时空限制进行各种交流互动乃至接触,并且可以产生身临其境的真实感受,甚至包括生理方面的感受,例如嗅觉、触觉等。Meta(原 Facebook)公司推出的"地平线"(Horizon)平台设计软件,让用户自主设计和装饰可以身处其中的"家"(Horizon Home)。这个"家"是用户的工作和娱乐空间,未来,用户还可以设计出"客厅"或其他公共空间,邀请其他用户的化身来做客,并与其实现具有真实感受的虚拟互动。

3. 工作

元宇宙在工作中的应用,将会从根本上改变传统办公方式,使得居家办公、远程办公、移动办公成为工作新常态,并且使得这些新的办公方式在保持传统办公方式的现场感、真实感等优点的同时,更加方便人们的相互合作。扎克伯格认为,未来,相互合作将成为使用元宇宙的主要方式之一。

Meta 公司推出了元宇宙应用产品 Horizon Workrooms。在这里,每个用户具有独立账户,基于手势实现各种功能,带来了更加身临其境的远程协作体验。Microsoft 公司推出的 Mesh 元宇宙应用,本质上是一个提供 MR 服务的平台,允许不同物理位置的用户通过多种设备加入共享和协作式全息体验,实现所有需要"在场感"的协作场景。著名咨询公司埃森哲已经与 Microsoft 公司合作,在虚拟空间里对数万名新员工进行了入职培训。

10.5.4 元宇宙的发展与影响

元宇宙目前尚处于初始萌芽阶段,技术体系、产业与应用及相关发展趋势均还不明朗,但从已经呈现出来的特征、人们对元宇宙的期待以及元宇宙应用对技术的需求等方面分析,未来可能的发展要求或者趋势如下。

1. 元宇宙需要新的计算及存储模式

现有的元宇宙架构及应用均建立在已有技术的基础上,未来,一定会有新的、更加适应元宇宙特点与要求的新技术问世。在基础层,现有计算、存储及通信技术无法有效支持元宇宙世界的虚拟空间,既需要有更强的计算能力、更大的存储空间以及更加灵活的接入与通信方式,也需要从计算模式及存储模式等方面进行变革。

2. 元宇宙产业具有巨大的发展空间

内卷竞争是存量市场饱和的结果,而每一次人类新疆域的开拓,都是从"存量市场"中发现"增量市场"的过程。自从 FaceBook 总裁马克·扎克伯格确定"元宇宙"为其新发展方向后,许多网络游戏平台都迅速转型成类似模式,希望能先夺头筹。在虚拟空间中的"虚拟地皮"交易突然间激增,根据法新社报道,在 2021 年 12 月初的一周里,四家公司已有近 1 亿美元的虚拟地皮交易。银行主办"虚拟地产"投资讲解会,网红、歌星、名人呼吁粉丝加入虚拟投资行列,元宇宙产业已经展现出了初步的发展前景。

3. 元宇宙将对人类生活产生革命性影响

元宇宙时代无物不虚拟、无物不现实,虚拟与现实的区分将失去意义。元宇宙将以虚实融合的方式深刻改变现有社会的组织与运作。元宇宙不会以虚拟生活替代现实生活,而会形成虚实二维新型生活方式,元宇宙不会以虚拟社会关系取代现实中的社会关系,而会催生线上线下一体的新型社会关系,元宇宙并不会以虚拟经济取代实体经济,而会从虚拟维度赋予实体经济新的活力,随着虚实融合的深入,元宇宙将会对人类生活产生巨大影响,甚至有可能改变人类传统的交往与互动方式。

4. 元宇宙将会产生伦理及法律等多方面的风险

元宇宙将会面临诸多风险,如赌博、经济诈骗、谣言、隐私泄露、暴力、恐怖主义、资本剥削、极端主义等,可以通过平台法规来进行监管,如声誉系统、货币监管、奖惩监管、内容审查、数字人格保护、数字资产保护、婚姻与繁衍、遗产继承等。

思考题 元宇宙对人类生活会产生什么影响?我们应该如何正确应对这种影响?

致谢:10.3 节部分内容参考并引用了浙江工业大学王万良教授编写的《人工智能导论》一书;10.4 节部分内容及图片引用或参考了中国信通院《区块链白皮书》、中国区块链技术与产业发展论坛《中国区块链技术和应用发展白皮书(2018)》、阿里研究院《信任经济的崛起:2020 中国区块链发展报告》、华为技术有限公司《华为区块链白皮书:构建可信社会,推进行业数字化》等文献;10.5 节参考并引用了复旦大学新闻学院《2021—2022 元宇宙报告——化身与智造：元宇宙坐标解析》、商汤智能产业研究院《元宇宙"破壁人"——做虚实融合世界的赋能者》、德勤(Deloitte)《元宇宙综观——愿景、技术和应对》以及清华大学新闻与传播学院新媒体研究中心《元宇宙发展研究报告 2.0 版》等资料,文中未一一标明出处,在此一并致谢!

习　题　10

1. 请列出经常使用的 3 种移动应用服务,并回答以下问题:

(1) 这些移动应用服务与云服务有什么关系? 请画图表示。

(2) 使用这些服务有什么具体的授权要求? 对自己的隐私有影响吗?

2. 请思考人工智能对日常生活及工作的影响,回答以下问题:

(1) 人工智能应用产生的具体影响是什么? 改变了什么?

(2) 这些应用涉及哪些具体的技术? 有哪些具体的开发平台或者工具?

3. 你认为人工智能应用的风险是什么? 应该如何规避?

4. 请简要说明区块链的技术特征及适用场景,并回答以下问题:

(1) 从所了解的日常活动及需要出发,可能遇到哪些信任问题? 如果通过区块链技术来解决,你认为能够产生什么效果?

(2) 区块链与各种业务系统的关系是什么?

5. 请思考元宇宙可能产生的影响,并回答以下问题:

(1) 元宇宙给我们带来的方便和好处是什么? 有没有负面影响?

(2) 现有技术能否有效支撑元宇宙发展? 如果不能,需要在哪些方面加强?

参 考 文 献

[1] 陈桂林，赵生慧，吴长勤，等.大学计算机基础[M].北京：清华大学出版社,2009.

[2] 郭经华，于春燕，张志勇，等.大学计算机基础[M].2 版.北京：清华大学出版社,2016.

[3] 李廉,王士弘.大学计算机教程——从计算到计算思维[M].北京：高等教育出版社,2016.

[4] 李凤霞,陈宇峰,史树敏,等.大学计算机[M].2 版.北京：高等教育出版社,2020.

[5] 战德臣,张丽杰.大学计算机——计算思维与信息素养[M].3 版.北京：高等教育出版社,2019.

[6] SILBERSCHATZ A,GALVIN P B,GAGNE G.操作系统概念(翻译版)[M].郑扣根,译.7 版.北京：
高等教育出版社,2010.

[7] TANENBAUM A S,Bos H.现代操作系统[M].陈向群,马洪兵,等译.4 版.北京：机械工业出版
社,2017.

[8] 王森.Excel 公式与函数应用案例大全[M].北京：中国铁道出版社,2009.

[9] 饶思粤.Scratch 3.0 少儿编程·创新实践训练[M].北京：人民邮电出版社，2020.

[10] 王志强.多媒体应用基础[M].北京：高等教育出版社，2012.

[11] 卢锋,沈大为,季静.数字视频设计与制作技术[M].4 版.北京：清华大学出版社，2020.

[12] 范通让,綦朝晖.网络安全技术及应用[M].北京：高等教育出版社,2015.

[13] 张焕国.信息安全工程师教程[M].北京：清华大学出版社,2016.

[14] ANDERSON R.信息安全工程[M].齐宁,韩智文,刘国萍,译.2 版.北京：清华大学出版社,2012.

[15] 卢冶,白素琴.Web 前端开发技术[M].北京：机械工业出版社,2018.

[16] 王万良.人工智能导论[M].5 版.北京：高等教育出版社,2020.

[17] 中国信通院.区块链白皮书[EB/OL].(2021-12-22)[2022-05-06].http://www.caict.ac.cn/kxyj/
qwfb/bps/.

[18] 中国区块链技术与产业发展论坛.中国区块链技术和应用发展白皮书(2018)[EB/OL].(2018-12-
18)[2022-05-06].https://www.cbdforum.cn/bcweb/index/rsr-1.html.

[19] 蚂蚁链,阿里研究院.信任经济的崛起：2020 中国区块链发展报告[EB/OL].(2021-09-30)[2022-
05-06].https://mp.weixin.qq.com/s/mhwlgs7vf_17j98rGKn_Sg

[20] 华为技术有限公司.华为区块链白皮书 2021[EB/OL].(2021-10-13)[2022-05-06].https://new.
qq.com/rain/a/20211013A09AIC00.

[21] 深圳市腾讯计算机系统有限公司,复旦大学.2021-2022 元宇宙报告——化身与智造：元宇宙坐标
解析［EB/OL].（2022-02-15）［2022-05-06].https://blog.csdn.net/m0_37586850/article/
details/122955011.

[22] 德勤有限公司.元宇宙综观——愿景、技术和应对[EB/OL].(2022-03-04)[2022-05-06].https://
www2.deloitte.com/cn/zh/pages/technology-media-and-telecommunications/articles/metaverse-
report.html

图 书 资 源 支 持

感谢您一直以来对清华版图书的支持和爱护。为了配合本书的使用,本书提供配套的资源,有需求的读者请扫描下方的"书圈"微信公众号二维码,在图书专区下载,也可以拨打电话或发送电子邮件咨询。

如果您在使用本书的过程中遇到了什么问题,或者有相关图书出版计划,也请您发邮件告诉我们,以便我们更好地为您服务。

我们的联系方式:

地　　址:北京市海淀区双清路学研大厦 A 座 714

邮　　编:100084

电　　话:010-83470236　010-83470237

客服邮箱:2301891038@qq.com

QQ:2301891038(请写明您的单位和姓名)

资源下载:关注公众号"书圈"下载配套资源。

资源下载、样书申请

书 圈

图书案例

清华计算机学堂

观看课程直播